Der **Onlineservice InfoClick**
bietet unter
www.vogel-fachbuch.de/infoclick
nach Codeeingabe zusätzliche
Informationen und Aktualisierungen
zu diesem Buch.

InfoClick

In 2 Schritten zum Onlineservice

1. Einfach www.vogel-fachbuch.de/infoclick aufrufen.
2. Den unten stehenden Zugangscode in die Suchleiste eingeben und bestätigen.

   Sofern Aktualisierungen oder Zusatzinformationen zu Ihrem Buch bereitstehen, werden diese anschließend unterhalb der Eingabemaske aufgeführt.

Ihr persönlicher Zugang
zum Onlineservice

338109400001

Alexander Sauer

Bionik in der Strukturoptimierung

Prof. Dr.-Ing. Alexander Sauer

Bionik in der Strukturoptimierung

Praxishandbuch für ressourceneffizienten Leichtbau

Vogel Communications Group

Die Autoren:

Prof. Dr.-Ing. Alexander Sauer
Professor für Bionik und Leichtbau
Studiengangsleiter B.Sc. Bionik
Mitglied im WIB (Westfälisches Institut für Bionik)
Fachkollegiat im Fachkollegium 402 «Mechanik und Konstruktiver Maschinenbau», Fach «Leichtbau und Textiltechnik» der DFG (Deutschen Forschungsgemeinschaft)
Akademischer und beruflicher Werdegang
Stiftungsprofessur Westfälische Hochschule, Campus Bocholt
Entwicklungsingenieur bei Voith GmbH & Co. KG in Heidenheim
Promotion bei Prof. Dr. Claus Mattheck, Universität Karlsruhe (TH), Fakultät für Maschinenbau, Thema: «Untersuchungen zur Vereinfachung biomechanisch inspirierter Strukturoptimierung»
Wissenschaftlicher Angestellter am Forschungszentrum Karlsruhe GmbH, Institut für Materialforschung II, Abteilung Biomechanik
Maschinenbau-Studium an der Universität Karlsruhe (TH) Studienrichtung
Produktentwicklung und Konstruktion
F&E-Schwerpunkte
Bionik, Strukturoptimierung, Biologische und technische Faserverbund-Strukturen, Kraftflussgerechte Bauteilgestaltung

Prof. Dr. Heike Beismann
(Essayautorin des Buchabschnitts 3.3)
Westfälische Hochschule, Campus Bocholt
Lehrgebiet: Biologie und Bionik
Studiengang Bionik

Prof. Dr. med. Marcus Jäger
(Essayautor des Buchabschnitts 8.1.2)
Direktor der Klinik
Klinik für Orthopädie und Unfallchirurgie Universität Duisburg-Essen
Universitätsklinikum Essen (AöR)
Evangelisches Krankenhaus Essen-Werden

Dr. Christian Hamm
(Essayautor des Buchkapitels 13)
Alfred-Wegener-Institut
Helmholtz-Zentrum für Polar- und Meeresforschung
Leiter Bionischer Leichtbau und Funktionelle Morphologie

Weitere Informationen:
www.vogel-fachbuch.de
http://twitter.com/vogelfachbuch
www.facebook.com/vogel-fachbuch
www.vogel-fachbuch.de/rss/buch.rss_

ISBN 978-3-8343-3381-0
1. Auflage. 2018

Für die Umschlaggrafik wurden Bildelemente von Paul Bomke, Alfred-Wegener-Institut, Bremerhaven, verwendet.

Vorwort

In diesem Buch geht es darum, Bauteile so zu gestalten, dass sie mit minimalem Aufwand ihre strukturmechanischen Funktionen erfüllen. Das Ziel ist, durch Leichtbaumaßnahmen eine Gewichtseinsparung zu erreichen, womit eine Performancesteigerung ermöglicht wird. Gleichzeitig soll durch ressourceneffizienten Material- und Methodeneinsatz eine Reduktion der Kosten angestrebt werden. Die Bionik ist hierbei ein mächtiges Werkzeug und hilft diese Ziele zu erreichen.

Der Fokus ist auf bionische Verfahren gerichtet, die meist mit einer einfachen und robusten Anwendung punkten, klammert jedoch konventionelle Methoden nicht aus. Schlussendlich gilt der Ansatz, technische Probleme pragmatisch zu lösen. Das Buch bietet Konstrukteuren, Entwicklern, Studierenden und Interessierten einen Überblick sowie direkt anwendbare Lösungsmethoden. Es beschreibt die Thematik der Strukturoptimierung und enthält praktische Hilfestellungen und Tools, wie auch mit einfachen Mitteln Optimierungen vorgenommen werden können, die zu kraftflussgerechten Bauteilen und damit zu Leichtbaustrukturen führen. Vervollständigt wird die Thematik durch essenzielle Grundlagen der Bionik sowie des Leichtbaus. Mit Hilfe des PEP (Produktentwicklungsprozesses) wird gezeigt, wann und wie welche Methoden sinnvoll anzuwenden sind.

Das Buch ist im Rahmen meiner Leichtbauvorlesungen an der Westfälischen Hochschule (WHS), Campus Bocholt, entstanden. Der praktische und anwendungsorientierte Charakter der Vorlesung, der neben Beispielen auch ergänzende Arbeitsmaterialien umfasst, wird in diesem Buch mit dem Onlineservice InfoClick wiedergegeben. Inhalte, die mit dem InfoClick-Symbol versehen sind, verweisen darauf, dass auf der Internetseite des Verlags www.vbm-fachbuch.de zusätzliche Informationen und Arbeitsmaterialien zum Downloaden bereitstehen. Zusätzlich findet man im Text die zugehörigen Quellen und Internetadressen, um sich intensiver mit einzelnen Themen zu beschäftigen. Handelt es sich hierbei um eine spezielle Textstelle und nicht um das gesamte Buch, wird die Seite angegeben, auf die sich der jeweilige Verweis bezieht.

Danksagung

An der Entstehung dieses Buches haben mich viele Personen unterstützt, bei denen ich mich herzlich bedanken möchte. Die Essayautoren Prof. Dr. Heike Beismann, Dr. Christian Hamm und Prof. Dr. Marcus Jäger erklärten sich sofort bereit, mit ihren Essays wichtige fachliche Aspekte aus ihrem wissenschaftlichen Blickwinkel zu beleuchten.

Den Studierenden danke ich für den konstruktiven Austausch in der Vorlesung und die kritischen Nachfragen, wodurch Lücken geschlossen und Inhalte präzisiert wurden.

Meinem Vater, Dipl.-Ing. Wolfgang Sauer, danke ich für die kritische und konstruktive Diskussion und das Feedback zum gesamten Werk.

Meinen Kollegen aus den unterschiedlichen Fachrichtungen danke ich für die fruchtbaren Diskussionen, die gerade im Bereich der Bionik sehr hilfreich und zielführend waren, im Besonderen Prof. Heike Beismann und Herrn Dipl.-Biol. Oliver Hagedorn. Meinem Mitarbeiter B.Eng. Frank Büning danke ich für die CAD-Zeichnungen und seine Unterstützung. Meinem Bruder Johannes Sauer danke ich für seine handschriftlichen Zeichnungen und den Austausch. Dr. Sascha Haller, Prof. Dr. Michael Herdy, Prof. Dr. Henning Kiel, Prof. Dr. Andrea Springer und Dr. Iwiza Tesari danke ich für das inhaltliche Feedback zu verschiedenen Kapiteln.

Prof. Dr. Claus Mattheck, der mit seiner Forschung die bionische Strukturoptimierung geprägt hat, gilt mein besonderer Dank, da er freundlicherweise der Nutzung seiner Bilder in diesem Buch zugestimmt hat

Und besonders danke ich Herrn Dipl.-Ing. NIELS BERNAU und dem Verlag, ohne die dieses Buch nicht erschienen wäre.

Vielen Dank.

Ich wünsche Ihnen als Leser viel Freude an der bionischen Strukturoptimierung und hoffe, dass Sie das neu erworbene Wissen auch erfolgreich anwenden können.

Bocholt ALEXANDER SAUER

Inhaltsverzeichnis

1 Bionik, Leichtbau und Strukturoptimierung

Bionik bedeutet technische Probleme mit Hilfe der Natur zu lösen. Das erfolgte für viele Bereiche bekanntlich schon durch Leonardo Da Vinci und für den Traum des menschlichen Flugs durch Otto Lilienthal. Neben diesen ganz bekannten Beispielen diente die Natur noch für viele weitere Anwendungen als Vorbild, die nicht ganz so bekannt [94] oder dokumentiert sind. Aktuell ist Bionik wieder sehr gefragt und sogar leistungsfähiger als früher, da moderne Analysemethoden es ermöglichen, weitere Geheimnisse der Natur zu entschlüsseln.

Bei uns Menschen lassen sich zwei Tendenzen beobachten: einerseits das Unstete, Rastlose, ständig um eine Verbesserung Bemühte und auf der anderen Seite, wenn einmal ein guter Weg gefunden wurde, kein Weiterstreben, sondern ein Verharren im Bekannten und scheinbar Sicheren. Bei Unternehmen kann man auch diese beiden Eigenschaften erkennen, wobei in einem zunehmend globalen, vernetzten und sich kontinuierlich verändernden Wettbewerbsumfeld gerade ein Verharren gefährlich sein kann, wenn man konkurrenzfähig bleiben will.

Gegenwärtig befinden wir uns in einem Käufermarkt, in dem einer geringen Nachfrage ein weitaus größeres Angebot gegenübersteht und sich viele Produkte oft nur noch über das Design und den Preis und nicht mehr über Haupt-Funktionalitäten und Leistungsdaten unterscheiden. Ein Käufermarkt entspricht einem starken Wettbewerb, also analog zu einem hohen Selektionsdruck in der Natur. Um sich am Markt behaupten zu können, müssen Unternehmen innovativ sein und Kundenwünsche sollten schnell und ökonomisch umgesetzt werden.

Ein Blick in die Natur und die Bionik kann hier weiterhelfen. Die Überlebensfähigkeit einer Tier- oder Pflanzenart bestimmt sich nicht durch ihre Größe, Anzahl oder Aggressivität, sondern insbesondere durch die Fähigkeit, sich schnell an sich verändernde Bedingungen anpassen zu können. Ein zukunftsfähiges Unternehmen sollte also in der Lage sein, sich auf verändernde Bedingungen einzustellen und schon frühzeitig ein breites Feld an Lösungsansätzen zu generieren. In der Bionik vereint sich das Ausnutzen des Erfindungsreichtums der belebten Natur mit dem Ansatz, über tagesaktuelle Fragestellungen hinaus zu blicken und im transdisziplinären Dialog Lösungen für zukünftige Fragestellungen zu erarbeiten. Damit stellt die Bionik in Unternehmen ein Werkzeug dar, das sowohl für kleine Verbesserungen wie auch für revolutionäre Produktinnovationen angewendet werden kann.

In der Biologie, wie auch in Unternehmen, wird meist nicht die physikalisch perfekte Lösung favorisiert, sondern die ökonomischste. Ökonomisch bezieht sich in diesem Kontext auf die Ressourcen Zeit, Material und Know-how, die bezüglich des finanziellen Gewinns bewertet werden. Natürlich gibt es auch funktionelle Gründe, wenig Material zu verwenden und Leichtbau zu betreiben. Besonders im Maschinenbau mit einem hohen Materialkostenanteil wird deshalb oft eine Lösung angestrebt, die mit minimalem Materialeinsatz die geforderte Qualität und Leistung erreicht.

In der Praxis werden Leichtbau-Methoden benötigt, die mit möglichst geringem Aufwand verbunden sind. Löst man sich zunächst von einer Fokussierung auf die physikalische Optimallösung, dann bieten sich zahlreiche neue Vorgehensweisen an. Gerade biologische Organismen verwenden sehr robuste und effiziente Strategien, die in die Technik übertragen werden können. Dieses Buch behandelt die Verfahren der Strukturoptimierung, die zu kraftflussgerechten Bauteilen und damit zu Leichtbau-Strukturen führt.

2 Leichtbau

Leichtbau ist ein ganzheitliches Konstruktionsprinzip, um Bauteile so zu gestalten, dass sie ihre Anforderungen erfüllen und zusätzlich möglichst leicht sind. Dies ist besonders in Zeiten wichtig, in denen die Material- und Energieressourcen knapper und teurer werden, aber trotzdem vom Markt leistungsfähigere und günstigere Produkte gefordert werden. Nicht benötigtes Material erhöht nicht nur das Gewicht der Struktur, sondern muss bezahlt, bewegt und gepflegt werden, so dass es viele Gründe gibt, nicht oder gering belastete Bereiche zu identifizieren und dann aus der Struktur zu entfernen. Dies gilt vor allem für biologische Strukturen, bei denen durch die Evolution leistungsfähige Leichtbau-Strukturen entstanden sind.

Historisch gewann das Thema Leichtbau mit der Entwicklung von Flugzeugen immer mehr an Bedeutung. Da hier zunächst die Funktion des Fliegens im Vordergrund stand und die Kosten eher nachgeordnet waren, sind die wesentlichen Leichtbau-Grundlagen in der Luftfahrtforschung fundiert bearbeitet und wissenschaftlich untersucht worden. Von der Luftfahrtindustrie ausgehend, wurden dann die gewonnenen Leichtbau-Erkenntnisse zunächst bei Zügen, den Schiffen und schließlich auch im Kfz angewendet. Durch niedrige Energiekosten ist das Leichtbau-Interesse am Ende des letzten Jahrhunderts etwas abgeflacht, jedoch ist mit der aufkommenden E-Mobilität und den Effizienzanstrengungen das Thema Leichtbau aktuell wieder sehr in den Fokus gerückt.

2.1 Spannungsfeld Leichtbau

2.1.1 Gründe für Leichtbau

Die wesentlichen Gründe, um Leichtbau anzuwenden, sind:

- **Funktionserfüllung**: Ein zu schweres Flugzeug fliegt nicht.
- **Gesetzliche Vorgaben**: In der Straßenverkehrs-Zulassungs-Ordnung (StVZO) § 34 werden die zulässige Achslast und das Gesamtgewicht festgelegt.
- **Energieeffizienz**: Leichtere bewegte Massen benötigen weniger Energie.
- **Materialeffizienz**: Es wird weniger Material benötigt und damit entstehen geringere Kosten.

Leichtbau steigert damit die Performance eines Produktes. Ist ein 40-Tonner-Lkw leichter, kann pro Fahrt mehr transportiert werden. Ein leichterer Roboter beschleunigt schneller und kann damit z.B. mehr «Pick and Place»-Aufgaben pro Zeiteinheit durchführen.

Leichtbau muss nicht unbedingt teuer sein. So ist es z.B. bei einem Fahrzeug billiger, anstatt eines Reserverades eine Pumpe und Dichtflüssigkeit beizulegen und dadurch auch das Kfz-Gesamtgewicht zu reduzieren. Neben dem eingesparten Gewicht und den Materialkosten gibt es meist noch weitere positive Effekte. So erhöht sich der Laderaum, wenn das Reserverad ersetzt werden kann. Ganz allgemein vereinfachen leichtere Strukturen das Handling in der Fertigung und im Transport.

2.1.2 Gründe für Gewichtszunahme

Es gibt also gute Gründe dafür, dass Produkte immer leichter werden sollten. Und trotz bestehender Leichtbau-Anstrengungen kann bei vielen Produkten sogar eine Gewichtszunahme beobachtet werden. Exemplarisch wird in Bild 2.1 die Gewichtsentwicklung der Golf-Pkw von Generation I bis VII dargestellt. Erst in der Generation VI sinkt erstmals das Gewicht bei den

Versionen mit Maximalausstattung. In der Basisversion ist das Gewicht erstmals in der Generation VII etwas niedriger als in der Vorgängerversion. Eine tendenzielle Gewichtszunahme lässt sich genauso auch bei anderen Produkten, z.B. Werkzeugmaschinen, beobachten. Dies liegt an den allgemeinen Tendenzen, den Megatrends.

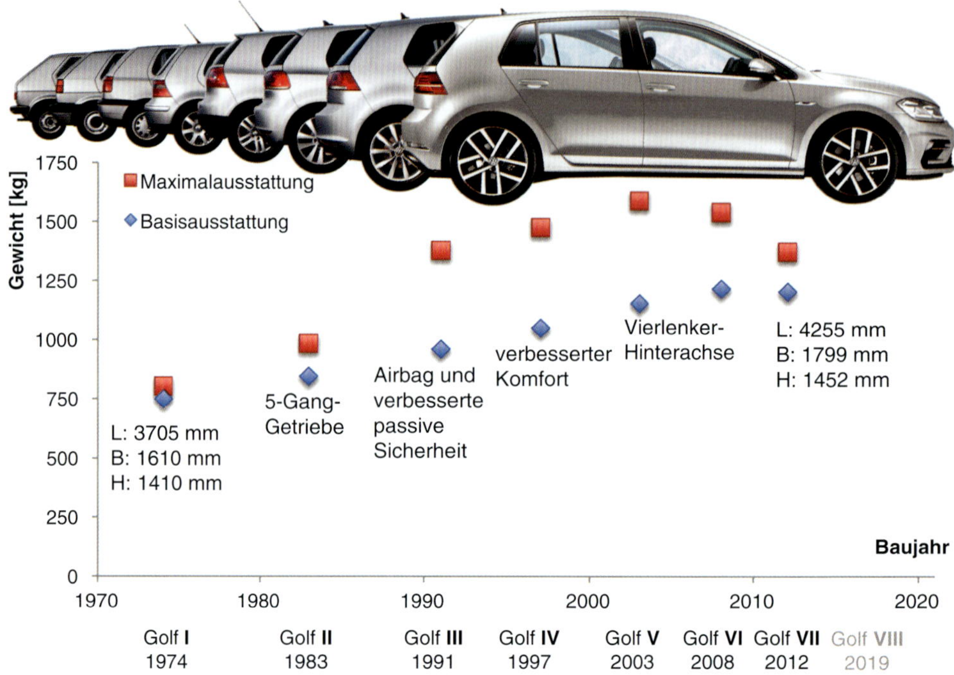

Bild 2.1 *Kfz-Gewichtsentwicklung, exemplarisch an den Versionen des VW Golf dargestellt*

Die Hauptgründe, warum Produkte tendenziell immer schwerer werden, sind die sich ändernden Anforderungen. Dieser Wandel ist in weiten Bereichen der Gesellschaft feststellbar.

- **Sicherheit**: Die Vorgaben des Gesetzgebers und auch die der Hersteller steigen, z.B. Anschnallpflicht, Crashtests mit dem Ziel, sicherster Pkw zu werden.
- **Umweltauflagen**: Auch hier gibt es wieder Anforderungen vom Gesetzgeber und auch herstellereigene Ziele. Katalysatoren müssen eingebaut werden; dies bedeutet ein zusätzliches Gewicht bei gleichzeitigem Leistungsverlust.
- **Komfort**: Neben Entertainmentsystemen und besseren Sitzen sind in Pkw mittlerweile nahezu alle Verstellmöglichkeiten vom Spiegel bis zum Sitz motorisiert. D.h., aktuelle Pkw haben neben dem Antriebsmotor noch über 50 weitere Motoren an Bord, die alle das Gesamtgewicht erhöhen.
- **Leistung**: Auch hier gilt das olympische Motto: schneller, höher weiter.

Sekundäreffekte und Gewichtsspirale

Produktmodifikationen können das Gesamtgewicht direkt und über Sekundäreffekte zusätzlich auch indirekt beeinflussen. Wenn sich z.B. neben der Heckklappe nun auch alle Türen des Pkws automatisiert öffnen und schließen lassen, steigt neben der direkten Gewichtszunahme aufgrund der zusätzlichen Motoren das Gewicht noch weiter, da die Motoren befestigt werden müssen, weshalb die Karosserie verändert und verstärkt werden muss. D.h., der Pkw wird schwerer und damit auch träger. Um dies zu kompensieren, wird mehr Leistung benötigt. Ein Motor, der mehr leistet, benötigt ein leistungsfähigeres Getriebe. Dieses ist wiederum schwerer, wodurch das Gesamtgewicht weiter steigt (Bild 2.2). Damit ist eine negative Gewichtsspirale in Gang gesetzt, da das Gesamtgewicht nicht als Summe separater Einzelposten, sondern als Systemeigenschaft betrachtet werden muss.

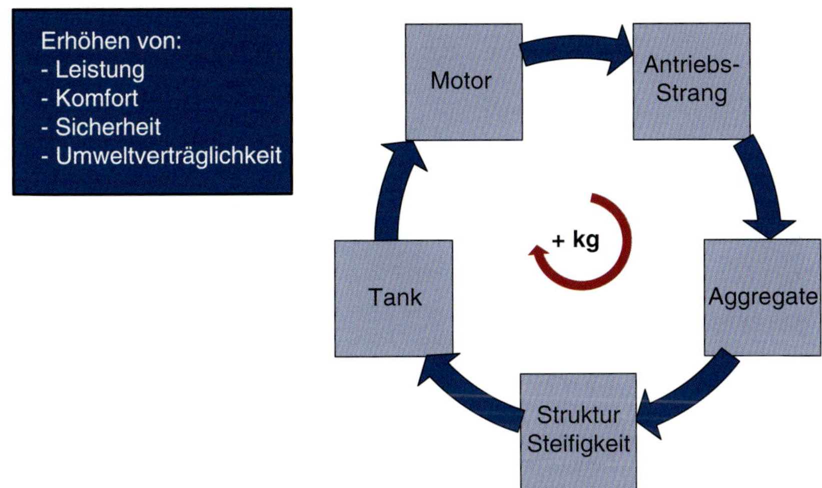

Bild 2.2 Gewichtsspirale mit Sekundäreffekten. Wird eine Komponente verändert, zieht dies weitere Anpassungen nach sich.

2.1.3 Drei Leichtbau-Leitlinien

Leichtbau-Leitlinien helfen bei der Entscheidung, ob eine Leichtbau-Maßnahme umgesetzt werden sollte oder ob sie nicht sinnvoll ist. Ganz entscheidend sind aktuell die Kosten, außer eine Muss-Anforderung wird nicht eingehalten, wie z.B. ein vertraglich festgelegtes Gesamtgewicht. Ein anderer Grund sind signifikante wirtschaftliche Vorteile, wie z.B. die Führerscheinklasse B, die 1999 für die Klasse 3 eingeführt wurde; sie erlaubt nur noch das Führen von Fahrzeugen bis 3,5 t anstatt 7 t. D.h., Wohnmobile müssen unter 3,5 t wiegen, um einen möglichst großen Kundenkreis anzusprechen. Somit sind Leichtbau-Maßnahmen immer dann sinnvoll, wenn sich ein wirtschaftlicher Vorteil ergibt.

Positive Gewichts- und Kostenvorteile sind oft nicht direkt auf der Bauteilebene, sondern erst auf Systemebene feststellbar. Ein technisches Beispiel sind adaptive Flügelelemente bei Flugzeugen. Diese morphende Flügelkante ist mit ihrer kompletten Aktuatorik deutlich schwerer als ein starrer Flügel, aber durch den reduzierten Luftwiderstand wird weniger Treibstoff benötigt. Das führt zu niedrigeren Betriebskosten und auch einem geringeren Gesamtabfluggewicht als bei einem vergleichbaren Flugzeug mit starren Flügeln. Ein biologisches Beispiel sind die Muskelmägen der Vögel. Die meisten Lebewesen zerkleinern die Nahrung im Mund und mit dem Speichel startet auch schon dort die Verdauung. Im Unterschied dazu findet bei Vögeln die Zerkleinerung und Verdauung der Nahrung erst im Magen statt, der dafür spezielle Muskelzellen besitzt. Dieser

Muskelmagen ist damit schwerer als ein normaler Magen, jedoch spart sich der Vogel dadurch Zähne, Kiefer und Kaumuskeln. In der Gesamtmassenbilanz ist der Vogel damit leichter und konnte zusätzlich das Gewicht näher zum Schwerpunkt bringen, was das Flugverhalten verbessert. Deshalb sollten Leichtbau-Maßnahmen hinsichtlich Kosten und Gewicht immer auf Systemebene und nicht auf Bauteilebene verglichen werden.

Jede Veränderung hat zwei Seiten. Beispielsweise sind Pinguine für das Tauchen optimierte Vögel und damit Tauchspezialisten, die dafür aber nicht mehr fliegen können. Jede Anpassung und Optimierung ist damit auch immer eine Spezialisierung.

MERKSATZ

Die drei Leichtbau-Leitlinien helfen zu entscheiden, ob Leichtbau-Maßnahmen umgesetzt werden sollen:

1. Leichtbau-Leitlinie: Leichtbau nur bei ökonomischem Vorteil, kein Selbstzweck.
2. Leichtbau-Leitlinie: Immer Vollkosten statt Einzelkosten vergleichen.
3. Leichtbau-Leitlinie: Jede Optimierung ist eine Spezialisierung.

2.2 Kosten

2.2.1 Kostenstruktur im verarbeitenden Gewerbe

Kosten sind ganz entscheidend – deshalb lohnt es sich, die Kostenstruktur des verarbeitenden Gewerbes anzuschauen. Die Informationen hierzu sind über destatis [18] offen zugänglich und die Daten in Bild 2.3 beziehen sich auf das Jahr 2013. An erster Stelle stehen mit 45% die Materialkosten, gefolgt von den Personalkosten mit 17% der Gesamtkosten. Somit stellen die Materialkosten den größten Kostenblock im produzierenden Gewerbe dar.

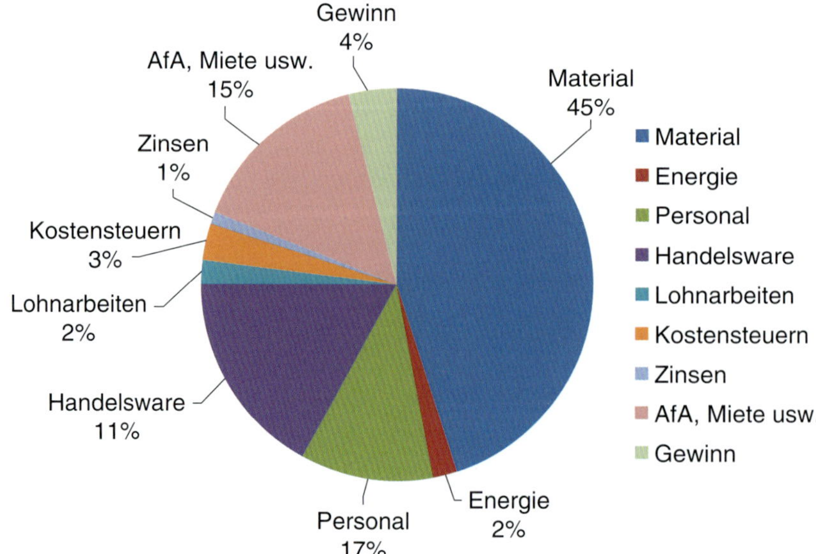

Bild 2.3 *Darstellung der Kostenstruktur im verarbeitenden Gewerbe*

2.2.2 Zusammenhang von Gewicht zu Kosten eines Produktes

Nach dem Blick auf die Kostenstruktur des verarbeitenden Gewerbes werden nun die Kosten in Abhängigkeit vom Leichtbaugrad eines Produktes betrachtet. Mit einer gewissen Abstraktion setzen sich die Gesamtkosten aus den Hauptkostenblöcken Material, Fertigung und Engineering zusammen. Die Gesamtkosten zeigen, wie in Bild 2.4 dargestellt, einen «L-förmigen» Verlauf mit einem theoretischen Minimum als preiswerteste Umsetzung [44, S. 3]. Je nach unternehmensinternen und externen Randbedingungen kann diese konstruktive Lösung unterschiedlich ausfallen. Soll das Bauteil leichter als die preiswerteste Lösung werden, muss die Fertigung, das Engineering oder die Materialwahl überarbeitet werden. Kann beispielsweise das Werkstück genauer gefertigt werden, können andere Strukturen konstruiert und mit geringeren Toleranzen umgesetzt werden, wodurch der Materialbedarf sinkt. Das Bauteil wird leichter und die Materialkosten sinken etwas, aber da die Investitionen der leistungsfähigeren Fertigungsanlage umgelegt werden, wird das Produkt meist teurer.

Wird mehr Material verwendet als nötig, spricht man von Schwerbau – wenn z.B. noch alte, aber konservative Annahmen verwendet werden –, oder es wird anstatt eines benötigten 2,5-mm-Bleches ein 4-mm-Blech verwendet, da dies gerade im Lager vorrätig war und damit das Bauteil überdimensioniert wird. Oft sind eine realistischere Auslegung und eine entsprechende Fertigung nicht teurer, es wird aber Material gespart, wodurch die Gesamtkosten sinken.

Gewichtsreduktionen durch Leichtbau-Maßnahmen werden je nach Branche unterschiedlich bewertet, was anhand der akzeptierten Mehrkosten pro eingespartem Kilogramm Gewicht ersichtlich wird. Dieser Wert entspricht den wirtschaftlichen Vorteilen des gesamten Produktlebenszyklus – wie ein geringerer Kraftstoffverbrauch oder ein durch eine Performancesteigerung gerechtfertigter höherer Verkaufspreis. Als Richtwert entspricht ein eingespartes Kilogramm Gewicht in der Raumfahrt 5000 €, in der Luftfahrt sind es noch 500 € und im Schienenverkehr 50 €. Bei dem klassischen Kfz wird ein eingespartes Kilogramm Gewicht gerade mit 7 € bewertet, was auch ein Grund dafür ist, warum die Fahrzeuggewichte tendenziell eher zunehmen. Bei der Elektromobilität wird die Reichweite besonders über die eingebauten Akkumulatoren limitiert, die selber sehr schwer sind. Hier wirkt sich auch über die Sekundäreffekte ein Gewichtssparen sehr positiv auf die Reichweite aus, weshalb ein eingespartes Kilogramm hier 15 € wert ist. Diese Richtwerte [44, S. 9; 26,S. 50] sind ein erster Anhaltspunkt, um zu entscheiden, ob eine Leichtbau-Maßnahme zielführend ist.

Außerhalb dieser Richtwerte für Investitionsgüter werden für Konsumgüter Unsummen schon für marginale Gewichtsvorteile gezahlt. Besonders im Sport und Hobbybereich spielt neben dem reinen Gewichtsvorteil auch das Image eine große Rolle. Ganz dem Motto «Karbon statt Kondition» folgend, werden im Hobbysportbereich immer mehr Bauteile aus karbonfaserverstärktem Kunststoff hergestellt.

MERKSATZ

Leichtbau kann die Leistungsfähigkeit und Wirtschaftlichkeit eines Bauteils deutlich erhöhen; trotzdem sollten Leichtbau-Maßnahmen nicht alleine wegen des Selbstzwecks umgesetzt werden.

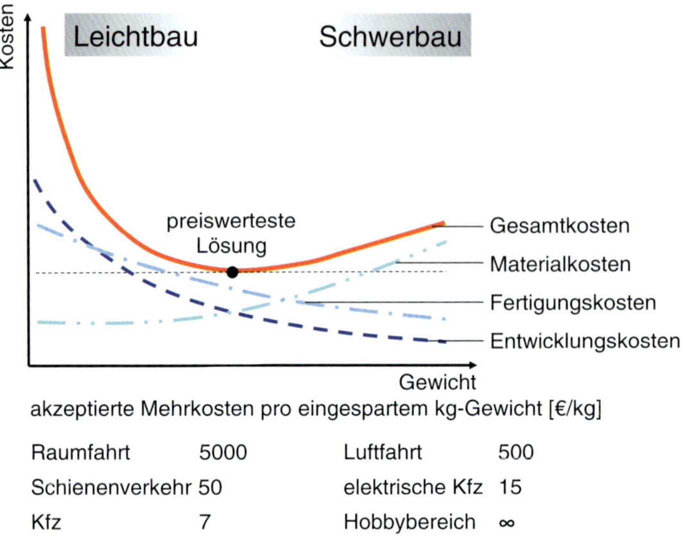

akzeptierte Mehrkosten pro eingespartem kg-Gewicht [€/kg]

Raumfahrt	5000	Luftfahrt	500
Schienenverkehr	50	elektrische Kfz	15
Kfz	7	Hobbybereich	∞

Bild 2.4 *Zusammenhang von Gewicht und Kosten für Leichtbau im Vergleich zu Schwerbau und akzeptierte Mehrkosten pro eingespartem Gewicht* (nach [43, S. 4])

2.3 Leichtbau-Begriffe

Der Leichtbau ist eine Ingenieurwissenschaft, die interdisziplinär die Erkenntnisse der Technischen Mechanik, der Werkstoffkunde und der Fertigungstechnik verwendet und von den Möglichkeiten leistungsfähiger Computer profitiert (Bild 2.5) [44, S. 2].

- Die Technische Mechanik besitzt als alte Wissenschaftsdisziplin fundierte analytische Modelle zur Beschreibung mechanischer Vorgänge. Historisch konnten damit vorwiegend rein akademische Beispiele oder einfache Demonstratoren, wie ein Kranhaken, händisch berechnet werden. Auf dieses vorhandene Wissen kann aufgebaut werden und dank der leistungsfähigen Computer kann es nun auch industriell genutzt werden.
- Viele neuentwickelte Werkstoffe mit neuen Eigenschaften können prozesssicher verarbeitet werden und ermöglichen so neuartige Anwendungen. So ist eine der ersten Entscheidungen heutzutage, welcher Werkstoff verwendet werden soll, da diese Entscheidung maßgeblich das Design beeinflusst.
- Die Fertigung erlaubt heute ein Design mit sehr geringen Fertigungsrestriktionen, z.B. öffnet die Additive Fertigung neue Handlungsfelder und wird z.B. in der Luftfahrt schon eingesetzt.
- Erst durch leistungsfähige Computer können die theoretischen Grundlagen auf beliebige Leichtbauteile angewendet werden. Angefangen bei den Mehrkörper-Simulationen zur Ermittlung der Lasten bis zur Fatigue-Auslegung kann nun mit präziseren Modellen gerechnet werden, wodurch kleinere Unsicherheitsfaktoren verwendet werden können.

TIPP

Siehe dazu auch Buchtitel Klahn / Meboldt, *Entwicklung und Konstruktion für die Additive Fertigung* [42]

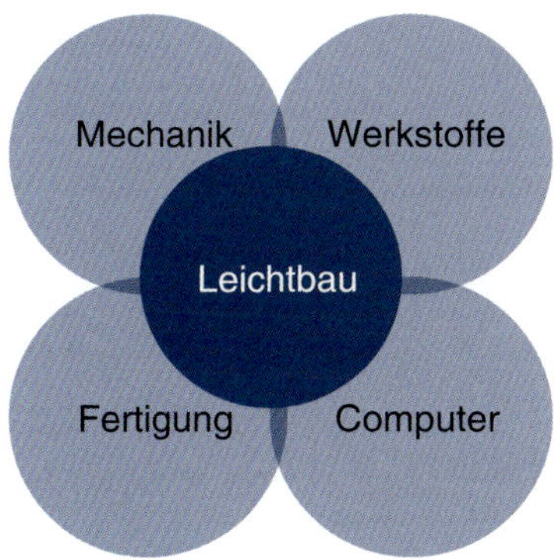

Bild 2.5 *Leichtbau ist eine interdisziplinäre Zusammenarbeit von Mechanik, Werkstoffkunde, Fertigungstechnik und leistungsfähigen Rechnern*

Vom Auftrag zum fertigen Produkt können unterschiedlichste Vorgehensweisen sinnvoll sein. In der Literatur werden diese Wege nicht einheitlich bezeichnet, aber sie können in drei Gruppen eingeteilt werden: gewählte Strategie, verwendetes Werkzeug und erhaltenes Konzept. Diese stehen in Interaktion (Bild 2.6) und können in der Reihenfolge a) Strategie, b) Werkzeug und c) Konzept ablaufen oder in einer anderen beliebigen Reihenfolge. Entscheidend sind die Kosten, da die Leichtbau-Struktur besonders gut bei wirtschaftlichem Vorteil umsetzbar ist. Die verschiedenen Leichtbau-Strategien, Tools und Konzepte sind in der Regel nicht so linear wie in Bild 2.6 dargestellt und beeinflussen sich untereinander. So können durch neue Materialien andere Fertigungsverfahren verwendet werden, wodurch sich eine leichtere Bauweise realisieren

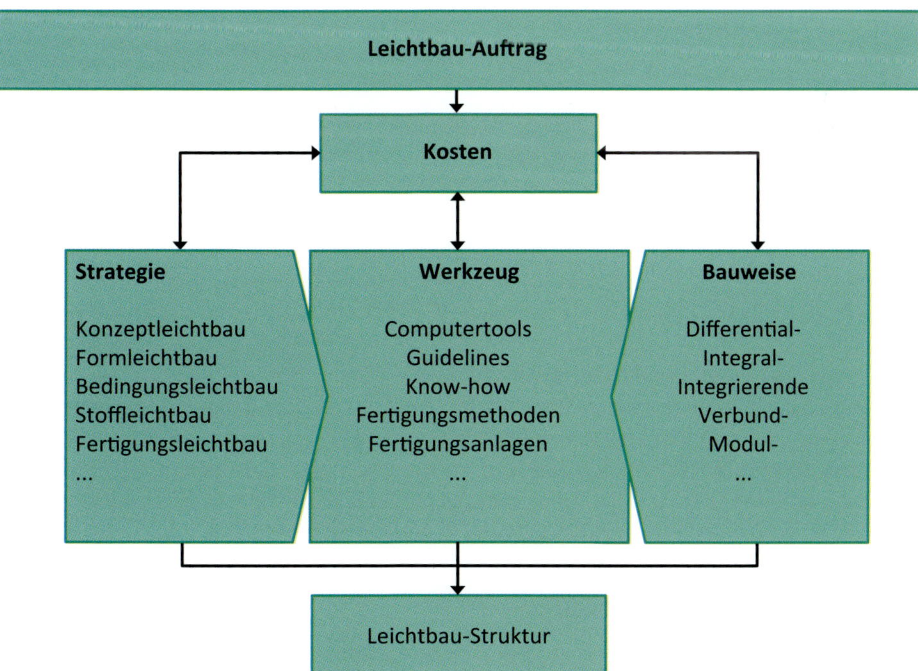

Bild 2.6 *Überblick und Einordnung der Leichtbau-Strategien, -Werkzeuge, -Bauweisen*

lässt. So ermöglichen z.B. neue Gussmaterialien eine dünnwandige Gussgestaltung, wodurch anstatt einer konventionellen Blechbauweise mit den Fügeflanschen eine schlanke organische Form gegossen werden kann. Oder in der Additiven Fertigung eröffnen die geringen Fertigungsrestriktionen neue Gestaltungsmöglichkeiten, wodurch nun hochintegrative, komplexe Formen hergestellt werden können.

2.3.1 Leichtbau-Strategien

Die Leichtbau-Strategie beschreibt den Weg, wie das Leichtbauziel erreicht werden soll bzw. welcher Bauteilaspekt verändert wird.

- **Konzept-, System- oder Funktionsleichtbau**: Die Wahl des Konzeptes bestimmt maßgeblich die Produkteigenschaften und damit auch das Gewicht. Ein Teilsystem wird z.B. durch Funktionsintegration schwerer, dafür kann aber ein anderes Teilsystem weggelassen werden, wodurch das Gesamtsystem leichter wird.
- **Formleichtbau oder konstruktiver Leichtbau**: Leichtbau-Maßnahmen, die mit mechanischen Erkenntnissen gewonnen werden, verändern die Form eines Bauteils, weshalb diese Leichtbau-Strategie als Formleichtbau bezeichnet wird. Also Leichtbau-Ersparnis durch kraftflussgerecht gestaltete Bauteile.
- **Bedingungsleichtbau**: Die Einflussfaktoren, die auf Bauteil wirken, werden genau analysiert und mit dieser Erkenntnis wird das Bauteil dann gestaltet, z.B. unterschiedliche Crash-Anforderungen in den USA, Europa und China.
- **Stoffleichtbau**: Der verwendete Werkstoff wird durch einen Werkstoff mit besseren spezifischen Eigenschaften substituiert. Dies ist meist mit einer Geometrieänderung verbunden. Wenn z.B. Stahl durch leichtere Werkstoffe wie Aluminium oder Kunststoff ersetzt wird, werden bei gleichen mechanischen Anforderungen die Wandstärken dicker. Oder der verwendete Stahl wird durch einen hochfesten Stahl ausgetauscht, wodurch bei gleichen mechanischen Anforderungen die Wandstärken dünner ausgeführt werden können. Die Wandstärken können auch dann dünner gestaltet werden, wenn ein Material mit einer geringeren Qualitätsstreuung verwendet wird.
- **Fertigungsleichtbau**: Alle Leichtbau-Maßnahmen, die bei der Herstellung, Fertigung und Montage durchgeführt werden können, werden als Fertigungsleichtbau bezeichnet. Eine Drehmaschine mit geringerer Fertigungstoleranz z.B. benötigt weniger Sicherheiten, weshalb die Struktur mit dünneren Wandstärken ausgelegt werden kann. Neue Verbindungstechniken, vor allem Kleben, Laserstrahlschweißen und Reibrührschweißen erschließen ein großes Leichtbau-Potenzial, da nun doppelte Wandstärken an der Verbindung und die Verbindungsmittel wie Schrauben und Nieten gespart werden können. Des Weiteren führen Nieten und Schrauben zu Spannungskonzentrationen und zusätzlichen Kerbspannungen, die bei alternativen Verfahren nicht mehr berücksichtigt werden müssen.
- **Weitere Strategien**: Neben den hier vorgestellten Leichtbau-Strategien gibt es noch weitere Vorgehensweisen, wie Sparleichtbau und viele mehr.

2.3.2 Leichtbau-Werkzeuge

Werkzeuge, mit denen das Leichtbauziel erreicht werden kann, sind klassische Computertools wie die FEM-Programme, bessere Fertigungsmethoden und Maschinen, aber auch Know-how. Hierbei sind einerseits das im Betrieb akkumulierte Wissen und die gesammelte Erfahrung, aber natürlich auch das persönliche Know-how des Ingenieurs zu nennen. Auf die konstruktiven Werkzeuge, wie CAD-Programme und Computertools, wird in Abschnitt 5.3 detaillierter eingegangen. Die positiven Eigenschaften neuer Fertigungsmethoden und bessere Fertigungsmaschinen wurden schon bei dem Fertigungsleichtbau vorgestellt.

2.3.3 Leichtbau-Bauweisen

Die so erhaltenen Leichtbau-Strukturen lassen sich wieder in verschiedene Bauweisen einteilen. Als generelle Bauweisen kann zwischen der Differential- und der Integralbauweise unterschieden werden. Zwischen diesen beiden Extremen gibt es noch Zwischenstufen, die jeweils unterschiedliche Vor- und Nachteile aufweisen [17, S. 41; 36, S. 70; 44, S. 17].

Die Differentialbauweise ist eine klassische Vorgehensweise, die das Prinzip **T**rennung **d**er **F**unktionen (TdF) verfolgt. Die Struktur wird aus mehreren Einzelteilen additiv zusammengefügt, die jeweils nur eine maßgebliche Funktion erfüllen. Dies sind einfache Einzelteile und Halbzeuge, die i. d. R. durch Kraftschluss (Schrauben, Nieten) oder Stoffschluss (Kleben, Schweißen) zusammengesetzt werden.

Vor- und Nachteile der Differentialbauweise:

+ Jedes Einzelteil kann auf seine Funktion ausgelegt werden
+ Verschiedene Werkstoffe sind kombinierbar
+ Halbzeuge können verwendet werden, was zu geringeren Kosten führt
+ Fail-Safe-Philosophie: Ein Riss kann sich nicht durch das ganze Bauteil fortpflanzen, die Halbzeuge dienen als Rissstopper
+ Reparaturfähig, einzelne schadhafte Einzelteile können gut getauscht werden
+ Rezyklierbarkeit, was vom Gesetzgeber zunehmend auch immer stärker gefordert wird
0 Fügestellen wirken als Dämpfer
– Verbindungen sind kritische Bereiche: a) zusätzliche Kerbspannungen durch Bohrungen für Schrauben bzw. Nieten, b) die Spalte an den Fügestellen können zu Korrosion und Quellung führen
– Erhöhter Materialaufwand durch Überlappungen, Fügeflansche, Schrauben und Nieten, was mehr Gewicht bedeutet
– Erhöhter Montageaufwand
[36, S. 70; 44, S. 17]

In Bild 2.7 ist als Beispiel für die Differentialbauweise ein Rotorblatt dargestellt. Es setzt sich aus den Einzelteilen obere und untere Decklage, Holm und den Stringern zusammen und ist mittels verschiedener Verbindungslösungen realisiert worden. So ist der Holm mittels Nieten an den Decklagen befestigt, während die Stringer angeklebt sind.

Die Integralbauweise ist eine moderne Konstruktions-Vorgehensweise, die das Prinzip der Funktionsintegration und Einstückigkeit verfolgt (Bild 2.8). Durch das Wegfallen von Fügestellen und der Integration von Funktionen führt diese Bauweise zu sehr spezialisierten und leichten Bauteilen. Paradebeispiel für die Integralbauweise sind biologische Strukturen, die zusätzlich meist hochgradig multifunktional aufgebaut sind – wie ein Insektenbein –, in die Sensoren, Aktoren und Stützfunktionen integriert sind. Bei technischen Strukturen kann die Herstellung z.B. als einstückige Strangpresslösung, subtraktiv aus dem «Vollen» gefräst oder mittels Faserverbundwerkstoffe erfolgen.

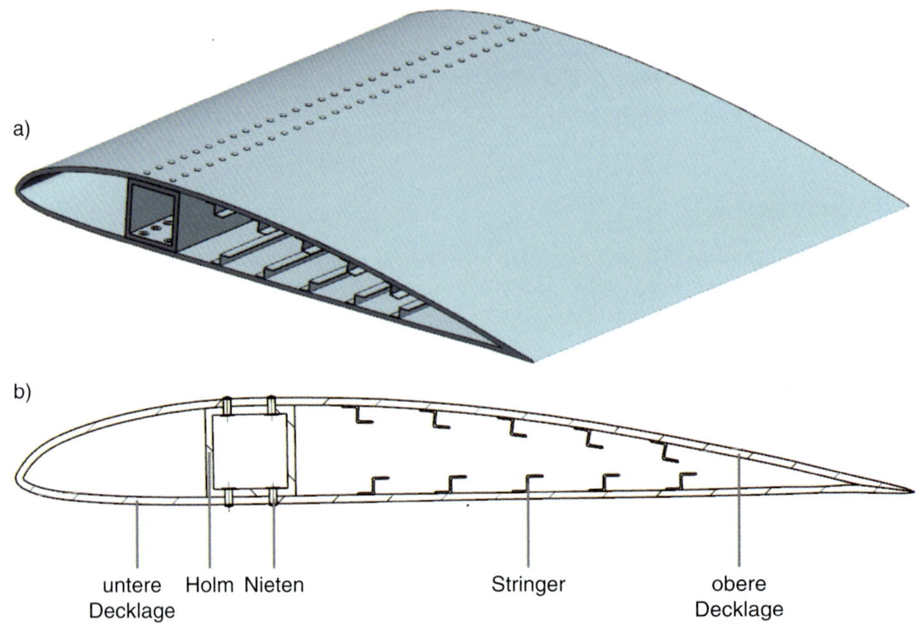

Bild 2.7 *Differentialbauweise eines Rotorblattes*
a) 3D-Darstellung, b) Querschnittszeichnung

Vor- und Nachteile der Integralbauweise:

+ Minimales Gewicht
+ Geringer Montageaufwand
+ Keine Verbindungsstellen, was bei Korrosion, Hygiene und Dichtheit vorteilhaft ist
0 Geringe Strukturdämpfung
– Meist nur gleichartiger Materialeinsatz
– Keine Verwendung von Halbzeugen und damit Spezialwerkzeuge nötig, was zusätzliche Kosten verursacht
– Nicht schadenstolerant: Riss kann sich durch das ganze Bauteil fortpflanzen
– Aufwendige Reparatur
– Rezyklierbarkeit, was vom Gesetzgeber zunehmend auch immer stärker gefordert wird

Zwischen diesen beiden Extrembauweisen gibt es noch Zwischenbauweisen, wie Hybridbauweise, Verbundbauweise, integrierende Bauweise, Modulbauweise und weitere. Die Modulbauweise ist dadurch charakterisiert, dass einzelne Module mit wenigen Schnittstellen zu anderen Modulen jeweils separat gebaut werden können und anschließend nur noch zusammengesetzt werden müssen. Bei komplexen Systemen ist es sinnvoll, diese in kleinere Subsysteme zu gliedern und sie dann mit möglichst wenigen Schnittstellen zu verbinden [36, S. 71].

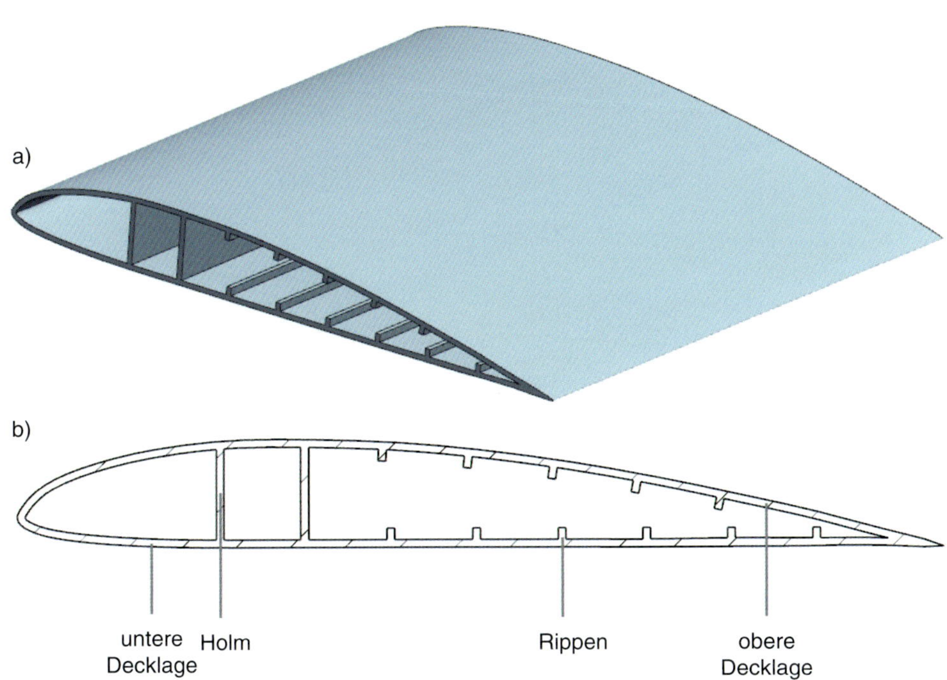

Bild 2.8 *Integralbauweise eines Rotorblattes*
a) 3D-Darstellung, b) Querschnittszeichnung

3 Bionik

3.1 Bionik: Biologie und Technik

3.1.1 Bedeutung der Bionik

Erfolgreiche Konzepte oder Ideen zu kopieren, bringt viele Vorteile:

- Teure, beschwerliche und risikobehaftete Forschungs- und Entwicklungsarbeit wird eingespart.
- Das funktionierende System kann schon untersucht werden. Hierdurch lässt es sich besser abschätzen, ob das Investment ein Erfolg wird.
- Das Produkt ist den Kunden bereits bekannt, und die Gefahr, dass es nicht angenommen wird, ist geringer.
- Es sind geringere Marketing- und Markterschließungskosten erforderlich.

Mittels des gewerblichen Rechtsschutzes, insbesondere des Patent-, Marken- und Designrechts, kann man sich aber gegen den Ideenklau und damit vor Nachahmerprodukten schützen. Darüber hinaus ist es gesellschaftlich verpönt. Es wird sogar seit 1977 in Deutschland jährlich ein Schmähpreis für die dreisteste Nachahmung vergeben, der Plagiarius.

Dies gilt jedoch nicht für Ideen und Konzepte, die von der Natur abgeschaut werden. Hier haben wir einen hochentwickelten Zustand, da in jahrmillionenlanger Evolution effiziente und in unseren Augen auch unkonventionelle Lösungen entstanden und deren praktische Bewährung getestet wurde. Von der Natur können wir kopieren und erfolgreiche biologische Lösungen in technische Konstruktionen übertragen. Dieses Plagiieren ist nicht verboten, sondern es ist gesellschaftlich en vogue und dient sogar oft als Marketinginstrument. Einschränkend dabei ist, dass meist ein direktes Kopieren nicht möglich ist und damit mehr Zeit und Energie investiert werden muss, als wenn im rein technischen Bereich bei Mitbewerbern kopiert wird. Der große Benefit liegt darin, dass völlig neue Technologien, also Produkte der nächsten oder übernächsten Generation, entstehen können. Diese stehen oft diametral zu bekannten technischen Lösungen und haben häufig einen revolutionären Ansatz. Bekannte Beispiele hierfür sind der Klettverschluss oder die schmutzabweisende Oberfläche nach dem Vorbild der Lotusblätter.

DEFINITIONEN

Allgemeine Bionik-Definition: technische Probleme mit Hilfe der Natur lösen.

VDI-Definition: Bionik verbindet in interdisziplinärer Zusammenarbeit Biologie und Technik mit dem Ziel, durch Abstraktion, Übertragung und Anwendung von Erkenntnissen, die an biologischen Vorbildern gewonnen werden, technische Fragestellungen zu lösen [94].

Wie bereits erwähnt, ist Bionik kein direktes Kopieren der Biologie. Auch ist es eher die sehr seltene Ausnahme, dass ein einfaches Kopieren der Natur das technische Problem löst. Es werden vielmehr Lösungsstrategien von den natürlichen Vorbildern analysiert, abstrahiert und dann schließlich in äquivalenter Form in die Technik umgesetzt. Ein Beispiel für eine bionische Vorgehensweise wird anhand des Baumwachstums verdeutlicht. Bäume erzeugen an besonders belasteten Bereichen mittels des Dickenwachstums Querschnittsübergänge, die kraftflussgerecht gestaltet sind. In der Technik versagen die meisten Bauteile genau an diesen Querschnittsübergängen, den Kerben. Bäume versagen natürlich auch bei starken Stürmen, jedoch selten an genau diesen Querschnittsübergängen, weshalb ihre Kerbgestaltung für die Technik sehr interessant ist. Da die Belastung bei Bäumen eine andere als in der Technik ist, hilft also direktes Kopieren nicht weiter. Hier muss das sekundäre Dickenwachstum der Bäume verstanden werden. Aus dem analytischen Verständnis des Wachstums werden im nächsten Schritt technisch anwendbare Formen und Methoden entwickelt (siehe in Kapitel 10: CAO- und ZDE-Methode).

Das deutsche Kunstwort Bionik setzt sich aus den Begriffen Biologie und Technik zusammen. Es entspricht aber nicht dem sehr ähnlichen englischen Begriff *bionic*. Dies ist auch ein Kunstwort, das sich aus den griechischen Wortsilben «*bios*» (Leben) und «*onics*» (Studium) zusammensetzt. Es wurde 1960 von dem amerikanischen Luftwaffenmajor Jack E. Steele zum ersten Mal auf der Konferenz «Bionics Symposium: Living Prototypes – The Key to New Technology» verwendet. Jedoch verwendete Jack E. Steele den Begriff *bionic* eher in einem Zusammenspiel von Biologie und Elektronik, um Körperteile zu konstruieren oder mit künstlichen Bauteilen zu modifizieren. Die Bedeutung des im deutschsprachigen Raum verwendeten Begriffs Bionik entspricht daher eher dem englischen Begriff *biomimetics*.

Nach der VDI 6220 Blatt 1 darf ein Produkt nur dann als «bionisch» bezeichnet werden, wenn die drei folgenden Kriterien erfüllt sind:

- Es gibt ein biologisches Vorbild.
- Es hat eine Abstraktion vom biologischen Vorbild stattgefunden.
- Die gewonnenen Erkenntnisse wurden in einer technischen Anwendung verwendet.

Werden nicht alle drei Kriterien erfüllt, soll der Begriff «biologisch inspiriert» verwendet werden. [94].

3.1.2 Voraussetzungen, um Bionik erfolgreich anzuwenden

Die Bionik ist laut VDI-Definition vom vorhergehenden Abschnitt dann erfolgreich, wenn ein technisches Problem gelöst worden ist. Folgende Voraussetzungen helfen, die Bionik zielführend anzuwenden:

- verständliche Sprache,
- abgestimmte Methoden bzw. Vorgehensweisen,
- realistische Erwartungen und Zielsetzungen,
- Offenheit für neue, auch unkonventionelle Lösungen.

In der Regel entscheiden sich Biologen aktiv für eine Mitarbeit an bionischen Projekten und sind damit der Technik gegenüber positiv eingestellt. Da am Ende aber ein Produkt entsteht, sind auf dem Weg dahin viel mehr technikgeprägte Menschen involviert, die der Biologie nicht immer offen gegenüberstehen. «Warum es anders machen, so haben wir es noch nie gemacht» oder «das funktioniert so nie» sind klassische Aussagen. Hier kann es helfen, auf die technischen Regeln zur Bionik, wie DIN-ISO-Normen und VDI-Richtlinien, zu verweisen.

Da die bionische Vorgehensweise schon durch technische Regeln umrissen ist, gehört sie zum «Stand der Technik» und sind damit vorweggenommene Fachgutachten, die in einem Rechtsstreit Rechtssicherheit gewähren.

3.1.3 Biologie und Evolution – Einflüsse auf die Struktur

Für realistische Erwartungen und Zielsetzungen ist es wichtig, die limitierenden Faktoren der Biologie zu kennen und diese auch zu kommunizieren. Allgemein versteht man unter einem Optimum (lat.: *optimum* = das Beste) das beste erreichbare Resultat unter Beachtung vorgegebener Randbedingungen wie Materialeigenschaften und Funktion. Deshalb sind bezüglich eines Optimums zusätzlich die Randbedingungen und das angestrebte Ziel zu bezeichnen. Die häufig verwendete Aussage, dass «die Evolution optimale Strukturen hervorgebracht hat», ist unpräzise und bedarf daher einer differenzierteren Betrachtung.

In der Natur beeinflussen unzählige und dynamisch sich ändernde Randbedingungen das Ergebnis. Aus diesem Grund ist es allgemein angebrachter, von einer besser anpassten Lösung als von einer Optimallösung zu sprechen. Zusätzlich trifft aus physikalischer Sicht die Aussage, dass die Evolution optimale Strukturen im Sinne von absolut hervorgebracht hat, in den seltensten Fällen zu. Des Weiteren wäre es vermessen davon auszugehen, dass der aktuelle Stand der Evolution das absolute Optimum darstellt. Der Status quo reicht im Regelfall momentan zum Überleben aus, aber weitere Verbesserungen sind in der Zukunft durchaus denkbar.

Ein wichtiger Gesichtspunkt der evolutionsbedingten Optimierung sind die verfügbaren Ressourcen, und zwar sowohl bei der jeweiligen Struktur als auch bei der späteren Anwendung im Organismus. Somit ist die energetisch niedrigste Lösung ein Optimierungsziel. Das bedeutet, dass eine funktional optimale Einzellösung nicht die beste Lösung aus energetischer Gesamtsicht sein muss. Deshalb reicht es für eine abschließende Bewertung nicht aus, beispielsweise nur das Design eines Eichenblattes mit dem Design eines Ahornblattes zu vergleichen, da immer das Gesamtsystem, hier der Baum, in der jeweiligen ökologischen Nische betrachtet werden muss. Weitere Rahmenbedingungen für «Good-enough» Lösungen sind Materialaufwand, Materialverfügbarkeit, Gewicht, Festigkeit usw. Aus diesem Grund sind evolutionäre Lösungen ausreichend für das Überleben der Organismen, ohne absolute Optima zu erreichen.

Eine weitere Einschränkung in der Biologie ist, dass jedes Individuum eine überlebensfähige Lebensform sein muss. Es sind damit nur evolutionäre, also kleinere Veränderungen möglich und keine revolutionären Neuerungen. Das heißt, die Entwicklung einer Spezies kann in einem lokalen Optimum stecken bleiben, da die Individuen der Zwischenstufen auf dem Weg zu einem anderen Optimum zu stark benachteiligt wären, um zu überleben und sich fortzupflanzen. Im Unterschied zur Technik kann ein Organismus für Umbauarbeiten nicht einfach ausgeschaltet oder geschlossen werden.

Zusätzlich muss die evolutionäre Historie berücksichtigt werden. Denn das aktuelle Design ist meist von der Entwicklungshistorie geprägt. So ist z.B. aus dem Flügelaufbau der Vögel ihre Historie aus den Vorderläufen von Wirbeltieren noch sehr gut zu erkennen. Auch die Ansätze von Kiemen, die sich bei der embryonalen Entwicklung von Menschen noch finden, sind ein Hinweis auf das frühere Leben unserer Vorfahren im Wasser.

Im Unterschied zu technischen Strukturen zeigen nahezu alle Organismen Wachstum und werden damit im Laufe ihres Lebens größer. Diese Eigenschaft hat einen sehr großen Einfluss auf die Gestalt biologischer Strukturen, die deshalb so angelegt sein müssen, dass sie wachsen können, ohne dass einzelne Funktionen eingeschränkt werden oder gar ganz ausfallen. Aus diesem Grund kommen in der Natur bestimmte Grundformen häufig vor.

So findet man in der Natur sehr häufig Kegel, auch eingerollt als spiralige Form, wie z.B. Hörner oder Schneckenschalen. Ein Kegel, der nur an der Stirnseite und in Richtung des Kegelmantels wächst, vergrößert sich gestaltähnlich. Ein Zylinder, bei dem ebenso nur an der Stirnseite Material anlagert wird, ändert sein Durchmesser-zu-Längen-Verhältnis, bis er schließlich lang und dünn ist (Bild 3.1) [104, S. 11].

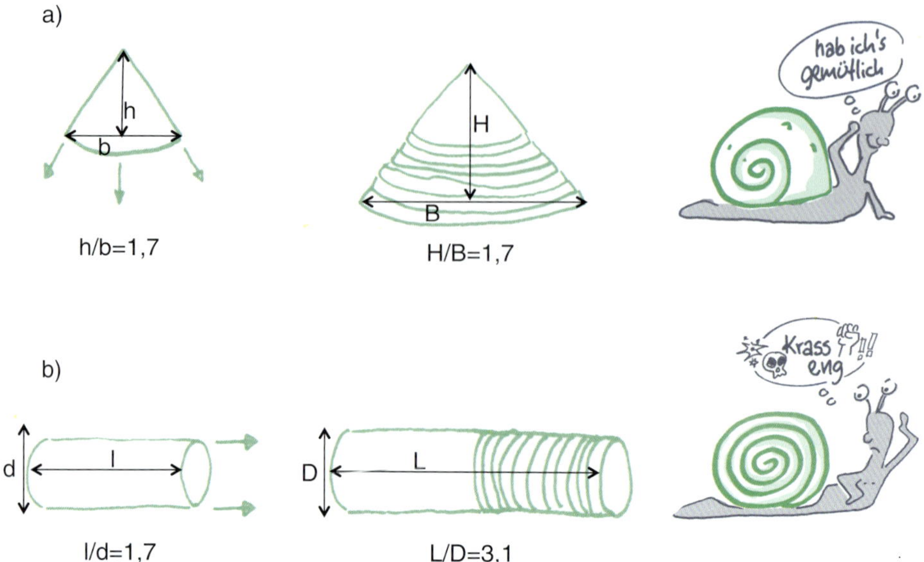

Bild 3.1 *Änderung geometrischer Grundformen bei stirnseitigem Wachstum*
a) Ein Kegel vergrößert sich bei stirnseitigem Wachstum gestaltähnlich.
b) Ein Zylinder ändert jedoch sein Durchmesser-zu-Längen-Verhältnis.

Die meisten biologischen Restriktionen gibt es in der Technik nicht. Ein defektes Bauteil kann durch ein neues Bauteil, das vielleicht sogar verbessert wurde, einfach ausgetauscht werden. Oder eine zu kleine Maschine wird durch eine leistungsfähigere ersetzt. Biologische Lösungen stellen meist einen Kompromiss zwischen einer physikalisch und ökonomisch optimalen Lösung dar. Sie erreichen damit, dass sie mit den gegebenen Ressourcen und den Restriktionen besser als die Mitbewerber sind, die über vergleichbare Ressourcen und Restriktionen verfügen.

3.2 Übersetzungs-Wörterbuch: Biologie–Technik / Technik–Biologie

Um die beiden sehr unterschiedlichen Wissensgebiete Biologie und Technik erfolgreich zusammenzubringen, ist das sprachliche Verständnis auf beiden Seiten ganz entscheidend. Viele biologische Fachbegriffe sind lateinischen und griechischen Ursprungs und stellen genaue und enge Definitionen dar, um eine Verwechslung mit ähnlichen Wörtern auszuschließen. Sie sind für die Fachleute aus der Technik meist nicht geläufig und daher oft unverständlich. Einerseits ist es wichtig, die Feinheiten dieser Fachbegriffe nicht zu vernachlässigen, andererseits erfordert der bionische Prozess eine Abstraktion und damit Vereinfachung, was den Fachleuten aus der Biologie nicht immer leicht fällt. Damit die Fachleute aus der Technik die biologische Sprache und damit die Fachleute aus der Biologie verstehen können, findet sich hier eine Übersetzung einiger biologischer Begriffe in den technischen Kontext. Genauso werden umgekehrt technische Bezeichnungen in den biologischen Kontext übersetzt.

Aus der Vielzahl der biologischen Fachbegriffe sind im folgenden Abschnitt nur die wichtigsten Begriffe für die anatomische Lagebezeichnung und die strukturell relevanten Gewebearten eines

Pflanzensprosses erklärt. Weitere Begriffe können in einschlägigen Lexika, Fachbüchern [64; 106] und im Internet recherchiert werden.

3.2.1 Lage- und Richtungsbezeichnung

In der Anatomie werden anatomische Lage- und Richtungsbezeichnungen verwendet, um unabhängig von der Körperhaltung eines Lebewesens die Position und den Verlauf von Merkmalen bzw. Organen benennen zu können. Die Bezeichnung begründet sich darauf, dass über 90% der vielzelligen Tierarten zwei spiegelbildlich gleiche Körperhälften haben, wobei sich jedoch die resultierenden Vorder- und Hinterseiten unterscheiden. Dies sind die «Zweiseitentiere», die Bilateria [106].

Tiere mit aktiver Nahrungssuche, also solche, die sich dazu fortbewegen, profitieren von einem solchen Aufbau. Die Sinnesorgane zur Orientierung befinden sich bezüglich der Bewegungsrichtung an der Vorderseite und die Extremitäten zur Fortbewegung an der Seite. Bei sessilen, also festsitzenden oder im Wasser schwebenden Organismen ist das nicht nötig, z.B. Quallen, Seeanemonen und Korallen. Bei den Bilateria entspricht die Hauptachse der Symmetrieebene auch der Hauptbewegungsrichtung. Solch ein struktureller Aufbau ist auch häufig in der Technik zu finden. Land-, Wasser- und Luftfahrzeuge aller Art weisen eine Zweiseitenstruktur auf, z.B. Pkw, Zug und Schiff. Aber auch stationäre Maschinen sind oft in dieser Art aufgebaut, z.B. Druckmaschine, Waschmaschine und sogar die meisten Toaster. In den Bildern 3.2 und 3.3 werden an einem Pferd und einem Pkw biologische und technische Richtungs- und Lagebezeichnungen bildlich erläutert und gegenseitig übertragen.

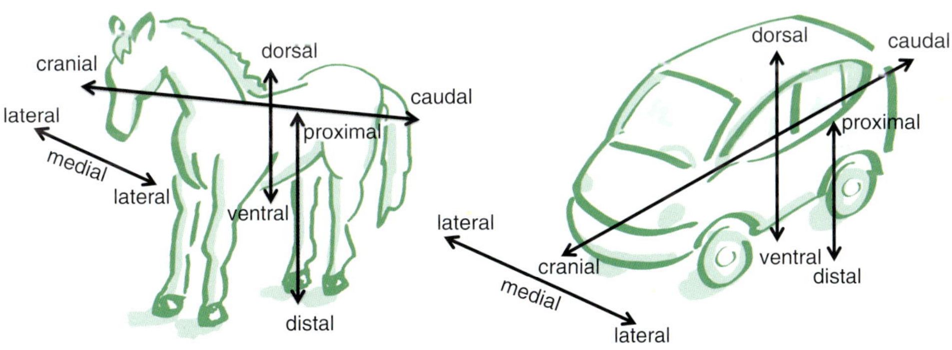

Bild 3.2 *Die anatomischen Richtungs- und Lagebezeichnungen eines Pferdes, auf einen Pkw übertragen*

Bedeutung der anatomischen Richtungen

Durch den «bilaterialen» Körperbau ergeben sich die folgenden Richtungsbezeichnungen:

cranial = zum Schädel hin
caudal = zum Schwanz hin
proximal = zum Rumpf hin
distal = vom Rumpf weg
dorsal = am Rücken gelegen
ventral = am Bauch gelegen

Die Bezeichnungen in der Anatomie sind nicht absolut, sondern geben nur die Richtung an, z.B. bedeutet *cranial* in Richtung des Schädels. Weitere Bezeichnungen hängen mit der Symmetrieebene, der Medianebene, zusammen:

median = in der Symmetrieebene
medial = zur Mitte hin
lateral = seitlich «zur Symmetrieebene»

Bedeutung der technischen Richtungen
Die technische Richtungsbezeichnung entspricht schon weitgehend der standardsprachlichen Lagebezeichnung – bis auf wenige Begriffe.

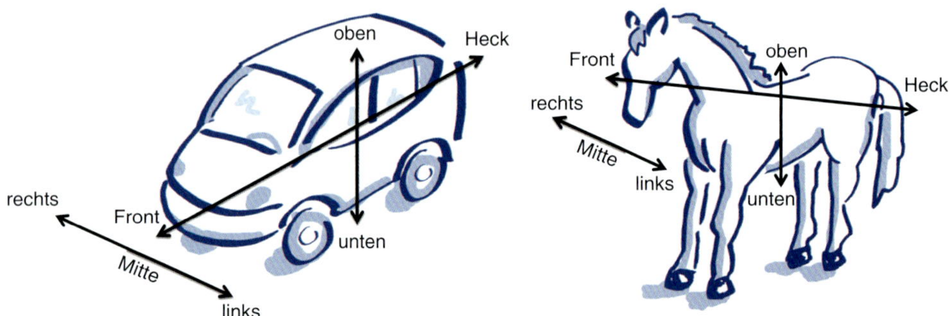

Bild 3.3 *Die technischen Richtungs- und Lagebezeichnungen eines Pkw, auf ein Pferd übertragen*

Front, frontal = Vorderseite, vorne beim Pkw
Bug = vorne beim Schiff und Flugzeug
Heck = Hinter-/Rückseite, hinten beim Pkw, Schiff, Flugzeug
Backbord = linke Seite eines Schiffes
Steuerbord = rechte Seite eines Schiffes

3.2.2 Allgemeiner struktureller Aufbau von Pflanzen

Die Kenntnis vom grundlegenden Aufbau der Pflanzen gehört noch zur Allgemeinbildung. Schneidet man jedoch einen Pflanzenspross durch und betrachtet die verschiedenen Gewebearten im Querschnitt, fällt ein Vergleich mit technischen Verbundwerkstoffen nicht leicht. Das liegt unter anderem daran, dass neben den reinen strukturellen Aufgaben ein signifikanter Gewebeanteil auch Transportfunktionen übernimmt. Zudem muss das Wachsen der Pflanze ebenfalls möglich sein.

Bäumen, Sträuchern, Gräsern und Blütenpflanzen ist gemeinsam, dass sie Blätter, einen Stamm, Stängel oder Spross und Wurzeln besitzen (Bild 3.4). Solche Pflanzen gehören zu den höheren Pflanzen oder Kormophyten und bilden den Hauptteil der vorhandenen Pflanzenarten. Moose sind nicht den höheren Pflanzen zugeordnet, da man keine Aufteilung in Blatt und Spross erkennt.

Die Hauptaufgaben der drei strukturellen Hauptbestandteile von Pflanzen beziehen sich auf die Standfestigkeit und die Energiegewinnung. Die Wurzeln bilden das Halteorgan im Boden. Zusätzlich nehmen sie Nährstoffe wie Wasser und Salze aus dem Boden auf und speichern

Reservestoffe. Der Spross richtet die Blätter zur Sonne aus. Ferner transportiert er Wasser und Nährstoffe sprossaufwärts und versorgt die Pflanze mit den gebildeten Assimilaten, die er sprossabwärts transportiert. In den Blättern findet die Photosynthese statt. Die Blätter dienen zum Teil auch als direkter Speicher für die dort gebildeten Assimilate [64].

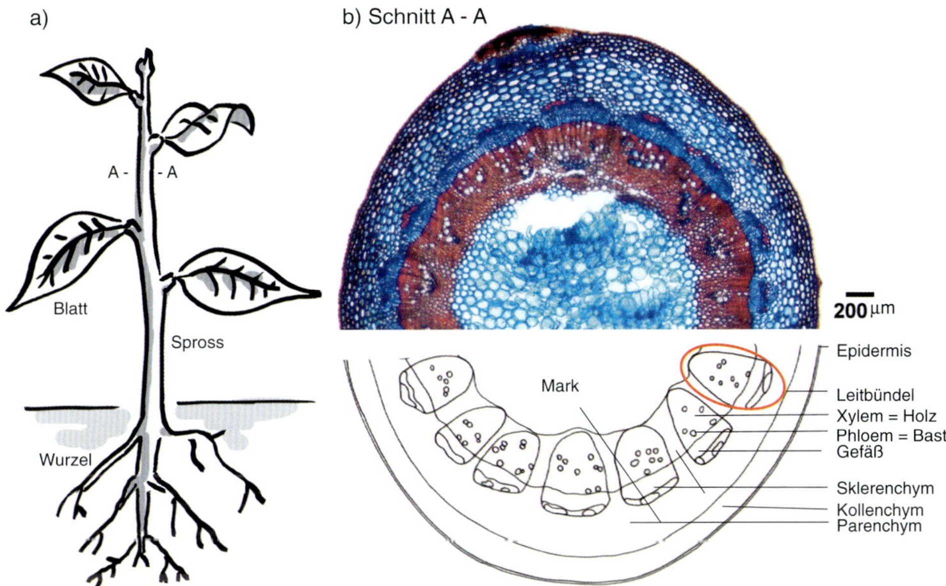

Bild 3.4 *Darstellung des strukturellen Aufbaus von Pflanzen*
a) Skizze der drei Hauptbestandteile des primären Pflanzenaufbaus Blatt, Spross und Wurzel
b) gefärbter Querschnitt der Sprossachse mit den verschiedenen Grundgewebearten

Grundgewebearten

Ein Spross besteht aus vier Gewebearten: Grundgewebe, Festigungsgewebe, Leitbündel und Abschlussgewebe. Für eine einfachere Bestimmung der verschiedenen Gewebe werden Pflanzenschnitte häufig angefärbt. Bei dem Sprossquerschnitt in Bild 3.4b ist eine Safranin-Astrablau-Färbung verwendet worden. Als Ergebnis werden verholzte Zellwände rot, zellulosereiche und lebende Zellen werden blau angefärbt.

Das *Grundgewebe* (*Parenchym*) besteht aus großlumigen Zellen mit dünnen unverholzten Zellwänden. Damit hat das Grundgewebe folgende Eigenschaft: Es ist relativ weich, fungiert als Füllstoff und hat eine relativ geringe Festigkeit und Steifigkeit.

Beim *Festigungsgewebe* werden zwei Typen unterschieden: das *Kollenchym* und das *Sklerenchym*. Die Zellen des Kollenchyms nehmen aktiv am Stoffwechsel teil, sind also lebend und kommen vor allem bei krautigen Pflanzen vor, die sich noch im Streckungswachstum befinden. Ihre Festigkeit und Steifigkeit sind niedriger als bei den Zellen des Sklerenchyms. Sklerenchymgewebe besteht aus toten Zellen, in deren Zellwänden Lignin eingelagert wird. Die Lignineinlagerung verdickt die Zellwände massiv, das Gewebe verholzt, wodurch sich die Steifigkeit und Festigkeit erhöhen.

Die *Leitbündel* leiten Wasser und Nährstoffe. Die Wasserleitung von der Wurzel in die verschiedenen Pflanzenteile übernimmt das Xylem, das verholzt ist und damit auch zur strukturellen

Steifigkeit der Pflanze beiträgt. Der durch die Photosynthese entstandene Zuckersaft wird über das Phloem in der Pflanze verteilt. Oft sind die Leitbündel zusätzlich von Festigungsgewebe umgeben (Sklerenchym-Scheide) und damit auch geschützt. Damit übernehmen die Leitbündel nicht nur Versorgungs-, sondern auch strukturelle Aufgaben.

Das *primäre Abschlussgewebe*, die *Epidermis*, grenzt den Spross nach außen hin ab. Zusätzlich ist sie mit einer dünnen, wachsartigen Schutzschicht, der Cuticula, überzogen und bietet so Schutz vor Verdunstung und dem Eindringen von Schädlingen.

Neben diesen vier Grundgewebearten gibt es natürlich noch viele weitere Gewebearten, die jedoch aus mechanischer Sicht zunächst nicht entscheidend sind, z.B. das Bildungsgewebe, das Kambium, das durch Teilung zunächst undifferenzierte Grundzellen bildet, die sich dann aber sehr schnell spezialisieren.

3.2.3 Technische und natürliche Faserverbundwerkstoffe und ihre Ausgangswerkstoffe

Faserverbundwerkstoffe bestehen mindestens aus den zwei Grundwerkstoffen, den Fasern und der Matrix. In Tabelle 3.1 werden biologische und technische Faserverbundwerkstoffe aufgelistet und der zugehörige Werkstoff der Faser und der Matrix angegeben. Durch den Verbund entsteht ein neuer Werkstoff, dessen Eigenschaft nicht bloß die reine Addition der Eigenschaften der Ausgangswerkstoffe ist. Positive Wechselwirkung zwischen Fasern und Matrix führen im Verbundwerkstoff zu höherwertigen Gesamteigenschaften, als jede der beiden einzelnen Komponenten für sich selber aufweist.

Tabelle 3.1 *Technische und natürliche Faserverbundwerkstoffe und die Nennung ihrer Faser- und Matrixwerkstoffe*

	Faser	Matrix
Faserverbundkunststoffe	Kohlefaser, Glasfaser, Aramidfaser, Naturfaser (Hanf, Flachs, ...)	Epoxidharze Polyethylenharze Thermoplaste
Stahlbeton	Stahlbewehrung	Beton
«Lehmbauten»: Wellerlehm	Stroh (allg. Pflanzenfasern) Weidenäste	Lehm
Biologie		
Pflanzengewebe	Sklerenchym, Leitbündel, Kollenchym	Parenchym
Bambus	Leitbündel	Parenchym

3.3 Bionik in Entwicklungsprozesse integrieren

In Entwicklungsprozessen sind allgemeine Arbeitsabschnitte festgelegt, die sinnvollerweise nacheinander ablaufen, um ein Projekt zu einem möglichst erfolgreichen Ergebnis zu führen. Das Ergebnis muss für das Unternehmen letztlich die Investitionen kurzfristig oder langfristig in einer Form einbringen, die dem Unternehmen zugute kommen – sei es als Serienprodukt, Marktanteile oder Know-how und damit Wissensvorsprung. Eine gute Planbarkeit einzusetzender Zeit und einzusetzender Mittel ist für einen erfolgreichen Abschluss eines Projektes oft entscheidend. Dabei gilt nicht zwangsläufig, dass es so schnell und so billig wie möglich bearbeitet werden muss. Auch ein gut planbares, mit hohen Investitionskosten verbundenes und auf lange Sicht angelegtes Projekt kann das Ziel sein. Ein solches Projekt wird eher im Bereich der Vorentwicklung oder der Forschung in einem Unternehmen durchgeführt. Von Entwicklungsprojekten, die nah an der Serienproduktion ablaufen, sind eher schnelle und kostengünstige Resultate erwünscht. In beiden Projektarten ist es möglich, Bionik zu integrieren.

In diesem Beitrag soll deutlich gemacht werden, an welchen Stellen eines Entwicklungsprozesses Bionik die Entwicklungsarbeit in einem Unternehmen stärken kann. Es werden die Arbeitsabschnitte benannt, in denen der Einsatz von Bionik als besonders erfolgversprechend erachtet wird, und was bei der Durchführung beachtet werden sollte. Darauf aufbauend werden konkrete Methoden benannt, die spezifisch für die Bionik sind, und erläutert, in welchen Arbeitsabschnitten ein Einsatz möglich ist.

In der VDI 6220 Blatt 1 [94] wird bereits ein bionischer Entwicklungsprozess beschrieben, der sich an den in der VDI 2221 [92] beschriebenen Prozess anlehnt. Weitere bionische Entwicklungsprozesse mit ähnlichen Arbeitsschritten wurden publiziert und es wurden spezifische Methoden zusammengetragen, die für einen bionischen Entwicklungsprozess sinnvoll erscheinen [105; 23]. Bei allen findet man ähnliche Arbeitsschritte, die sich häufig auf die drei wesentlichen Abschnitte: 1. Analyse, 2. Abstraktion und 3. Anwendung reduzieren lassen [94; 105; 39]. Bei einer technischen Fragestellung müssen die Anforderungen zunächst genau analysiert werden, um sie dann auf die wesentlichen Punkte zu reduzieren, also zu abstrahieren, bevor eine technische Lösung gefunden und umgesetzt werden kann. Ebenso muss bei der Suche nach einem Lösungsprinzip aus der Natur zunächst die Lösungsidee verstanden, also analysiert werden, bevor das Lösungsprinzip abstrahiert werden kann und dann auf ein technisches Problem angewendet, also umgesetzt werden kann.

MERKSATZ

Sowohl in der Technik als auch in der Bionik werden konkrete Fragestellungen in bearbeitbare Abschnitte unterteilt, die sich allgemein in 1. Analyse, 2. Abstraktion, 3. Anwendung einteilen lassen.

Die VDI 6220 Blatt 1 unterscheidet die beiden Herangehensweisen Biology Push (*bottom-up*) und Technology Pull (*top-down*) [94]. In eher designorientierten Fachdisziplinen (z.B. Industriedesign, Architektur) wird für Biology Push auch von «*solution driven*» bzw. für Technology Pull von «*problem driven*» gesprochen [94; 105].

Beim **Biology-Push-Prozess** wird aus der Grundlagenforschung (oder der Naturbetrachtung) heraus ein Struktur-Funktions-Zusammenhang aus der Natur entdeckt und analysiert. Nach erfolgtem Prinzipien-Verständnis und Abstraktion kann dieses Lösungsprinzip auf einen technischen Zusammenhang übertragen werden. Meist handelt es sich dabei um grundsätzliche Neuerungen, die auf vielfältige Anwendungsbeispiele übertragen werden können. Bekanntestes Beispiel dafür ist der sog. Lotus-Effekt. Ursprünglich bei der Analyse von Oberflächenstrukturen zur systematischen Einordnung von Pflanzenarten entdeckt, konnten die abstrahierten Prinzipien auf verschiedenste Anwendungsmöglichkeiten (Fassadenfarben, Markisen, Lacke) übertragen werden. Ein weiteres Beispiel für diese Herangehensweise ist der Klettverschluss, der unter dem Namen Velcro® 1955 patentiert wurde

Beim **Technology-Pull-Prozess** liegt eine konkrete technische Fragestellung vor und es wird spezifisch dafür nach einer Lösung in der Natur gesucht. Sobald ein oder mehrere Lösungsprinzipien gefunden wurden, schließen sich auch hier ein Abstraktionsprozess und eine Umsetzung in die Technik an. Ein bekanntes Beispiel sind die sog. Winglets an Flugzeugflügeln. Die aerodynamischen Eigenschaften von Flugzeugflügeln sollten verbessert werden. Das Studium des Vogelflugs – und hier insbesondere die Verformung der Handschwingen – zeigten, dass die aufgespreizten und nach oben gebogenen Handschwingen die aerodynamischen Eigenschaften beim Fliegen stark verbessern. Die Übertragung in eine technische Umsetzung ist nunmehr bei den meisten Flugzeugen zu finden. Auch der neue Airbus A380 soll nun mit Winglets ausgestattet werden, um Treibstoff zu sparen [2].

MERKSATZ

In der Bionik unterscheidet man zwei Herangehensweisen:

- Biology Push (= bottom-up, = solution driven):
  von einem biologischen Vorbild ausgehend zu einer Anwendung;
- Technology Pull (= top-down, = problem driven):
  von einer technischen Fragestellung ausgehend zu einer Anwendung.

Beide Herangehensweisen sind sich grundsätzlich ähnlich, sind aber insbesondere am Anfang des Prozesses unterschiedlich gelagert und benötigen die Expertise aus den biologischen und bionischen Fachdisziplinen zu unterschiedlichen Zeitpunkten. In diesem Beitrag wird davon ausgegangen, dass eine Aufgabe oder Fragestellung aus der Technik vorliegt, also nach einem Technology-Pull-Prozess vorgegangen wird. Dies kann in Form einer Kundenanfrage an eine Firma sein oder aber auch firmenintern, etwa bei der Optimierung eines bestehenden Systems oder Produktes oder bei einer Neuentwicklung.

In der Praxis haben die meisten Unternehmen für die Forschungs- und Entwicklungsarbeit eigene Prozesse festgelegt. Für die Integration von bionischen Arbeitsansätzen und Herangehensweisen können diese Prozesse ergänzt und an den passenden Stellen bionische Ansätze eingebaut werden. Dabei geht es nicht darum, Bionik als Ersatz für bestehende Entwicklungsprozesse zu nutzen, sondern als Zusatz bzw. Erweiterung bestehender Prozesse und Herangehensweisen, insbesondere zur Erweiterung des Suchraums für technische Lösungen [94]. Allerdings ist es nicht an jedem Punkt eines bestehenden Prozesses sinnvoll, Bionik oder bionische Methoden zu nutzen. Auch gibt es viele Bereiche in der Entwicklungsarbeit, bei denen es auf eine rein technische Erarbeitung ankommt.

Dass es möglich ist, auch für extrem komplexe Projekte eine allgemeine Abfolge von Arbeitsabschnitten in einem Entwicklungsprozess zu formulieren, zeigen die VDI 2221 [92] für Produktentwicklung, die VDI 2222 Blatt 1 [93] für Konstruktionsaufgaben oder die VDI 2206 [91] für die Entwicklung mechatronischer Systeme. So besagt die VDI 2206: «Ziel dieser Richtlinie ist, das domänenübergreifende Entwickeln mechatronischer Systeme methodisch zu unterstützen. Hauptaugenmerk sollen hierbei Vorgehensweisen, Methoden und Werkzeuge für die frühe Phase des Entwickelns mit Schwerpunkt Systementwurf bilden.» [91] Dabei wird das sogenannte V-Modell entwickelt, das unabhängig von der Branche auch für andere Entwicklungsprozesse nutzbar ist. Die VDI 2221 formuliert einen sehr allgemeinen Produktentwicklungsprozess, der in nachvollziehbaren Arbeitsabschnitten eine bessere Planbarkeit von Entwicklungsprojekten unterstützen soll [92].

Insbesondere die Erfahrungen aus der Mechatronik sind für die Bionik wertvoll. Beide Disziplinen sind aus vorher bereits etablierten eigenständigen Disziplinen entstanden. Dies wird bereits in der jeweiligen Bezeichnung deutlich: Beides sind Kunstwörter (**Mecha**nik / Elek**tronik** und **Bio**logie / Tech**nik**). Die Mechatronik wurde aus der Elektrotechnik und der Mechanik zusammengefasst, als deutlich wurde, dass mit der Zeit rein mechanische Systeme kaum noch genutzt werden und die Elektrifizierung sehr viele maschinenbauliche Bereiche erfasst hatte. Mit Bionik, einer Zusammenfassung aus Biologie und Technik, müssen Fachleute aus ursprünglich noch weiter entfernten Disziplinen zusammenarbeiten. Mit der nun einsetzenden zunehmenden «Biologisierung» [13] der Wirtschaft, der Technik und weiterer Bereiche ist zu erwarten, dass sich dieser Trend weiter fortsetzen wird.

Die oben genannten Prozessanleitungen (VDI 2221, 2222, 2206) haben einen sehr allgemeingültigen Charakter, gemeinsam ist ihnen aber der lineare, eher hierarchische Aufbau, auch wenn betont wird, dass Iterationen innerhalb des Prozesses nicht nur möglich, sondern auch erwünscht sind. Damit unterscheiden sie sich grundsätzlich von anderen Entwicklungsprozessen, z.B. SCRUM [78]. Diese Vorgehensmodelle, die ursprünglich aus der Softwareentwicklung kamen, sollen in diesem Beitrag nicht berücksichtigt werden.

Dieser Beitrag richtet sich in erster Linie an Unternehmen, die bisher noch keine großen Berührungspunkte mit einer bionischen Arbeitsweise hatten, aber das mögliche Innovationspotenzial in der Forschung und (Vor-)Entwicklung nutzen und sich über Schwierigkeiten und Möglichkeiten informieren möchten. Daher soll in diesem Beitrag der Versuch gestartet werden, den Entwicklungsprozess der VDI 2221 [92], der in der Industrie im deutschsprachigen Raum bekannt und akzeptiert ist, zu verwenden und die bionischen Besonderheiten hier zu berücksichtigen.

Für Methoden, die in einem bionischen Projekt besonders hilfreich sind, wurden entsprechende Hinweise eingearbeitet und in einer Tabelle zusammengefasst (Tabelle 3.2). Eine ausführliche Methodensammlung für die verschiedenen Arbeitsabschnitte für konventionelle Projekte findet sich in der VDI 2221 [92]. Eine ausführliche Zusammenstellung von explizit in der Bionik nützlichen Methoden findet sich in [105; 23].

MERKSATZ
Bionik ist kein Ersatz, sondern Zusatz, und kann bestehende Entwicklungsprozesse bereichern.

3.3.1 Entwicklungsprozess der VDI 2221

«Die Richtlinie VDI 2221 behandelt allgemeingültige, branchenunabhängige Grundlagen methodischen Entwickelns und Konstruierens und definiert diejenigen Arbeitsabschnitte und Arbeitsergebnisse, die wegen ihrer generellen Logik und Zweckmäßigkeit Leitlinie für ein Vorgehen in der Praxis sein können.» [92] Da es sich bei der Entwicklung eines bionischen Produktes im Kern ebenfalls um einen Entwicklungsprozess handelt, kann die VDI 2221 als Basis und Ausgangspunkt für ein methodisches Vorgehen zur Entwicklung bionischer Produkte verwendet werden. Dies gilt umso mehr, als dass die VDI 2221 ausdrücklich branchenunabhängige Angaben macht. Dieses methodische Vorgehen soll im Weiteren ganz generell als Entwicklungsprozess bezeichnet werden – unabhängig davon, ob ein konkretes Produkt, ein Verfahren oder ein anderes Ergebnis erzielt werden soll.

Der Entwicklungsprozess der VDI 2221 umfasst sieben Arbeitsschritte, in denen die notwendigen Aufgaben angegeben werden, und nennt die aus den Aufgaben resultierenden Arbeitsergebnisse (Bild 3.5).

Um zu den entsprechenden Arbeitsergebnissen zu gelangen, nennt die VDI 2221 in tabellarischer Form viele Methoden, die entweder spezifisch für bestimmte Arbeitsabschnitte sind

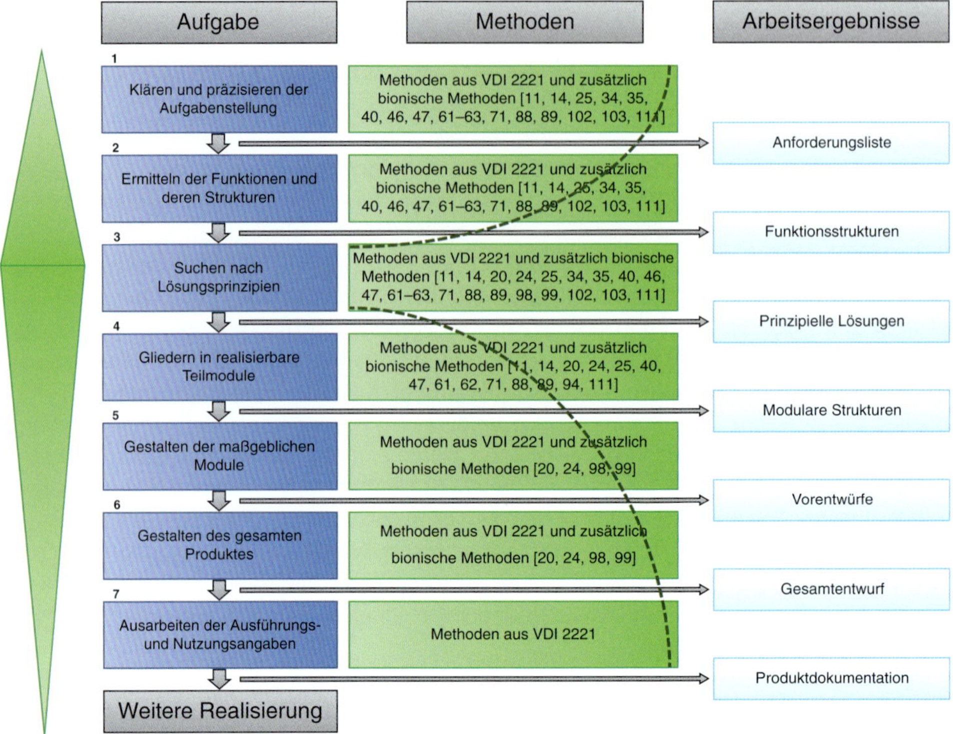

Bild 3.5 *Ablaufschema des Entwicklungsprozesses mit 7 Arbeitsabschnitten aus der VDI 2221 mit den abgeleiteten Arbeitsergebnissen (verändert nach [92]). Auf der linken Seite ist dargestellt, wie stark der Anteil aus der biologischen Expertise einfließt. Die grüne gestrichelte Linie verdeutlicht, wie stark bionische Methoden eine Rolle spielen. Rechts von der Linie bionische Methoden (bionische Methoden mit Literaturhinweisen), links von der Linie konventionelle Methoden.*

oder in mehreren Arbeitsabschnitten eingesetzt werden können. Darüber hinaus werden Methoden genannt, die über den gesamten Prozess integrierend eingesetzt werden können. Die Methoden werden folgendermaßen eingeteilt: Analyse- und Zielvorgabemethoden, Methoden zum Entwickeln von Lösungsideen, Kosten- und Wirtschaftlichkeitsberechnungsverfahren (Kalkulationsverfahren), Bewertungsverfahren und Entscheidungstechniken, Integrierte Methoden.

Diese Methoden-Kategorien werden in der VDI 2221 den verschiedenen Arbeitsabschnitten zugeordnet – je nachdem, wo sie bevorzugt eingesetzt werden können und gut geeignet sind. Selbstverständlich bestehen große Überlappungsbereiche, und der Einsatz bestimmter Methoden hängt von vielen Faktoren, auch der Verfügbarkeit und der Expertise der Nutzer und Nutzerinnen ab. Alle Methoden sind auch in bionischen Projekten einsetzbar. Darüber hinaus gibt es Methoden, die für die Bionik spezifisch sind. Eine Zuordnung zu den Arbeitsabschnitten des Entwicklungsprozesses zeigt Tabelle 3.2. Auch hier gilt, dass kein Anspruch auf Exklusivität oder Vollständigkeit erhoben wird, die Zuordnung soll lediglich einen ersten Einblick verschaffen und spezifisch bionische Methoden nennen. Tabelle 3.2 gruppiert gut zugängliche Literatur und Webseiten bionischer Methoden nach Lösungskatalogen, Datenbanken, Normen, Thesaurie und allgemeinen Handlungsmodellen und ordnet sie den sieben Arbeitsabschnitten des Entwicklungsprozesses als geeignet und gut geeignet zu.

Um den allgemeingültigen Entwicklungsprozess der VDI 2221 um das Innovationspotenzial der Bionik zu bereichern, gilt es innerhalb dieses Prozesses die Stellen herauszuarbeiten, an denen weitere Expertise aus der Biologie und der Bionik einfließen sollte. Weiterhin sollen diejenigen Methoden, die für die Bionik spezifisch oder besonders nützlich erscheinen, den entsprechenden Arbeitsschritten zugeordnet werden. Es soll also nicht ein Ersatz für einen bestehenden Entwicklungsprozess vorgestellt, sondern vielmehr ein sehr bewährtes Verfahren auf eine relativ neue Disziplin angewendet werden. Die Bionik ist also nicht Ersatz, sondern Zusatz – wie in [94] formuliert.

Bei der Beschreibung der einzelnen Arbeitsabschnitte soll daher zunächst von einem Entwicklungsprozess ausgegangen werden, der von Beginn an als bionischer Prozess angelegt war, z.B. in Forschungsabteilungen, in Innovationszentren oder der Vorentwicklung eines Unternehmens. Dort, wo dieses Vorgehen nicht möglich ist, wird von einem konventionellen Entwicklungsprozess ausgegangen und auf den Einsatz der Bionik in den wesentlichen Arbeitsschritten hingewiesen.

MERKSATZ

Die VDI 2221 unterscheidet die Arbeitsabschnitte:

1. Klären und Präzisieren der Aufgabenstellung,
2. Ermitteln der Funktionen und deren Strukturen,
3. Suchen nach Lösungsprinzipien,
4. Gliedern in realisierbare Teilmodule,
5. Gestalten der maßgeblichen Module,
6. Gestalten des gesamten Produktes,
7. Ausarbeiten der Ausführungs- und Nutzungsangaben.

3.3.2 Integration der Bionik in die einzelnen Arbeitsabschnitte

1. Klären und Präzisieren der Aufgabenstellung

Ausgehend von einem Technology Pull-Prozess [94], kommt die gestellte Aufgabe aus der Technik. Im ersten Arbeitsabschnitt eines Entwicklungsauftrags gilt es nun die Aufgabenstellung zu klären und zu präzisieren. Arbeitsergebnis ist eine Anforderungsliste, die je nach Aufgabenlagerung auch als Pflichtenheft formuliert sein kann. Um diese Aufgabe zu erfüllen, können verschiedene Analyse- und Zielvorgabe-Methoden eingesetzt werden, aber auch Kosten und Wirtschaftlichkeitsberechnungsverfahren fließen hier ein [92].

In dieser Phase des Entwicklungsprozesses geht es zunächst um die Festlegung rein technischer Anforderungen. Dennoch können Bionik und Biologie bereits in diesem Arbeitsabschnitt eine wesentliche Rolle spielen. Insbesondere in größeren bionischen Projekten ist es bereits zu Beginn sinnvoll, das Projektteam interdisziplinär zusammenzusetzen. Denn bereits bei der Formulierung der Anforderungsliste ist es notwendig, sich auf ein gemeinsames Vokabular für die kommende Entwicklungsarbeit zu einigen (Tabelle 3.2). Über das gemeinsame Vokabular hinaus kann so ein gemeinsames Verständnis für die anzugehenden Aufgaben geschaffen werden. Die Herausforderung liegt hier methodisch zunächst darin, in einem interdisziplinären Team die Gedankenwelt «der Anderen» zu erfassen. Workshops mit verschiedenen Kreativitätstechniken können hier helfen, ein gemeinsames Verständnis zu entwickeln. Auch die VDI 2221 nennt bereits in dieser frühen Phase Kreativitätstechniken (Brainstorming, Methode 6-3-5, Ideen-Delphi u.a.) als Methoden zur Analyse der Aufgabenstellung [92], die auch erfolgreich in der Bionik eingesetzt werden.

2. Ermitteln von Funktionen und Strukturen

In diesem Arbeitsabschnitt geht es um die Ermittlung der Gesamtfunktion und um die zu erfüllenden Teilfunktionen. Als Arbeitsergebnis werden Funktionsstrukturen festgelegt, zu denen die VDI-Richtlinie einige Methoden aus dem Bereich der Analyse und Zielevorgabenmethoden, insbesondere der Funktionsstrukturierung, nennt [92].

Die interdisziplinäre Einbindung der Fachleute aus der Bionik bzw. Biologie in das Projektteam ist auch hier sinnvoll, um die Kommunikation zwischen verschiedenen Fachdisziplinen zu erleichtern. Insbesondere bei der Ermittlung von Funktionsstrukturen ist es wichtig, frühzeitig mögliche Struktur-Funktions-Zusammenhänge, wie sie insbesondere in der Biologie eine große Rolle spielen, zu erkennen und zuordnen zu können (Tabelle 3.2). Auch wenn es zunächst darauf ankommt, eine rein technische Beschreibung der geforderten Funktionen zu erreichen, können in einem bionischen Projekt die erarbeiteten Funktionen in einen biologischen Kontext gebracht werden. Es können die ersten Analogien in den Funktionen zwischen biologischen und technischen Systemen herausgearbeitet werden. Dieser Schritt ist in einem bionischen Projekt insofern von großer Bedeutung, da hier der Suchraum für die nachfolgende Suche nach Lösungsprinzipien festgelegt wird. Suchfelder, die in diesem Schritt nicht verbal benannt wurden, lassen sich im Folgeschritt nur schwer formulieren. Funktionen sollen dabei möglichst mit Substantiven (Objekte) und Verben (Aktionen) beschrieben werden [92; 39]. Diese Vorgehensweise erlaubt es, die Aufgabenstellung besonders präzise und für alle Beteiligten nachvollziehbar zu formulieren. Dabei werden wichtige Abstraktionen vorgenommen, indem spezifische Informationen neu formuliert und damit reduziert werden, um die Funktionen und Teilfunktionen allgemein zu formulieren. Spezifische Methoden für diesen Arbeitsabschnitt für bionische Projekte sind hier nicht bekannt und werden auch in der Literatur nicht empfohlen [39]. Dennoch können die weiter unten genannten Methoden auch in diesem Arbeitsabschnitt genutzt werden, um Struktur-Funktions-Zusammenhänge in biologischen Kontexten zu ermitteln.

3. Suchen nach Lösungsprinzipien

Im Arbeitsabschnitt 3 der VDI 2221 [92] werden für alle Funktionen Lösungsprinzipien gesucht. Als Arbeitsergebnis werden eine oder mehrere prinzipielle Lösungen erwartet. Dabei beschreibt eine «prinzipielle Lösung» eine grundsätzliche Lösung für eine abgegrenzte Konstruktionsaufgabe, während «Lösungsprinzipien» keine unmittelbare Bindung an eine bestimmte Konstruktionsaufgabe haben müssen [93]. Eine Reihe von Methoden zur Entwicklung von Lösungsideen steht für die Suche nach Lösungsprinzipien zur Verfügung. Diese reichen von Kreativitätstechniken über morphologische Kästen bis zur Nutzung von bereits bestehenden Lösungen in Konstruktionskatalogen. Ziel ist es, weitere Lösungsvarianten zu entwickeln. Anschließend müssen Bewertungsverfahren und Entscheidungstechniken eingesetzt werden, um aus den gefundenen Lösungsprinzipien, die erfolgversprechendsten herauszuarbeiten [92].

Für die festgelegten Funktionen der Funktionsstruktur können auch Lösungsprinzipien in der Natur gefunden werden (Tabelle 3.2). Die Grundlage für eine Übertragbarkeit biologischer in technische Systeme ist darin begründet, dass für beide Systeme die gleichen physikalischen Gesetzmäßigkeiten und Konstanten gelten [94]. In diesem Arbeitsabschnitt spielt die Biologie für ein bionisches Projekt eine entscheidende Rolle. Für ein konventionelles Projekt, in dem lediglich der Suchraum erweitert werden soll, muss die Suche nach biologischen Vorbildern und Funktionen explizit eingebracht werden. Ein herkömmlicher Entwicklungsprozess kann zumindest in diesem Arbeitsabschnitt um einen bionischen Ansatz erweitert werden. Insbesondere bionische Optimierungsverfahren können hier auf ihre Anwendbarkeit für die vorliegende Aufgabe hin überprüft werden. Bereits etablierte bionische Optimierungsverfahren, wie Strukturoptimierungen [99; 20], Evolutionäre Algorithmen [98] oder der geometrische Algorithmus FracTherm© [24] haben das Potenzial, in überschaubaren Zeitfenstern Lösungsvorschläge zu generieren. An dieser Stelle im Entwicklungsprozess muss geprüft werden, ob die Methoden die gewünschten Lösungsprinzipien liefern können und welche Expertise dafür eingeholt werden muss.

Die Suche nach neuen biologischen Lösungsprinzipien braucht Zeit und Expertise. Es besteht die Gefahr, dass die Suche zu wenig passenden oder gar irreführenden Ergebnissen führt, wenn sie von Personen ohne biologischen Hintergrund durchgeführt wird [39]. Dieser Umstand wird auch als «gap» oder Hindernis bezeichnet, das die Anwendung der Bionik erschwert [94; 105; 39]. Im Grunde genommen beschreibt dieser Umstand, dass eine kreative und erfolgreiche Suche nach Lösungsprinzipien immer entsprechender Fachleute bedarf, die sich in ihren jeweiligen Fachdisziplinen hervorragend auskennen. Ein umfassendes Verständnis der Aufgabenstellung und der zu entwickelnden Funktionsstrukturen ist erforderlich, um mögliche Lösungen korrekt einordnen zu können. Dies gilt selbstverständlich für einen rein technischen Entwicklungsprozess genauso wie für einen Entwicklungsprozess, in den biologische Vorbilder einfließen sollen. Die zum Teil immer noch vorgebrachte Meinung, man müsse nur in die Natur schauen, dort würden die Lösungen bereits alle existieren, ist irreführend. Organismen sind verschiedensten Restriktionen ausgesetzt und Anpassungen, also Lösungen, in aller Regel nicht optimal, sondern für die entsprechenden Umweltbedingungen gerade gut genug. Die in der Natur gefundenen Lösungsideen müssen daher zunächst auf ihre Lösungsprinzipien hin analysiert werden. Dies kann nur von den entsprechenden Fachleuten geschehen. Die Suche und die anschließende Auswahl biologischer Vorbilder («Screening») sind daher der wichtigste Schritt, da hiermit die Basis für alle weiteren Entwicklungsschritte gelegt wird [39].

INTERNET

Für die Suche nach biologischen Vorbildern und Lösungsprinzipien stehen bereits einige Datenbanken und Webseiten zur Verfügung. Um diese möglichst effizient nutzen zu können, müssen die im vorhergehenden Arbeitsabschnitt formulierten Funktionen (Substantive und Verben) mit möglichst vielen semantischen Variationen als Suchwörter genutzt werden. Unterstützt wird die Suche verschiedener Wortvarianten durch Webseiten wie Synonym.com oder Thesaurus.com. Die Kombination mit dem Wort «Biologie» oder «biology» ist dann der nächste Schritt, um in verschiedenen webbasierten Datenbanken Informationen über Vorbilder in der Biologie zu generieren und weitere Analogien von biologischen und technischen Systemen zu finden. Spezifische bionische Datenbanken sind z.B. AskNature (www.asknature.org) oder BIOPS (nature4innovation.com). Diese Datenbanken dürfen aber nicht mit Datenbanken zu Lösungsprinzipien verwechselt werden. Sie können aber als erster Einstieg nützlich sein, um sich schnell einen Überblick zu verschaffen. Eine anschließende ausführliche Literaturrecherche ist notwendig, um bei den gefundenen Ideen Lösungsprinzipien abzuleiten. Als erster Einstieg kann hier GoogleScholar (www.scholar.google.com) dienen. Dann aber gilt es, in der wissenschaftlichen Fachliteratur weiterzusuchen – entweder über die Bibliotheken der Hochschulen oder über öffentlich zugängliche Portale wie z.B. ScienceDirect (www.-sciencedirect.com). Dieses methodische Vorgehen wurde systematisch und ausführlich von Hollermann beschrieben [39].

Nicht immer sind nach einer ersten Lösungsidee mögliche Lösungsprinzipien in der Literatur zu finden oder für eine Umsetzung ausführlich genug beschrieben. Es kann notwendig werden, weitergehende Forschung zu betreiben, um ein biologisches System zu verstehen und dann die entsprechenden Lösungsprinzipien abzuleiten. Eine Kurzbeschreibung der wissenschaftlichen

Methoden für unterschiedliche Forschungsschwerpunkte findet sich in der VDI 6220 Blatt 1 [94]. Eine sich daraus ergebende Forschungsleistung kann in der Regel in kleineren Projekten nicht geleistet werden. Eine große Durchdringungstiefe in Bezug auf das Verständnis eines Lösungsprinzips ist dann nur erreichbar, wenn weitere Investitionen erfolgen. Ist das nicht möglich, kann eine entsprechende Innovationshöhe nicht erreicht werden.

Am Ende dieses Arbeitsabschnittes muss aus den vorliegenden Lösungsprinzipien eine Auswahl getroffen werden. Zwar muss nach jedem Arbeitsabschnitt aus den entwickelten Varianten eine Auswahl getroffen werden, hier wird aber explizit darauf hingewiesen, da besondere Entscheidungskriterien für die Auswahl biologischer Lösungsprinzipien angewendet werden sollten. Es muss nun geprüft werden, inwieweit die Lösungsprinzipien mit den in der Aufgabenstellung und der Funktionsanalyse formulierten Zielen übereinstimmen. Dabei müssen die «Ähnlichkeiten der Aspekte» (Funktion, Material, Struktur, Verhalten usw.) [94] gegenübergestellt und bewertet werden. In [111] werden in Anlehnung an [67] drei wesentliche Gruppen von Analogien herausgearbeitet: Funktion, Randbedingungen und Gütekriterien, dabei werden jeweils für das technische und das biologische System die Funktionen, Randbedingungen und Gütekriterien gegenübergestellt und beurteilt. Erst wenn diese Kriterien annähernd als analog beurteilt werden können, ist eine Umsetzung in Form eines bionischen Produktes sinnvoll.

4. Gliedern in realisierbare Module

Im Arbeitsabschnitt 4 wird die prinzipielle Lösung, die weiterverfolgt werden soll, in realisierbare Module gegliedert, bevor die arbeitsaufwendige Konkretisierung erfolgt. Arbeitsergebnis ist eine modulare Struktur, die bereits die realisierbare Lösung einschließlich der Verknüpfung (Schnittstellen) der verschiedenen Module erkennen lässt [92]. Auch hier können wieder Methoden zur Funktionenstrukturierung, aber auch Kreativitätstechniken und Kosten- und Wirtschaftlichkeitsberechnungsverfahren eingesetzt werden.

Wurden im vorangehenden Abschnitt prinzipielle Lösungen aus den biologischen Struktur-Funktions-Zusammenhängen abgeleitet, müssen bei der Teilung in realisierbare Module nun Fachleute aus der Biologie und den Ingenieurwissenschaften eng zusammenarbeiten, um die entsprechenden Module passgenau zu entwickeln. Dabei ist es erforderlich, ein sinnvolles Maß an Abstraktion zu erreichen. Das bedeutet, es wird das biologische Lösungsprinzip vereinfacht, ohne es beliebig zu machen oder im anderen Extrem lediglich eine Kopie eines biologischen Vorbilds zu erstellen. Dieser Abstraktionsprozess kann daher nur in enger Abstimmung zwischen den jeweiligen Fachleuten geschehen. Insbesondere sollte hier auch auf die Schnittstellen zwischen verschiedenen Modulen – solchen, die nach biologischen Lösungsprinzipien konstruiert werden, und konventionellen Baugruppen – geachtet werden.

In diesem Abschnitt müssen nun die bionischen Optimierungsverfahren den jeweiligen Modulen zugeordnet und möglicherweise benötigte Expertise zur Gestaltung eingeholt werden (Tabelle 3.2).

5. Gestalten der maßgebenden Module

Im Arbeitsabschnitt 5 werden die maßgebenden Module konkretisiert. Es entstehen Vorentwürfe für die einzelnen Module [92]. In diesem Arbeitsabschnitt ist insbesondere ingenieurwissenschaftliches Know-how notwendig. In einem bionischen Projekt sollte dennoch die enge Abstimmung mit Fachleuten aus der Biologie sichergestellt werden, um die Vorentwürfe nicht losgelöst von den biologischen Lösungsprinzipien zu entwickeln und dadurch Innovationshöhe zu verlieren. In diesem Arbeitsabschnitt treten nun Simulationsberechnungen in den Vordergrund, während Lösungsfindungsmethoden in den Hintergrund treten. Dafür werden Wirtschaftlichkeitsberechnungen in diesem Abschnitt wichtiger.

Wurden im Arbeitsabschnitt 3 bionische Optimierungsverfahren («Evolutionäre Algorithmen» [98], «Strukturoptimierung» [99; 20] oder FracTherm© [24]) als mögliche Lösungen für einzelne Strukturen der unterschiedlichen Teilmodule ins Auge gefasst, werden sie nun in diesem Arbeitsabschnitt zur Gestaltung der Module eingesetzt. Eine entsprechende Expertise zur Nutzung dieser Methoden muss gegebenenfalls eingeholt werden.

6. Gestalten des gesamten Produktes

Im Arbeitsabschnitt 6 werden die vorher einzeln vorliegenden Module ergänzt und miteinander verknüpft. Arbeitsergebnis ist ein Gesamtentwurf, der alle wesentlichen Festlegungen enthält. Hier zeigt sich insbesondere ingenieurwissenschaftliches Können. Es werden in diesem Abschnitt ebenfalls die Methoden aus dem vorhergehenden Abschnitt genutzt (Tabelle 3.2). Die notwendige Expertise aus der Biologie ist in diesem Arbeitsabschnitt geringer als in den vorhergehenden.

7. Ausarbeiten der Ausführungs- und Nutzungsangaben

Im Arbeitsabschnitt 7 wird der Gesamtentwurf ausgearbeitet. Arbeitsergebnis ist die Produktdokumentation mit Nutzungsangaben. Auch hier können die Methoden aus den vorangegangenen Arbeitsabschnitten eingesetzt werden [92]. Die Expertise aus der Biologie kann weiter vermindert werden.

Tabelle 3.2 *Zuordnung von bionischen Methoden mit Literaturangaben zu den in der VDI 2221 genannten Arbeitsabschnitten 1 bis 7 und zusätzlich Angabe, ob es sich bei der Methode um die Beschreibung eines gesamten Entwicklungsprozesses (X) handelt.*
● *gut geeignet,* ○ *geeignet für den jeweiligen Arbeitsabschnitt*

	Arbeitsabschnitte	**1**	**2**	**3**	**4**	**5**	**6**	**7**	
Literaturquelle	**Beschreibung**	**Klären und Präzisieren der Aufgabenstellung**	**Ermitteln der Funktionen und deren Strukturen**	**Suchen nach Lösungsprinzipien**	**Gliedern in realisierbare Teilmodule**	**Gestalten der maßgeblichen Module**	**Gestalten des gesamten Produktes**	**Ausarbeiten der Ausführungs- und Nutzungsangaben**	**Handlungsmodell, gesamter Entwicklungsprozess**
	Bücher, biologische Lösungskataloge								
[111]	Zerbst 1987 Biologischer Katalog, Anwendung von Ähnlichkeitsprinzipien	●	○	●	○				X
[61]	Nachtigall 2002 Katalog, konzeptionelle Überlegungen	●	○	●	○				
[47]	Küppers und Tributsch 2002 Bionik der Verpackung, Katalog	●	○	●	○				X
[62]	Nachtigall 2005 Systematischer Katalog biologischer Systeme	●	○	●	○				

Tabelle 3.2 *Zuordnung von bionischen Methoden mit Literaturangaben zu den in der VDI 2221 genannten Arbeitsabschnitten 1 bis 7 und zusätzlich Angabe, ob es sich bei der Methode um die Beschreibung eines gesamten Entwicklungsprozesses (X) handelt.*
● gut geeignet, ○ geeignet für den jeweiligen Arbeitsabschnitt – Fortsetzung

	Arbeitsabschnitte	**1**	**2**	**3**	**4**	**5**	**6**	**7**	
Literaturquelle	**Beschreibung**	**Klären und Präzisieren der Aufgabenstellung**	**Ermitteln der Funktionen und deren Strukturen**	**Suchen nach Lösungsprinzipien**	**Gliedern in realisierbare Teilmodule**	**Gestalten der maßgeblichen Module**	**Gestalten des gesamten Produktes**	**Ausarbeiten der Ausführungs- und Nutzungsangaben**	**Handlungsmodell, gesamter Entwicklungsprozess**
	Datenbanken/Programme im WWW								
[11]	Biomimicry Institute AskNature – Innovation Inspired by Nature https://asknature.org/	●	○	●	○				
[25]	Fraunhofer IAO BIOPS/nature4innovation http://www.nature4innovation.com/	●	○	●	○				
[71]	Michael Sattler bionicinspiration http://bionicinspiration.org/	●	○	●	○				
[40]	IBID Interactive Biologically Inspired Design http://dilab-0.cc.gatech.edu/NLPForBID/index.php	○	○	○	○				
[88]	BIOLOGUE Foraging for Inspiration http://home.cc.gatech.edu/dil/336	○	○	○	○				
[89]	DANE Design by Analogy to Nature Engine http://dilab.cc.gatech.edu/dane/	○	○	○	○				
	Normen, Richtlinien und Patente								
[19]	DIN ISO 18 458 Bionik – Terminologie, Konzepte und Methodik								X
[94]	VDI 6220 Blatt 1 Bionik – Konzeption und Strategie								X
[95]	VDI 6221 Blatt 1 Bionik – Funktionale bionische Oberflächen								X

Tabelle 3.2 *Zuordnung von bionischen Methoden mit Literaturangaben zu den in der VDI 2221 genannten Arbeitsabschnitten 1 bis 7 und zusätzlich Angabe, ob es sich bei der Methode um die Beschreibung eines gesamten Entwicklungsprozesses (X) handelt.*
● gut geeignet, ○ geeignet für den jeweiligen Arbeitsabschnitt – Fortsetzung

	Arbeitsabschnitte	**1**	**2**	**3**	**4**	**5**	**6**	**7**	
Literaturquelle	**Beschreibung**	**Klären und Präzisieren der Aufgabenstellung**	**Ermitteln der Funktionen und deren Strukturen**	**Suchen nach Lösungsprinzipien**	**Gliedern in realisierbare Teilmodule**	**Gestalten der maßgeblichen Module**	**Gestalten des gesamten Produktes**	**Ausarbeiten der Ausführungs- und Nutzungsangaben**	**Handlungsmodell, gesamter Entwicklungsprozess**
[96]	VDI 6222 Blatt 1 Bionik – Bionische Roboter								X
[97]	VDI 6223 Blatt 1 Bionik – Bionische Materialien, Strukturen und Bauteile								X
[99]	VDI 6224 Blatt 3 Bionik – Bionische Strukturoptimierung im Rahmen eines ganzheitlichen Produktentstehungsprozesses			○	●	●	●		
[20]	DIN ISO 18 459 Bionik – Bionische Strukturoptimierung (CAO, SKO, CAIO, Zugdreiecke)			○	●	●	●		
[98]	VDI 6224 Blatt 1 Bionische Optimierung – Evolutionäre Algorithmen in der Anwendung			○	●	●	●		
[24]	FracTherm © Geometrischer Algorithmus			○	●	●	●		
[100]	VDI 6225 Blatt 1 Bionik – Bionische Informationsverarbeitung								X
[101]	VDI 6226 Blatt 1 Bionik – Architektur, Bauingenieurwesen, Industriedesign.								X
	Thesaurie, Ontologien, «Keyword-Finder», Analogiebildung								
[14]	CHEONG et al. 2008 Translating Terms of the Functional Basis into Biologically meaningful Keywords https://wordnet.princeton.edu/wordnet/	●	○	○					

Tabelle 3.2 *Zuordnung von bionischen Methoden mit Literaturangaben zu den in der VDI 2221 genannten Arbeitsabschnitten 1 bis 7 und zusätzlich Angabe, ob es sich bei der Methode um die Beschreibung eines gesamten Entwicklungsprozesses (X) handelt.*
● gut geeignet, ○ geeignet für den jeweiligen Arbeitsabschnitt – Fortsetzung

	Arbeitsabschnitte	1	2	3	4	5	6	7	
Literaturquelle	Beschreibung	Klären und Präzisieren der Aufgabenstellung	Ermitteln der Funktionen und deren Strukturen	Suchen nach Lösungsprinzipien	Gliedern in realisierbare Teilmodule	Gestalten der maßgeblichen Module	Gestalten des gesamten Produktes	Ausarbeiten der Ausführungs- und Nutzungsangaben	Handlungsmodell, gesamter Entwicklungsprozess
[63]	Nagel et al. 2010 An Engineering-to-Biology Thesaurus for Engineering Design.	●	○	○					
[102; 103]	Vincent et al. 2006, Vincent 2014 An Ontology of Biomimetics, BioTRIZ http://www.biotriz.com/products	●	○	●					X
[46]	Kozaki & Mizoguchi 2014 An ontology explorer for biomimetics database http://biomimetics.hozo.jp/ontology_db.html (Demo)	●	○	○					
[35]	Helms und Goel 2014 The Four-Box Method	●	●	●	○				
[34]	Helfman Cohen et al. 2014 Biomimetics. Structure-Function Patterns Approach	●	●	●	○				
	weitere Handlungsmodelle								
[38]	Hill 1998 Erfinden mit der Natur								X
[29]	Gramann 2004 Problemmodelle und Bionik als Methode								X
[108]	Wilson & Rosen 2007 Systematic Reverse Engineering of Biological Systems								X
[23]	Fayemi et al. 2017 Biomimetics: process, tools and practice								X

3.3.3 Anwendungsbeispiel

Anhand eines vereinfachten Beispiels (Bild 3.6) werden im Folgenden die Vorgehensweise im Entwicklungsprozess und die Einbindung der Bionik illustriert. In einem Industrieprojekt soll das Kühlverhalten von Formwerkzeugen optimiert werden. Dabei soll die gleichmäßige Durchströmung mit dem Kühlmittel verbessert werden, um die Bildung von Wärmenestern zu vermeiden. Die allgemein formulierte Aufgabe stellt sich folgendermaßen dar.

Aufgabe: Optimierung der Kühlung eines Formwerkzeugs

In dem von Beginn an bionischen Projekt arbeiten Fachleute aus den Ingenieurwissenschaften und der Biologie zusammen. Die oben erläuterten Arbeitsabschnitte werden in Tabelle 3.3 mit den Inhalten des Projektes und den dazugehörigen Arbeitsschritten und Arbeitsergebnissen angegeben. Resultat des Projektes ist ein erster Prototyp, der für weitere Tests und Optimierungsschritte genutzt wird.

Bild 3.6 *Optimierung der Kühlkanalstruktur durch Anwendung des FracTherm©-Algorithmus. Links: biologisches Vorbild → Aderstruktur des Frauenhaarfarns [Bild: Beismann], Mitte: Prinzipielle Lösung → FracTherm©-Algorithmus, rechts: technische Umsetzung →* Kühlwasserkanäle in Formwerkzeug [Bild: Grunewald GmbH & Co. KG]

Tabelle 3.3 *Arbeitsabschnitte, Arbeitsschritte und Arbeitsergebnisse für das Anwendungsbeispiel «Optimierung der Kühlung eines Formwerkzeugs»*

Arbeitsabschnitt	Arbeitsschritte	Arbeitsergebnisse
1 Klären und Präzisieren der Aufgabenstellung	Überprüfen und Ergänzen interner und externer Anforderungen Klärung der Aufgabenstellung	**Aufgabenstellung** – Optimierung der Wärmeabgabe durch geänderte Kanalstrukturen **Anforderungsliste** – schnellere Kühlung als bisher – gleichmäßigere Kühlung als bisher – Vermeidung von Wärmenestern bei der Kühlung
2 Ermitteln der Funktionen und deren Strukturen	Festlegen der Gesamtfunktion und der Teilfunktionen sowie Nebenfunktionen in Substantiven und Verben	**Funktionsstrukturen** *Gesamtfunktion:* Wärme abgeben *Teilfunktionen:* Kühlwasser zuführen, Kühlwasser abführen *Nebenfunktionen:* Kühlkanäle abdichten
3 Suchen nach Lösungsprinzipien	Suchen nach bekannten oder käuflichen Lösungen Recherche in biologischen und bionischen Katalogen und Datenbanken Erarbeiten von Lösungsvarianten (z.B. Morphologische Matrix) Bewertung und Festlegung der Lösungsvarianten	**Prinzipielle Lösung** *biologische Vorbilder:* z.B. Elefantenohren geben Wärme gleichmäßig über Blutadersystem ab, Blattadern verteilen Wasser und Assimilate gleichmäßig über die Blattoberfläche. *Bereits bekannte Anwendung dazu: FracTherm©-Algorithmus*

Tabelle 3.3 Arbeitsabschnitte, Arbeitsschritte und Arbeitsergebnisse für das Anwendungsbeispiel «Optimierung der Kühlung eines Formwerkzeugs» – Fortsetzung

Arbeitsabschnitt	Arbeitsschritte	Arbeitsergebnisse
4 Gliedern in realisierbare Teilmodule	Strukturierung des Konzepts in gestaltbestimmende und -abhängige Funktionsträger	**Modulare Strukturen** *Gestaltbestimmend:* Kanalstruktur und -geometrie, Festlegung der Teilflächen, Festlegung in Unterteil mit Kanälen und Oberteil ohne Kanäle, Festlegung auf Fräsen der Kanäle in Unterteil *Gestaltabhängig:* Zu- und Ausflussventile, Abdichtungskonzept zwischen Ober- und Unterteil
5 Gestalten der maßgeblichen Module	Räumliche, geometrische Anordnung der Kanäle festlegen durch Anwendung von FracTherm©, Hauptabmessungen festlegen, Verbindungsverfahren festlegen, Vorentwurf erarbeiten, erste Simulationen und Berechnungen für Teilflächen, Durchflussmenge- und Wärmeabgabeberechnungen	**Vorentwürfe** Geometrie der Kanalstruktur für die einzelnen Teilflächen entsprechend des FracTherm©-Algorithmus', Verbindung der Teilflächen, Zu- und Abflüsse
6 Gestalten des gesamten Produktes	Gesamtentwurf mit Verbindungsverfahren erstellen, Simulationen und Berechnungen erstellen, Kostenkontrolle, Schwachstellenkontrolle	**Gesamtentwurf** Verbindung der Teilflächen, Oberflächenstruktur für Kanäle, Verbindung Ober- und Unterteil, Abdichtung
7 Ausarbeiten der Ausführungs- und Nutzungsangaben	Teilzeichnungen erstellen, Prüfung der Konstruktion, Erstellen von Anleitungen	**Produktdokumentation** Angaben zu Kanalgeometrie, Fertigungsschritten, Abdichtungsmethode, Angaben zu Durchflussmengen und Drücken
Realisierung / Fertigung	Herstellung eines ersten Prototypen, erste Tests mit dem Prototypen	**Prototyp** Weitere Entwicklung durch Wiederholung einzelner Arbeitsabschnitte

3.3.4 Gesamtbetrachtung

Grundsätzlich lässt sich dieser Entwicklungsprozess entweder von Beginn an als kompletter bionischer Entwicklungsprozess nutzen (z.B. in der Forschung oder Vorentwicklung) oder es ist mit einem konventionellen Ansatz gestartet worden und es sollen bei der Lösungsfindung auch biologische Vorbilder berücksichtigt werden. Die Innovationshöhe, die während des Entwicklungsprozesses erreicht werden kann, steigt in aller Regel, sobald das Projekt von Anfang an als bionisches Projekt gestartet wird. Damit steigt aber auch das entsprechende Risiko, das eingegangen wird, einen möglicherweise nicht umsetzbaren Weg einzuschlagen. Ein Projekt, in dem die Fragestellung mit Fachleuten aus der Biologie bereits zu Beginn der Analyse der ursprünglichen Aufgabe analysiert wird, hat in der Lösungsfindungsphase ein größeres Suchfeld und mehr Raum für völlig neue Lösungen zur Verfügung als ein konventionelles Projekt, das sich erst bei der Lösungssuche mit neuen Ansätzen, Problemen und Vokabular beschäftigt.

Diese Arbeitsabschnitte laufen laut VDI 2221 nicht starr nacheinander ab, sondern es können Arbeitsabschnitte auch häufiger iterativ durchlaufen werden, um die Produkte schrittweise zu optimieren. Die Erfahrung zeigt jedoch, dass mit zunehmendem Fortschritt und damit Konkretisierungszustand eines Projektes die Iterationszyklen kleiner und weniger werden. Dennoch sollten solche Iterationszyklen, insbesondere in bionischen Projekten, mit gemischten Teams aus verschiedenen Fachdisziplinen eingeplant werden. Die Kommunikation in gemischten Teams stellt immer eine besondere Herausforderung dar, auch wenn bereits verschiedene VDI-Richtlinien und DIN-ISO-Normen die Kommunikation zwischen unterschiedlichen Fachdisziplinen für die Zusammenarbeit in bionischen Projekten verbessert haben [94; 19].

Allen Arbeitsabschnitten ist gemeinsam, dass jeweils entschieden werden muss, welche der gefundenen Lösungsvarianten weiterverfolgt werden soll. Dies gilt in konventionellen Produktentwicklungsprozessen genauso wie in Projekten, bei denen auf biologische Vorbilder zur Ideenfindung zurückgegriffen wird. Da solche Auswahl, Optimierungs- und Entscheidungsschritte in allen Arbeitsabschnitten laut VDI 2221 durchgeführt werden müssen, kann bei einem bionischen Projekt in keinem der Arbeitsabschnitte auf die Expertise von Fachleuten aus dem bionischen oder biologischen Bereich verzichtet werden, auch wenn gleichwohl der Anteil an notwendiger Expertise aus Biologie und Technik wie oben dargestellt sehr unterschiedlich ausfallen kann.

Bionik kann die Entwicklungsarbeit in Unternehmen stärken; zielführend eingesetzt, kann die Bionik das Innovationspotenzial in Entwicklungsprozessen deutlich erhöhen.

4 Kraftfluss

Ist der Weg einer Kraft von der Einleitungsstelle bis zur Lagerstelle bekannt, dann kann das Bauteil materialeffizient konstruiert werden. In Analogie zu Wasser, das von einem höheren Punkt zu einer niederen Stelle fließt, spricht man in der Mechanik auch von einem Kraftfluss. Der Kraftflussbegriff ist nicht allgemein definiert, jedoch wird er besonders wegen seiner Anschaulichkeit in der Konstruktionslehre des Maschinenbaus verwendet. Die theoretische Grundlage für diese Analogie ist die termweise Übereinstimmung der differenziellen Kontinuitätsgleichung der Hydromechanik mit den differenziellen Gleichgewichtsbedingungen der Statik. Hierbei entspricht der Geschwindigkeitsvektor einem Kraftflussvektor, der integriert die Kraftflusslinien ergibt [59].

4.1 Geschlossener und offener Kraftfluss

Unter Kraftfluss versteht man den Weg einer Kraft oder eines Momentes in einem Bauteil vom Angriffspunkt bis zur Lagerung. Die alternative Bezeichnung der Lasteinleitung und Lastausleitung unterstützt sogar noch die Begrifflichkeit des Kraftflusses. Kann die Kraft nicht von der Einleitstelle bis zur Lagerstelle «fließen», wird das Bauteil verschoben, bis der Kraftschluss geschlossen ist.

- Kraftschluss offen: Dynamisches System – Als Wirkung der Kraft sieht man eine Bewegung.
- Kraftschluss geschlossen: Statisches System – Als Wirkung der Kraft sieht man eine Verformung.

Hierbei gilt es zu beachten, dass die Kraft von einem Bauteil auf das nächste Bauteil nur als «Druckfluss» übertragen werden kann – es sei denn, die beiden Bauteile sind stoffschlüssig oder kraftschlüssig miteinander verbunden: Dann kann auch «Zugfluss» von einem auf das andere Bauteil übertragen werden.

Am Beispiel eines Wälzlagers und einer Achse wird in Bild 4.1 der Kraftfluss dargestellt. Eine achsparallele Kraft, die am Lageraußenring eines Kugellagers angreift, verschiebt das Wälzlager so lange, bis es an der Achsenschulter anstößt. Nun stoppt die Dynamik und die Kraft kann über das Wälzlager in die Achse fließen. Da die Achse auf der rechten Seite gelagert ist, entsteht analog zu der angreifenden Kraft eine gleich große, aber entgegengesetzte Reaktionskraft, worauf die im Kraftfluss liegenden Bauteile sich verformen.

Die Last muss nicht zwingend über eine Lagerung mittels der Reaktionskräfte bzw. -momente ausgeleitet werden. Der Kraftfluss ist auch dann geschlossen, wenn durch entgegengesetzte Kräfte und Momente die Summe der Kräfte und Momente null ist, z.B. bei einer Schraubenverbindung. Hier wird die Schraubenzugspannung durch die entgegengesetzte Druckspannung der verspannten Bauteile ausgeglichen und somit der Kraftfluss lokal geschlossen. In Bild 4.2 ist am Beispiel einer Durchsteckschraube der Kraftfluss qualitativ durch rote Kraftflusslinien eingezeichnet.

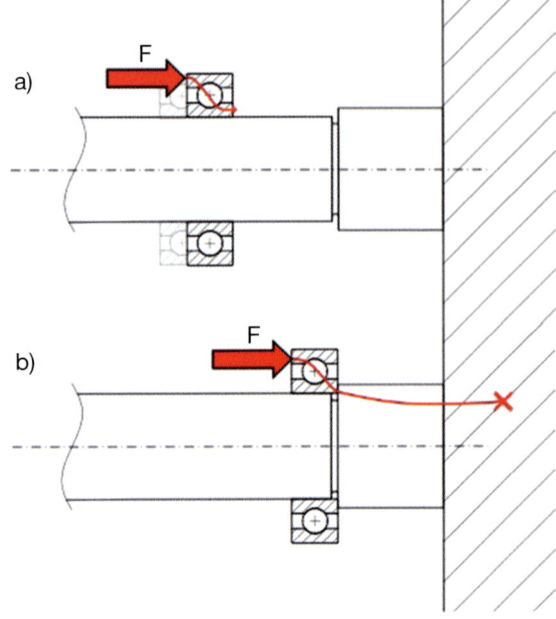

Bild 4.1 *Der achsparallele Kraftfluss zwischen Wälzlager und Achse ist bei der oberen Achse (a) offen. Das Lager wird durch die Kraft F so lange verschoben, bis es an der Balkenschulter anstößt (b) und dann von der Kraft und Lagerkraft elastisch oder sogar plastisch verformt wird.*

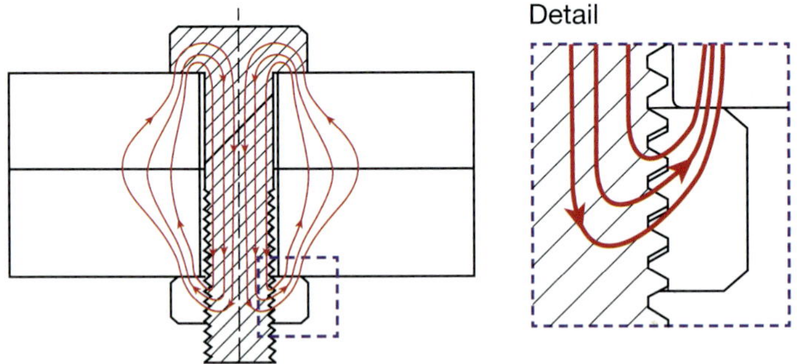

Bild 4.2 *Schnittzeichnung einer Schraubverbindung. Die Vorspannung einer Durchsteckschraube führt über die Mutter und die beiden verspannten Platten zu einem in sich geschlossenen Kraftfluss (rote Kraftflusslinien).*

MERKSÄTZE

1. Ist der Kraftschluss nicht geschlossen, bewirkt die angreifende Kraft eine Bewegung bzw. Dynamik des Bauteils.
2. Kann die Kraft von der Einleitstelle bis zur Lagerstelle fließen, ist der Kraftfluss geschlossen und das Bauteil wird durch die Belastung verformt.

4.2 Favorisierter Kraftfluss

Sobald der Kraftfluss geschlossen ist, fließt die Kraft durch die Struktur. Natürlich kann die Kraft nur dort fließen, wo sich auch Material befindet, d. h., primär wird der Kraftfluss durch die Bauteilstruktur, also geometrische Randbedingungen, beeinflusst. Jedoch ist die Bauteilstruktur in der Regel nicht homogen belastet. Es gibt also Bereiche, die stärker belastet werden, und andere, die kaum oder gar nicht belastet sind. Kennt man nun den bevorzugten Weg des Kraftflusses, kann die Struktur danach gestaltet werden, was zu einer Homogenisierung der Belastung und damit letztendlich zu leichteren Strukturen führt.

Der favorisierte Kraftfluss kann auf verschiedene Weisen ermittelt werden. So kann beispielsweise die Spannung als Indikator der Belastung verwendet werden. Bereiche, die keine Spannungen aufweisen, befinden sich außerhalb des Kraftflusses. Oder anhand von an- oder absteigenden Maximalspannungen, wie den Kerbspannungen, kann darauf geschlossen werden, wie diese Strukturbereiche kraftflussfreundlicher gestaltet werden können. Und der optimale Kraftfluss kann natürlich berechnet werden [59].

Als Beispiel für an- und absteigende Maximalspannungen bei Kerben wird eine V-förmige Nut in einem zugbelasteten Stab genauer betrachtet (Bild 4.3). Die Gefährlichkeit der Kerbe ist abhängig von dem Radius im Kerbgrund, aber auch von dem Öffnungwinkel der V-Nut, dem Kerbwinkel. Bei symmetrischen Kerben entspricht der Kerbwinkel dem doppelten Kerbflankenwinkel. Bei einem Flankenwinkel von 0° wird aus der V-Nut ein Schlitz, und ein Flankenwinkel von 90° führt zu einer geraden Plattenkante ohne Kerbe. Ganz allgmein erhöht sich die Kerbspannung mit kleiner werdendem Radius und mit kleiner werdendem Flankenwinkel. Jedoch steigt die Kerbspannung zwischen einem Flankenwinkel von etwa 45° und 0° nicht mehr wesentlich an [82, S. 37]. Hinsichtlich der Gefährlichkeit der Kerbe ist es also nahezu das Gleiche, ob die beiden Kerbflanken jeweils 45° oder 0° betragen und damit quasi ein Schlitz in die Platte eingebracht wird. Denselben Effekt beschreibt Peterson bei Biegebelastung [65, S. 87]. Somit fügen kleinere Kerbwinkel als 45° zwar mehr Material hinzu, was aber nahezu keinen Einfluss auf die Kerbspannung hat und damit für den Kraftfluss nicht entscheidend ist.

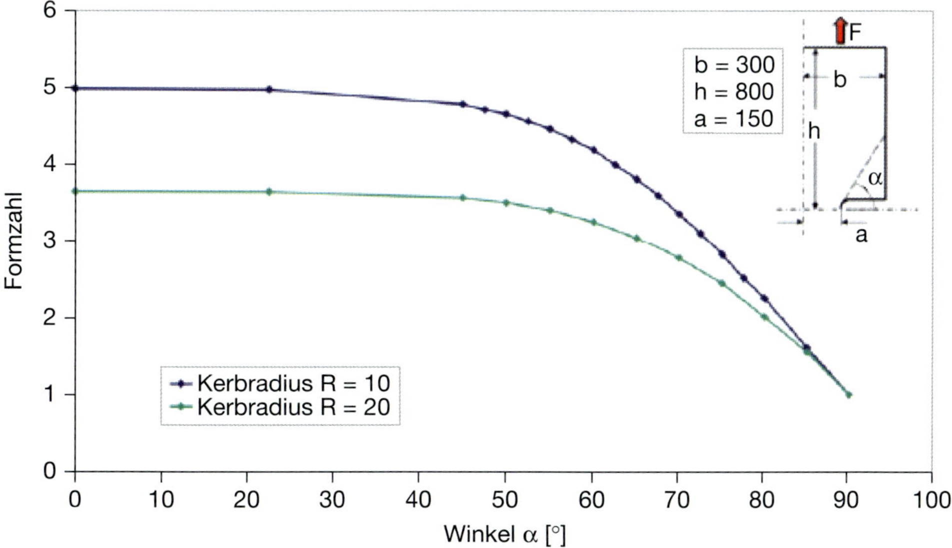

Bild 4.3 *Die Maximalspannung ist von der Kerbform eines gekerbten Zugstabes abhängig* [82, S. 37]

Mit folgender Untersuchung kann die bevorzugte Ausbildung des Kraftflusses identifiziert werden. Hierzu wird in einer quasi unendlich großen Scheibe eine vertikale Kraft konzentrisch mit Festlagern umgegeben (Bild 4.4). Diese 16 Lager sind auf einem Kreis mit einem Winkelabstand von jeweils 22,5° um die Kraftangriffsstelle positioniert. Ausgegehnd von der massiven Scheibe, wird nun mit der Topologieoptimierung (siehe Kapitel 8) sukzessiv Material reduziert und dabei beobachtet, wo sich Material ausbildet und wo es entfernt wird. Die sich so ausbildende Struktur kann als Visualisierung des Kraftfluss angesehen werden.

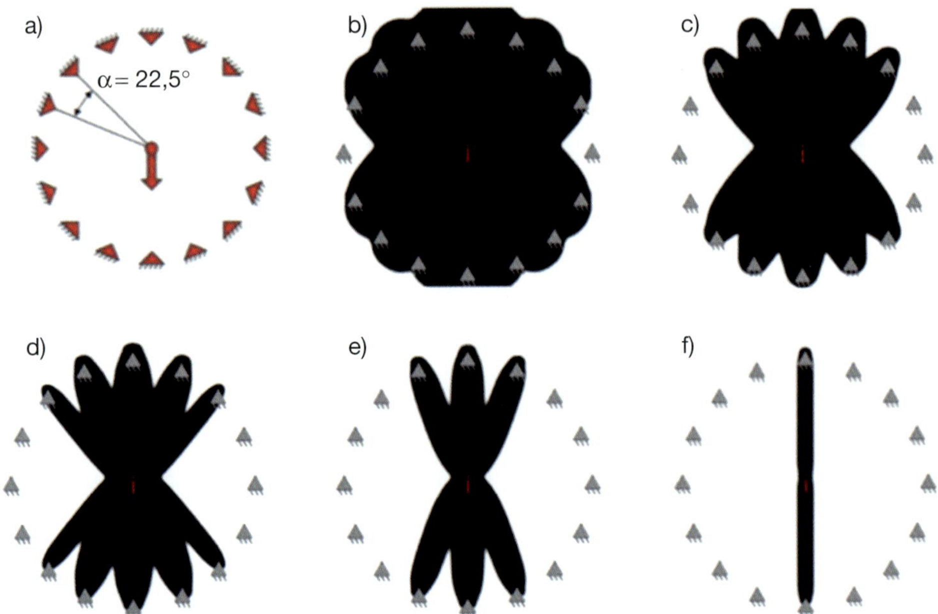

Bild 4.4 *Visualisierung des favorisierten Kraftflusses anhand einer Kreisscheibe mit der TopOpt-App (www.topopt.dtu.dk)*
a) mit unterschiedlicher Volumenausbildung, b) V = 100%, c) V = 80%, d) V = 60%, e) V = 40% und f) V = 10% (nach [30, S. 68])

Ausgegehnd von der massiven unendlichen Scheibe, werden in Bild 4.4 die Strukturen dargestellt, die sich bei einem Volumen von 100%, 80%, 60%, 40% und 10% ausbilden. Ein Volumen von 100% entspricht dem Strukturbereich, der von den Lagern umkreist wird. Strukturbereiche können auch außerhalb des Lagerkreises gebildet werden, was für alle Strukturen in Bild 4.4 zutrifft.

- Bei 10% bildet sich die Struktur direkt in Richtung der Wirklinie der Kraft aus.
- Bei 40% verbreitert sich der Kraftfluss von der Lasteinleitstelle bis zur Lagerung und weicht von der Wirklinie der Kraft jeweils um ±22,5° ab.
- Bei 60% verbreitert sich der Kraftfluss von der Lasteinleitstelle bis zur Lagerung noch weiter und er weicht von der Wirklinie der Kraft jeweils um ±45° ab.
- Bei 80% und 100% werden nun auch noch weitere Lagerstellen mit in die Struktur eingebunden. Die neuen gebildeten Streben haben einen Winkel im Bereich von 45° zur

Wirklinie der Kraft, weshalb sie den Kraftangriffspunkt nicht mehr treffen und ihn hinterschneiden.

MERKSATZ
Der Kraftfluss möchte möglichst direkt in Kraftflussrichtung durch die Struktur fließen. Hierbei verbreitert er sich, aber Winkelabweichungen von größer als 45° werden vermieden. Zusätzlich wird Material circumferentiell um die punktförmige Lasteinleitung gebildet.

Im nächsten Schritt wird die Rechnung nochmals durchgeführt, dabei werden aber nur die Lager verwendet, die eine Winkelabweichung von 90° zu der Wirklinie der Kraft aufweisen (Bild 4.5). Durch diese Einschränkung kann sich nicht mehr der bevorzugte Kraftfluss ausbilden. Es bilden sich jedoch keine Streben mit einer Winkelabweichung von größer als 45° zur Wirklinie aus, sondern es werden Hilfskonstruktionen verwendet, die es ermöglichen, dass sich wieder Streben bilden können, die eine Abweichung von 45° aufweisen. Diese Hilfsstrukturen werden favorisiert, auch wenn sie nicht mehr dem direkten und kürzesten Weg entsprechen.

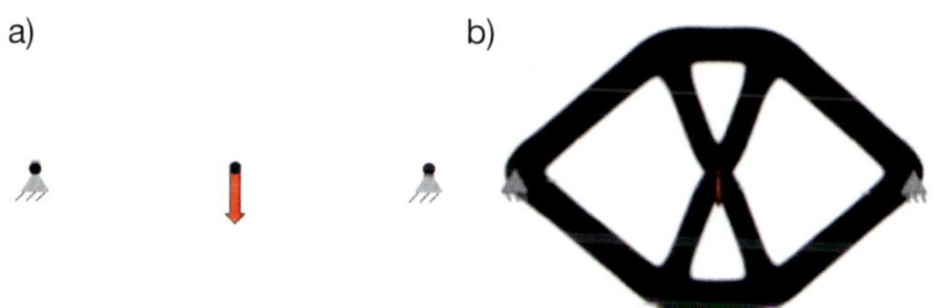

Bild 4.5 *Darstellung der Ausbildung von Hilfskonstruktionen mit der TopOpt-App (www.topopt.dtu.dk) a) Die Randbedingungen sind zwei Festlager und eine vertikale Kraft und b) berechnete Struktur einer Hilfskonstruktion, da der Kraftfluss nicht direkt oder im Bereich von ±45° geschlossen wird.*

MERKSATZ
Hilfskonstruktionen werden gebildet, wenn der direkte Kraftfluss zu einer größeren Winkelabweichung als 45° führen würde.

Die Untersuchung wird ein drittes Mal durchgeführt und dabei wird versucht, die Bildung von Hilfskonstruktionen zu unterbinden. Bild 4.6 zeigt die Randbedingungen (a) und die Strukturausbildungen (b, c, d). Als Lagerstellen stehen wieder die beiden Festlager zu Verfügung, die um 90° zur Wirklinie versetzt sind. Um die Ausbildung der Hilfskonstruktionen zu vermeiden, wird mittels einer «Restricted Area» nur ein schmaler horizontaler Bereich als Designraum vorgegeben.

Auch hier wird der Kraftfluss geschlossen und es bildet sich natürlich eine Struktur aus. Aufgrund der starken Umlenkung der Last wirken hohe resultierende Kräfte. Deshalb sind solche Strukturen schon bei geringen Lasten verhältnismäßig stark belastet und damit meist auch massiv ausgeformt. Bei kleinen Füllgraden werden jedoch die Hilfskonstruktionen, die sich auch innerhalb des beschränkten Bauraums ausbilden, sichtbar.

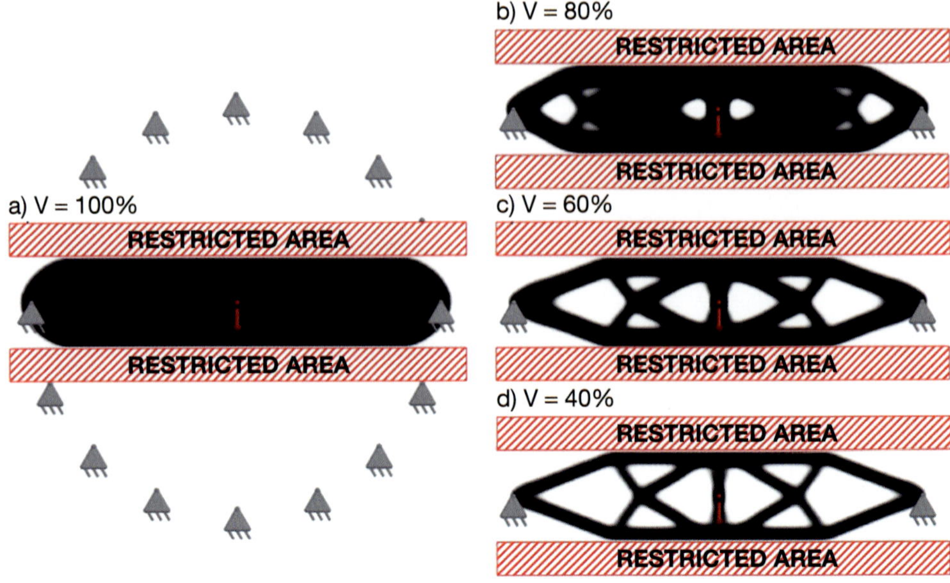

Bild 4.6 *Darstellung einer behinderten Strukturausbildung mit der TopOpt-App (www.topopt.dtu.dk) a) Zusätzliche Randbedingungen «Restricted Area» verhindern die bevorzugte Strukturausbildung. Geringere Volumen (b bis d) führen wieder zu Hilfskonstruktionen.*

MERKSATZ

Favorisierung des Kraftflusses (*nach absteigender Priorität geordnet*)

1. Direkter und kurzer Kraftfluss in Kraftrichtung von Last zu Lager
2. Kraftfluss favorisiert eine Richtungsänderung von unter ±45°
3. Kraftfluss erzeugt Hilfskonstruktionen
4. Kraftschluss irgendwie geschlossen
5. Kraftfluss offen: Es findet so lange eine Bewegung statt, bis der Kraftfluss wieder geschlossen ist.

4.3 Atomkräfte als Ursache des favorisierten Kraftflusses

Nachdem der favorisierte Kraftfluss mittels der Untersuchungen aus dem vorangegangen Abschnitt beschrieben werden kann, werden nun die Atomkräfte als Verursacher untersucht.

4.3.1 Atomkräfte

Zwischen zwei Atomen wirken in einem stark vereinfachten Modell eine anziehende und eine abstoßende Kraft, die Coulomb'schen Kräfte. Ihre Wirkung ist von dem Abstand der Atome zueinander abhängig und beide Kräfte wachsen stark an, je mehr sich die Atome annähern. Die

Anziehungskraft hat eine größere Reichweite, während die abstoßende Kraft mit geringer werdendem Atomabstand stärker anwächst (Bild 4.7). Die Resultierende dieser beiden Kräfte ergibt also einen Atomabstand, in dem sich die abstoßenden und die anziehenden Kräfte aufheben und damit einen Gleichgewichtsabstand definieren.

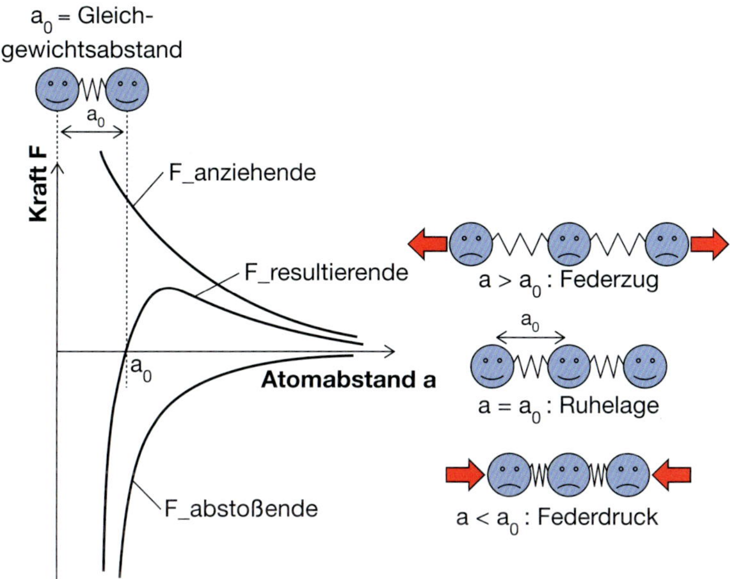

Bild 4.7 *Darstellung der an- und abstoßenden Atomkräfte in Abhängigkeit des Atomabstandes a*

4.3.2 Elastische und plastische Verformungen

Wirkt nun eine zusätzliche äußere Kraft, wie z.B. eine Zugkraft, dann verändern sich die Atomabstände und damit die Wirkung der Atomkräfte. Werden von dem Gleichgewichtsabstand ausgehend die Atome auseinander gezogen, wirken die anziehenden Coulombkräfte der Dehnung entgegen. Werden die Atome von einer Druckkraft zusammengedrückt, wirken Atomkräfte der Stauchung entgegen. Diese Atomkräfte befördern die Atome wieder in den Gleichgewichtsabstand, wenn die äußere Kraft aufhört zu wirken. Diese reversiblen Verformungen werden als elastisches Materialverhalten bezeichnet.

Bei den metallischen Werkstoffen erlaubt der atomare Aufbau ein Abgleiten der Atomlagen aufeinander (Bild 4.8). Die in Gitterstrukturen angeordneten positiv geladenen Metallionen und die frei beweglichen Elektronen ermöglichen Versetzungsbewegungen, bei denen die Bindungskräfte nahezu erhalten bleiben. Dies ermöglicht große Verformungen, die nicht reversibel sind und als plastisches Materialverhalten bezeichnet werden.

Solche plastischen Verformungen sind bei Gläsern und keramischen Werkstoffen mit ihren Ionengittern jedoch nicht möglich. Gleiten die Gitterebenen aufeinander ab, kommt es dazu, dass gleichartig geladene Teilchen sich annähern, worauf sie sich abstoßen und damit zu einem Sprödbruch führen.

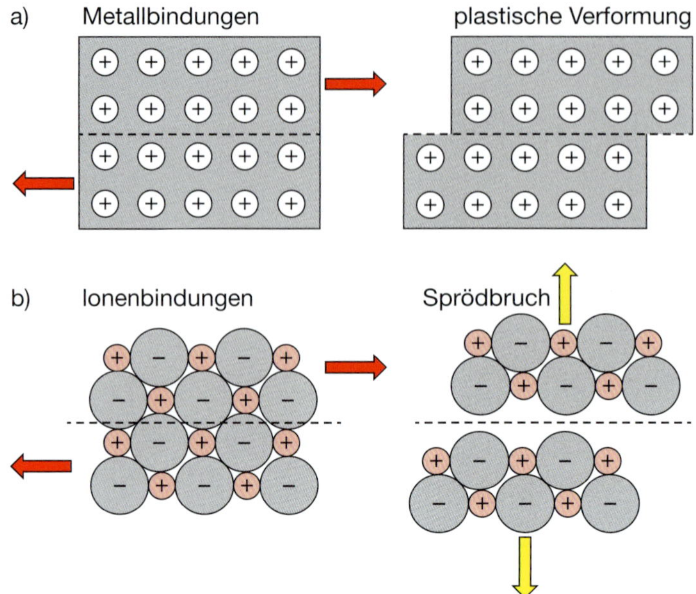

Bild 4.8 *Schematische Darstellung des duktilen Verhaltens von Metallbindungen (a) und spröden Verhaltens von Ionenbindungen (b), das durch den jeweiligen atomaren Aufbau begründet ist*

4.3.3 Materialgesetz und Materialfestigkeiten

Die in einer Struktur wirkende Spannung ist vom Material unabhängig, nicht jedoch die Größe der Verformung und die Widerstandsfähigkeit gegen ein Versagen. Um die Verformungen und die Widerstandsfähigkeiten berechnen zu können, werden also Informationen über das Material benötigt, die experimentell bestimmt werden müssen. Dieser so ermittelte Zusammenhang zwischen der Belastung und der davon abhängigen Verformung, kann dann mittels des Material- oder Stoffgesetzes modellhaft beschrieben werden.

Die Widerstandsfähigkeit gegen ein Versagen ist die Materialfestigkeit, die experimentell bestimmt werden muss. Es gibt viele verschiedene Versagensarten und damit auch Festigkeitskennwerte, wie beispielsweise die Zug-, Schub-, Betriebs-, Kriechfestigkeit und viele mehr. Wird z.B. die Zugfestigkeit überschritten, «zerreißen» die Atombindungen und es kommt zum Bruch des Bauteils. Wird bei einer Druckbelastung die Druckfestigkeit überschritten, werden die Atome so stark zusammengedrückt, dass die Atome aneinander bzw. seitlich vorbei «gleiten», was einem Schubversagen entspricht. Die Festigkeiten sind damit Kennwerte, die zu einem Versagen des Bauteils führen, wenn sie überschritten werden.

Die Leistungsfähigkeit eines Bauteils kann mit seinen verschiedenen Festigkeitskennwerten ermittelt werden. Neben den materialabhängigen Festigkeiten gibt es auch Festigkeiten, die geometrisch beeinflusst werden, wie die Knick- und Beulfestigkeit. Wird das Bauteil nun belastet, wirken in der Regel verschiedene Spannungen. Wird das Bauteil nun immer stärker belastet, bis eine der Spannungen den zugehörigen Festigkeitsgrenzwert erreicht, wird damit das Bauteilversagen eingeleitet. Prof. Mattheck überträgt dies bildlich auf eine Schafherde, den Festigkeitsschafen, die von den Spannungswölfen gejagt werden (Bild 4.9). Jeder Spannungswolf jagt sein Festigkeitsschaf. Der Zugspannungswolf jagt das Zugfestigkeitsschaf, der Schubspannungswolf das Scherfestigkeitsschaf und so weiter. Sobald ein Wolf sein Schaf erreicht, wird das Bauteilversagen eingeleitet.

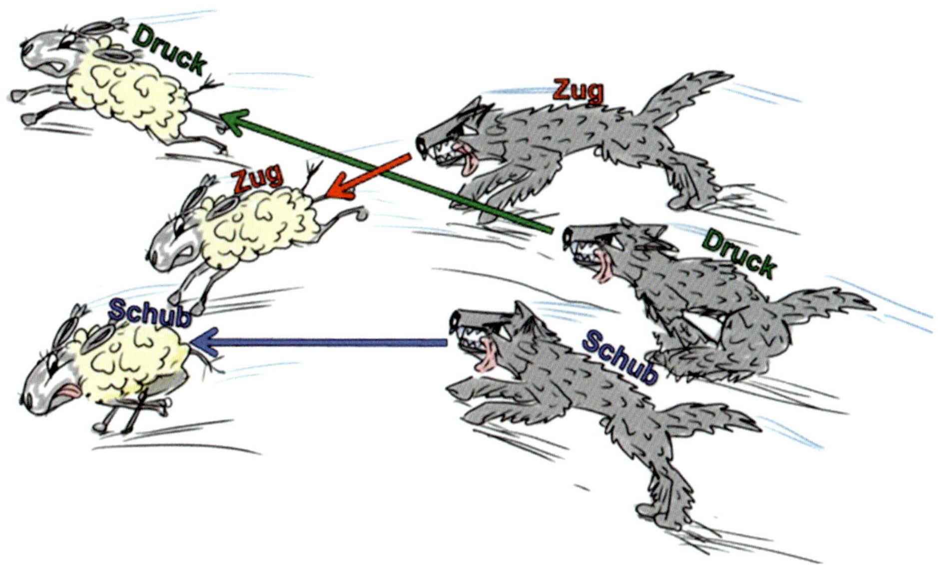

Bild 4.9 *Spannungswölfe jagen die Festigkeitsschafe. Jeder Wolf jagt sein zugehöriges Schaf* [C. MATTHECK].

4.3.4 Qualitativer Kraftfluss: «ein einfaches Modell»

In Abhängigkeit der Atomabstände wirken also anziehende oder abstoßende Kräfte. Auf Basis dieses Zusammenhangs können die Beobachtungen zu dem favorisierten Kraftfluss (s. Abschnitt 4.1) mit einer sehr einfachen Modellvorstellung erklärt werden. Greift eine Einzellast in einer unendlich großen Platte an, verschiebt sich der Kraftangriffspunkt auf der Wirklinie. Vor der Kraft wird die Struktur gestaucht, die Abstände der Atome verkürzen sich, die abstoßenden Atomkräfte steigen stärker an, weshalb in diesem Strukturbereich eine Druckbelastung wirkt. Hinter der Krafteinleitung wird die Struktur gedehnt, die Abstände zwischen den Atomen vergrößern sich, die anziehenden Atomkräfte steigen stärker an, weshalb in diesem Strukturbereich eine Zugbelastung wirkt.

Werden nun kreisförmig um die Kraft wieder Festlager angeordnet (Bild 4.10), kann die Verschiebung des Kraftangriffspunktes abhängig von der Position der Lager berechnet werden. Mit dem Winkel φ wird die Position der Lager, ausgehend von der Kraftwirklinie, bezeichnet. Ausgehend vom Radius r, verändert sich durch die Verschiebung b des Kraftangriffspunktes der Abstand a der Kraft zu den jeweiligen Lagerstellen. Erwartungsgemäß ist die größte Stauchung bei 0°, also auf der direkten Wirklinie. Diese Stauchung wird bei größer werdendem Winkel immer kleiner, und bei 90° herrscht sogar eine kleine Längung. Diese Längung wird nun immer größer und erreicht ihren Maximalwert bei 180°. MATTHECK hat analytisch berechnet, dass die meiste Last in einem ±45°-Segment vor der Kraft und in einem ±45°-Segment hinter der Kraft abgeleitet wird [55, S. 136].

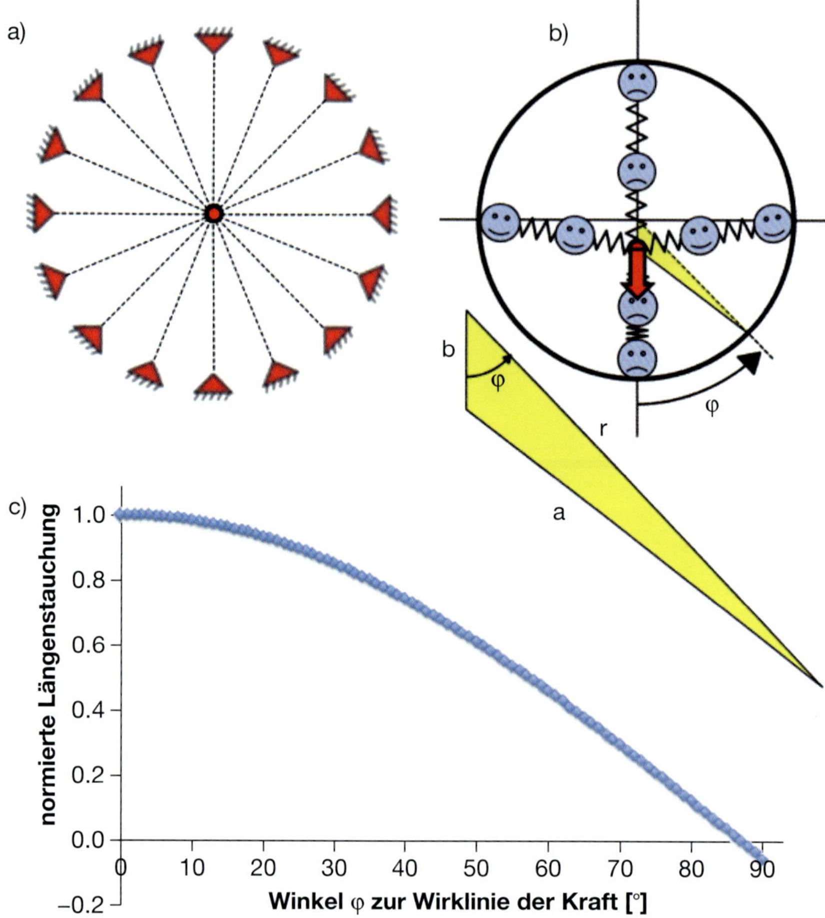

Bild 4.10 *Einfluss einer Einzellast auf die circumferentiellen Atomabstände*
a) Unbelastete Kreisscheibe, b) der Kraftangriffspunkt verschiebt sich in Richtung der Last, wodurch oberhalb des Kraftangriffspunktes Atome unter Federzug und unterhalb unter Federdruck stehen (gelbes Dreieck: b = Verformung, r = Radius, a = Abstand Kraft zu Lager), c) Stauchung oder Dehnung in Abhängigkeit von dem Winkel φ

Beschreibung des favorisierten Kraftflusses mit diesem einfachen geometrischen Modell:

- stärkste Verformungen auf der Wirklinie, was dem direkten Kraftfluss entspricht;
- werden die Strukturbereiche um die Wirklinie verformt, werden auch benachbarte Bereiche belastet, wodurch sich die konzentrierte Punktlast verteilt;
- mit zunehmender Winkelabweichung φ von der Wirklinie sinkt die Dehnung.

Fazit: Der Kraftfluss verbreitert sich, vermeidet aber nach Möglichkeit Abweichungen von der Wirklinie von ±45°.

4.4 Gestaltung von Standardbauteilen in Abhängigkeit der Grundlastfälle

Die Gestalt von Bauteilen leitet sich aus ihrer zukünftigen Funktion und der Belastung ab. Die Funktion gibt meist die generelle Form des Bauteils vor, z.B. ein Stab oder eine Platte, und die Belastung die Details, wie z.B. die Querschnittsform oder räumliche Orientierung von Versteifungselementen. Für viele Einsatzbereiche wird gar keine individuelle Strukturoptimierung mehr benötigt, da Standardstrukturen verwendet werden können. Sie sind schon auf eine Belastung ausgelegt und werden oft auch als Halbzeuge angeboten.

4.4.1 Fünf Grundlastfälle

Die im Betrieb häufig auftretenden komplizierten Beanspruchungen lassen sich in fünf Grundlastfälle zerlegen: Zug, Druck, Biegung, Torsion und Schub. Diese fünf Grundlastfälle führen zu unterschiedlichen Verformungen einer belasteten Struktur, was in Bild 4.11 am Beispiel eines Stabes gezeigt wird.

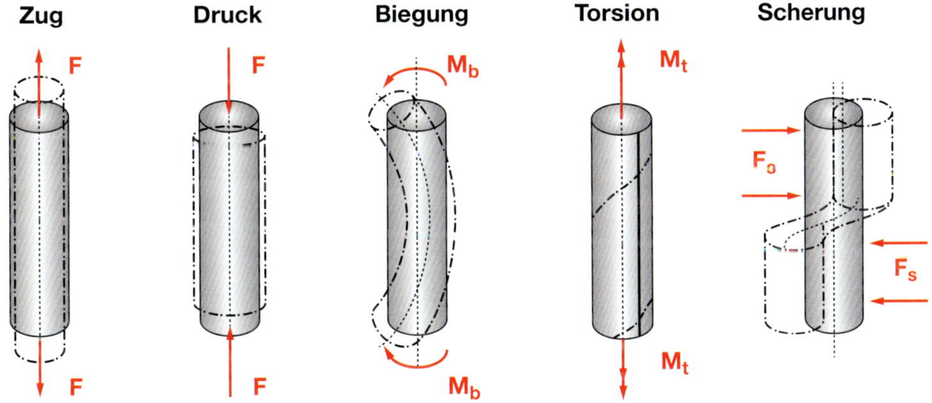

Bild 4.11 *Die fünf Grundlastfälle und die daraus resultierende Verformung eines Stabes*

4.4.2 Standardbauteile

Die Formenvielfalt lässt sich anhand der verwendeten Dimensionen in drei große Gruppen einteilen: 1D-, 2D- und 3D-Strukturen. Aus diesen Grundelementen lassen sich komplexe Strukturen zusammenbauen, z.B. ein Pkw, wie in Bild 4.12 dargestellt.

- **1D-Strukturen**: 1D-Strukturen werden häufig als Stäbe bezeichnet. Die Breite b und die Höhe h ihres Querschnittes ist sehr viel kleiner als die Längenausdehnung ($l >> b \approx h$). Stäbe werden sehr häufig verwendet und so gibt es viele vorgeformte Halbzeuge. Die Wahl eines materialeffizienten Querschnittes ist abhängig davon, welcher der fünf Grundlastfälle die Struktur belastet. Es gibt sogar sprachlich eine klare Zuordnung, wie stabförmige Strukturen belastet werden.

Zug → Zugstab oder Seil
Druck → Druckstütze
Biegung → Träger oder Balken
Torsion → Wellen
Schub → Bolzen

- **2D-Strukturen**: Bei 2D-Strukturen ist die Bauteilhöhe *h* sehr viel kleiner als die Länge *l* und Breite *b* ($l \approx b >> h$). Je nach Belastung und Form wird in Scheiben, Platten und Schalen unterschieden. Rein mechanisch werden Scheiben mit Zug, Druck und Schub in ihrer Scheibenebene belastet. Platten erfahren hingegen nur Biege- und Torsionsmomente. Schalen werden sowohl als Scheibe, aber auch als Platte belastet. Zusätzlich weisen sie eine Krümmung und eine spezielle Lagerung bzw. symmetrische Form auf, wodurch Plattenlasten in Scheibenlasten umgewandelt werden. Schalen sind also nie eben und es gibt unzählige Formen, da sie sich in ihrem Krümmungsradius und der Krümmungsart unterscheiden. So gibt es einfach gekrümmte oder mehrfach gekrümmte Schalen.
- **3D-Strukturen**: 3D-Strukturen sind Körper, bei denen das Verhältnis Länge–Breite–Höhe in einer gleichen Größenordnung steht ($l \approx b \approx h$). Bei hohlen Körpern ist die Wandstärke *t* sehr viel kleiner als die anderen Abmessungen ($l \approx b \approx h >> t$). Ist die Struktur geschlossen, ist es eine Box. Ist sie auf einer Seite offen, meist oben, spricht man von einer Kiste.

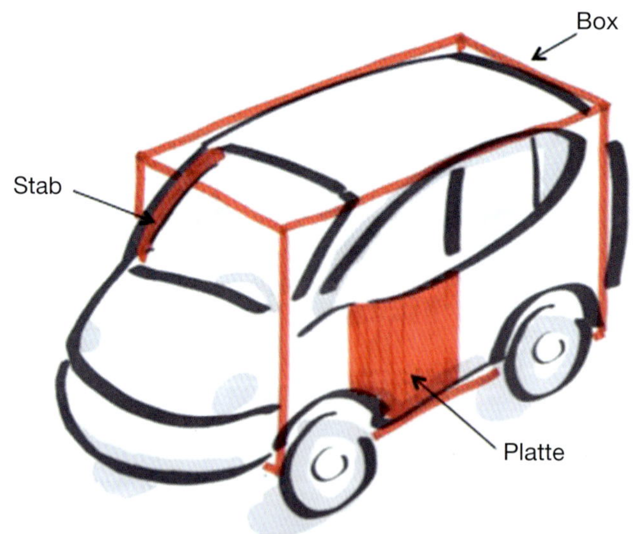

Bild 4.12 *Komplexe Strukturen, wie z.B. ein Auto, lassen sich in die Grundelemente Stab, Platte und Box zerlegen.*

4.4.3 Überblick strukturmechanisch günstiger Strukturen

Auf den folgenden Seiten sind für die fünf Grundlastfälle jeweils die strukturmechanisch sinnvolle Form bzw. Versteifung für 1D-, 2D- und 3D-Strukturen eingezeichnet. Das Ziel ist eine Struktur, die den mechanischen Anforderungen einer hohen Steifigkeit bei gleichzeitig hoher Festigkeit entspricht. Für alle Varianten einer Geometrieklasse wird gleich viel Material verwendet, was zu gleich schweren Strukturen führt. D.h., wenn z.B. keine zusätzlichen Rippen benötigt werden, kann die Wandstärke des gesamten Bauteils erhöht werden.

Bei der technischen Matrix (Tabelle 4.1) handelt es sich bei der 3D-Struktur um eine hohle Box. Ihr Innenraum darf natürlich nicht durch Verstrebungen o.Ä. beeinflusst werden. Bei der Druck- und Biegebelastung gibt es bei der 2D- und 3D-Struktur alternative Lösungen wie Sicken, Rippen und Sandwichstrukturen. Analog zu der technischen Matrix gibt die biologische Matrix (Tabelle 4.2) einen Überblick von biologischen Strukturen wieder, die maßgeblich durch einen der fünf Grundlastfälle belastet oder auf diesen dimensioniert sind. Die geometrische Zuordnung ist natürlich etwas variabler als bei den technischen Strukturen. Als dritte Übersicht (Tabelle 4.3) folgt eine leere Matrix, in die eigene Strukturbeispiele – technische wie auch biologische – eingezeichnet werden können.

INFOCLICK

Eine leere Matrix, um eigene Strukturbeispiele einzuzeichnen, finden Sie auch auf unserer Internet-Seite im **InfoClick**: Datei «Eigene-Strukturbeispiele.pdf».

Tabelle 4.1 Technische Standardbauteile Stab, Platte und Box, die für einen der fünf Grundlastfälle besonders geeignet sind

Lastfall / Geometrie	Zug	Druck	Biegung	Torsion	Schub
1D: Stab **l >> b ≈ h**	Querschnittsform beliebig 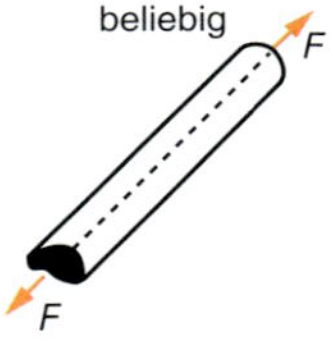 (F, F)	Hohlrohr (F, F) 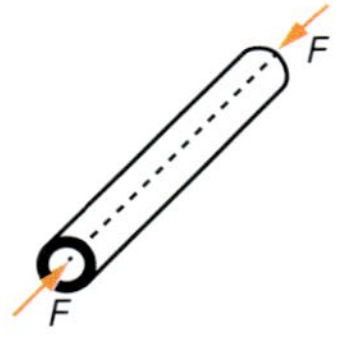	Doppel-T-Träger 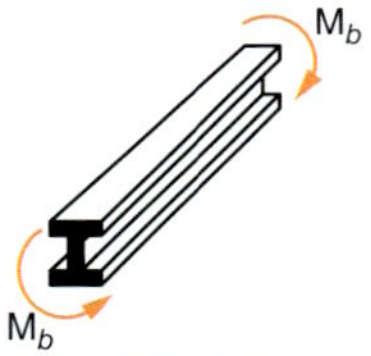 (M_b, M_b)	Hohlrohr (M_t, M_t) 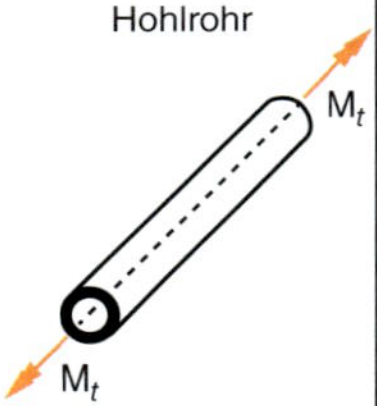	Vollzylinder (F, F, F, F) 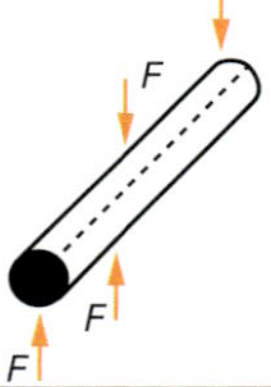
2D: Platte **l ≈ h > > t**	Querschnittsform beliebig 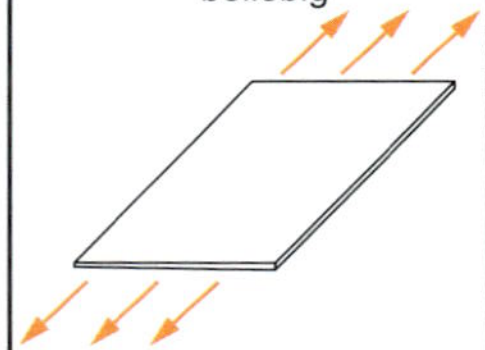	Sicken 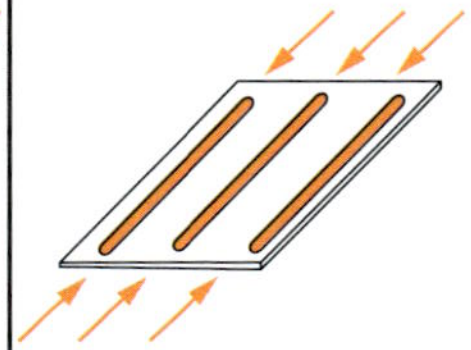	Rippen 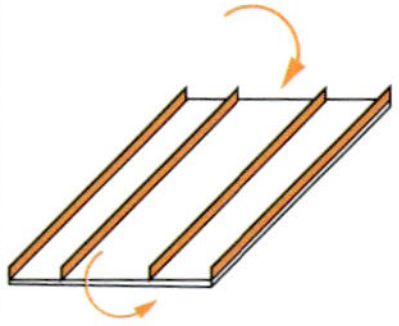	Diagonalrippen 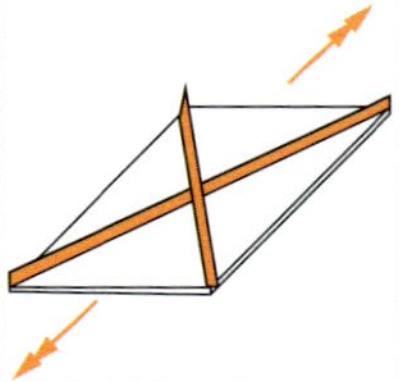	Diagonalrippen 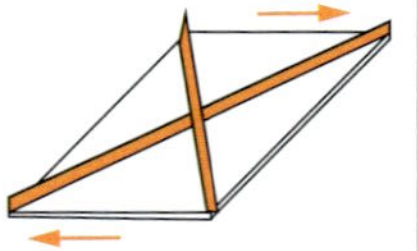
3D: Box **l ≈ b ≈ h**	Querschnittsform beliebig 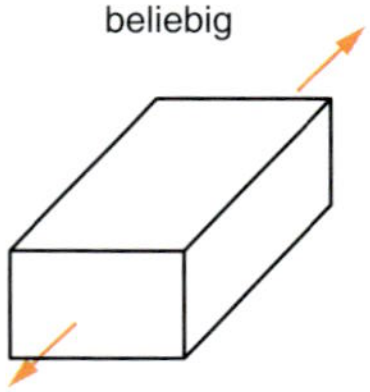	Eckkanten versteifen 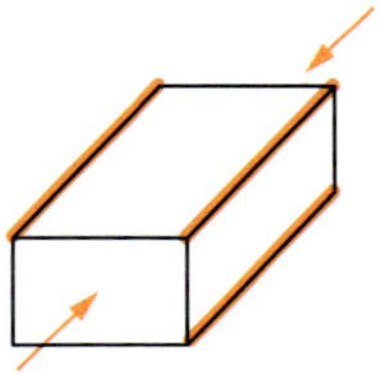	Decklangen versteifen 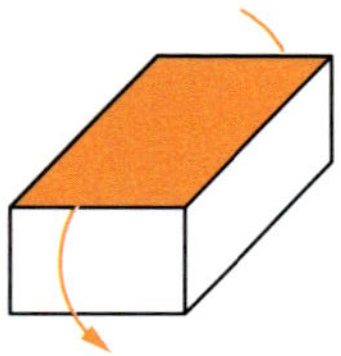	Diagonalversteifung 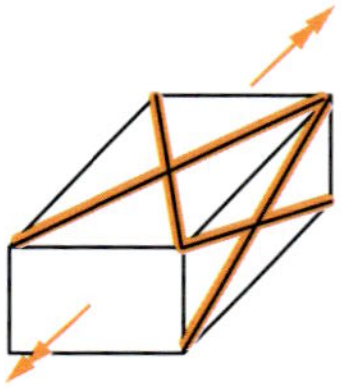	Diagonalversteifung 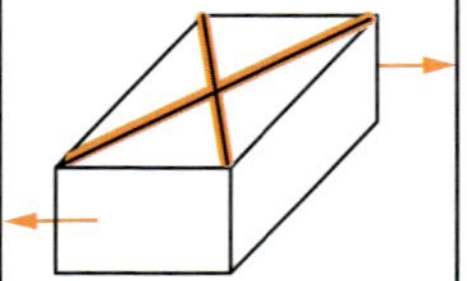

l = Länge; b = Breite; h = Höhe; t = Wandstärke dünner Strukturen

Tabelle 4.2 *Biologische Beispiele analog zu der Stab-, Platten- und Boxgeometrie, die maßgeblich durch einen der fünf Grundlastfälle belastet werden*

Lastfall / Geometrie	**Zug**	**Druck**	**Biegung**	**Torsion**	**Schub**
1D: Stab **l >> b ≈ h**	Kirschenstiel 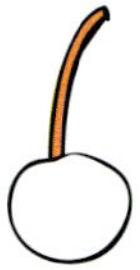	Weizenhalm 	Warzenschweinhauer 	Federkiel 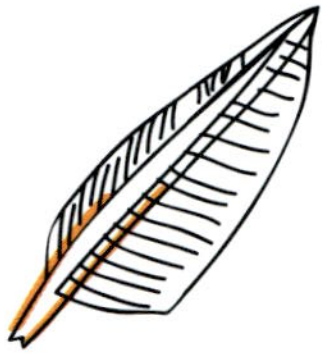	Haftpads des Wilden Weins 
2D: Platte **l ≈ h > > t**	Trommelfell 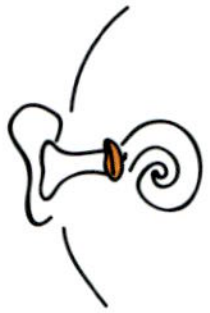	Fingernagel 	Riesenseerose 	Libellenflügel 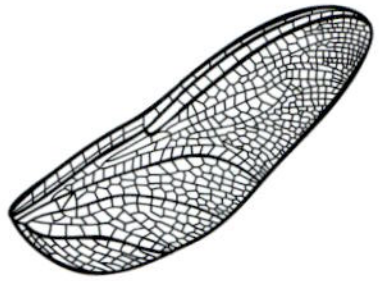	Blatt im Wind 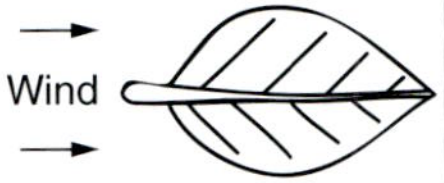
3D: Box **l ≈ b ≈ h**	Schallblasen eines Frosches 	Eierschale 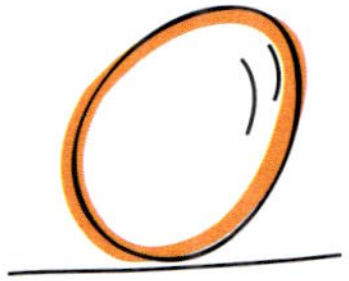	Hals von Säugern 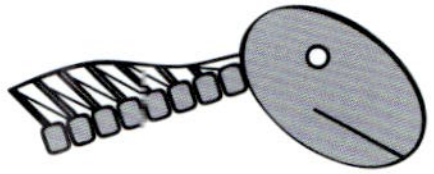	Gießkannenschwamm 	Huf 

l = Länge; b = Breite; h = Höhe; t = Wandstärke dünner Strukturen

Tabelle 4.3 *Leere Matrix, in die eigene Strukturbeispiele eingezeichnet werden können*

Lastfall / **Geometrie**	**Zug**	**Druck**	**Biegung**	**Torsion**	**Schub**
1D: Stab l >> b ≈ h					
2D: Platte l ≈ h >> t					
3D: Box l ≈ b ≈ h					

l = Länge; b = Breite; h = Höhe; t = Wandstärke dünner Strukturen

5 Optimierung

5.1 Grundlagen

Ein wirtschaftlich gesunder Betrieb bzw. ein lebender biologischer Organismus, der effizienter mit Ressourcen umgeht als seine Mitbewerber, hat Wettbewerbsvorteile und damit höhere Chancen zu überleben, wenn die Ressourcen knapp werden. Grundsätzlich lassen sich zwei Vorgehensweisen unterscheiden. Beim Maximierungsprinzip wird aus gegebenen Ressourcen mehr «erwirtschaftet» und beim Minimierungsprinzip wird ein vorgegebenes Ziel mit weniger Ressourcen erreicht. Diese Suche nach der besten Lösung wird Optimierung genannt, wobei man schon bei einer Verbesserung der aktuellen Situation von Optimierung spricht.

MERKSATZ
Die Priorität liegt natürlich zunächst auf der Funktionserfüllung und erst in einem zweiten Schritt, wenn die relevanten Parameter bekannt sind, kann optimiert werden.

5.1.1 Allgemeine Beschreibung

Am Anfang einer Optimierungsaufgabe steht in der Regel eine noch unscharfe Vorstellung, wie ein Problem gelöst werden kann. Hilfreich ist es hierbei, das Optimierungsproblem zunächst abstrakt mathematisch zu beschreiben, wodurch die Aufgabe präzisiert und schließlich eindeutig festgelegt werden kann. Natürlich gibt es neben der Mathematik noch viele weitere Möglichkeiten, Optimierungsaufgaben zu lösen, jedoch wird nahezu überall die mathematische Terminologie verwendet. Aus diesem Grund werden anhand eines einfachen Optimierungsproblems die Fachbegriffe eingeführt.

Herr M. möchte mit dem Zug von A nach B fahren und dabei die preisgünstigste Verbindung benutzen. Der Fahrpreis P hängt von der Kombination der gefahrenen Streckenabschnitte x ab und ist die Zielfunktion der Optimierung. Diese Zielfunktion soll minimiert werden, womit das Optimierungsproblem mathematisch mit «$min\ P(x)$» ausgedrückt wird. Da Herr M. nicht öfters als 3-mal umsteigen möchte, werden alle Zugverbindungen (d. h. Streckenkombination x) mit vier und mehr Umstiegen nicht weiter betrachtet. Mit dieser Vorgabe ist das Optimierungsproblem um eine Ungleichheitsrestriktion $g(x)$ erweitert und damit der Lösungsraum eingeschränkt. Ungleichheitsrestriktionen grenzen den Lösungsraum ein, indem sie einen Bereich vorgeben, in dem sich die Lösung befinden muss. Wenn Herr M. auf jeden Fall in C einen Zwischenstopp einlegen möchte, dann müssen alle möglichen Zugverbindungen diesen zusätzlichen Stopp ausweisen. Dies stellt eine Gleichheitsrestriktion $h(x)$ dar, die genaue Werte vorgibt und damit den Lösungsraum auf die genannten Werte weiter eingrenzt.

Allgemein bedeutet Optimierung, mögliche Optimierungsvariablen so zu wählen, dass unter Einhaltung von Restriktionen ein gewünschtes Ziel erreicht wird. Hierbei ist das Ziel eine oder mehrere Eigenschaften des zu optimierenden Objektes, die minimiert bzw. maximiert werden sollen. Die Optimierungsvariablen sind Parameter, die die Eigenschaft des zu untersuchenden Objektes verändern, und werden auch als Design- oder Entwurfsvariablen bezeichnet. Die Restriktionen bzw. die Nebenbedingungen sind einzuhaltende Einschränkungen. Diese Beschreibung ist allgemein anwendbar.

Mit diesen Begriffen kann das Optimierungsproblem entsprechend Bild 5.1a mathematisch beschrieben und entsprechend (b) auch visualisiert werden. In der Abbildung ist eine zweidimensionale Optimierungsaufgabe mit den beiden unabhängigen Parametern x_1 und x_2 dargestellt. Die beiden Parameter erzeugen einen flächigen Lösungsraum, der von vier Ungleichheitsrestriktionen *g*(*x*) limitiert wird.

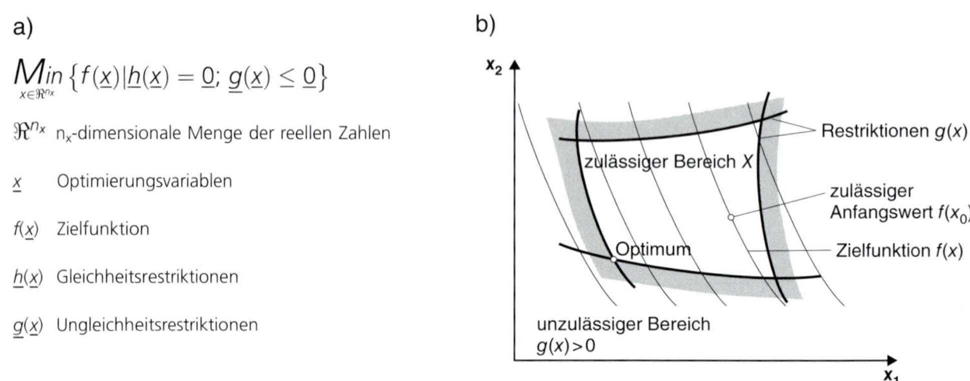

Bild 5.1 *a) Mathematische Nomenklatur einer Optimierungsaufgabe, b) Darstellung eines zweidimensionalen Optimierungsproblems* (nach [22, S. 405])

5.1.2 Lokale und globale Extremwerte

Es gibt lokale und globale Extremwerte. Bei den Zielfunktionen in Bild 5.2 sind die lokalen und globalen Extremwertstellen gekennzeichnet. Ist das Ziel einer Optimierung, von einem gegebenen Startpunkt aus das nächste Minimum oder Maximum zu finden, dann ist dies meist eine lokale Extremwertstelle, weshalb man auch von lokaler Optimierung spricht. Besteht die Optimierungsaufgabe darin, die absolute Extremwertstelle zu finden, dann ist diese eine globale Optimierung.

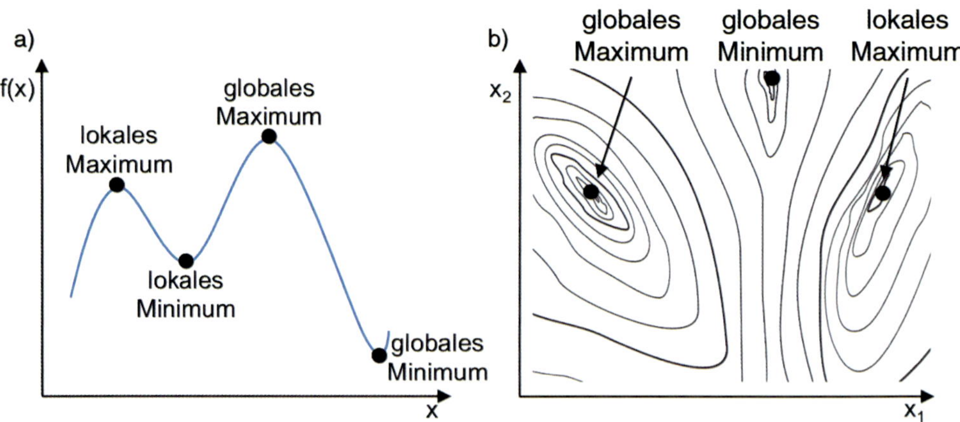

Bild 5.2 *Darstellung lokaler und globaler Extremwerte*
a) Zielfunktion f(x) mit einer Variable, b) Zielfunktion $f(x_1,x_2)$ mit zwei Variablen

Die meisten Optimierungsverfahren «finden» nicht mehr aus einer lokalen Extremwertstelle heraus und liefern damit nur ein suboptimales Ergebnis. Einer der Gründe ist, dass kein Nachweis existiert, mit dem überprüft werden kann, ob der aktuelle Extremwert auch der globale Extremwert ist. Die Wahrscheinlichkeit, das globale Maximum zu finden, kann durch verschiedene Maßnahmen erhöht werden, z.B. dadurch, dass von verschiedenen Startwerten die Extremwertsuche begonnen wird oder dass bei iterativen Verfahren die Variablen zusätzlich stochastisch modifiziert werden.

5.1.3 Praktisches Beispiel: Papierschachtel

Ein praktisches Beispiel für eine Optimierungsaufgabe mit einem Parameter ist die Volumenmaximierung einer Papierschachtel. Diese Aufgabe kennen die meisten sicher noch aus der Sekundarstufe II ihrer Schulzeit. Aus einem A4-Blatt mit der Breite $b = 210$ mm und einer Länge $l = 297$ mm soll eine Kiste gefaltet werden, deren Volumeninhalt maximiert werden soll. Von dem Papierblatt werden in einem ersten Schritt an den vier Ecken gleich große Quadrate mit der Kantenlänge x ausgeschnitten (Bild 5.3a). Die vier Seiten werden dann um 90° gefaltet und auf Stoß mithilfe von Klebestreifen verklebt. So erhält man eine Schachtel, deren Volumen V nur noch von x abhängig ist.

$$V(x) = (l - 2x) \cdot (b - 2x) \cdot x = 4x^3 + 2x^2(-b - l) + blx = 4x^3 + 1014x^2 + 62370x$$

Die Volumenfunktion $V(x)$ wird zweimal differenziert, um mögliche Extremwerte zu finden und zu bestimmen, ob es sich um ein Minimum oder Maximum handelt.

$$V'(x) = 12x^2 - 2028x + 62 \cdot 370$$
$$V''(x) = 24x - 2028$$

Wird $V'(x)$ zu null gesetzt, erhält man mit der quadratischen Gleichung, bei der $a = 12$, $b = -2028$ und $c = 62\,370$ ist, die Extremwertstellen x_1 und x_2.

$$x_{1,2} = \frac{-b \pm \sqrt{b^2 - 4ac}}{2a} = \frac{2028 \pm \sqrt{2028^2 - 4 \times 12 \times 62370}}{2 \times 12}$$

$$x_1 = 40{,}4$$
$$x_2 = 128{,}6$$

Nun werden x_1 und x_2 in die zweite Ableitung $V''(x)$ eingesetzt, um zu ermitteln, ob es sich um ein Minimum oder Maximum handelt.

$$V''(x_1 = 40{,}4) = -1058 < 0$$
$$V''(x_2 = 128{,}6) = 1058 > 0$$

Bei x_1 handelt es sich um ein Maximum, da die zweite Ableitung an dieser Stelle einen negativen Funktionswert aufweist. Bei x_2 handelt es sich um ein Minimum, da die zweite Ableitung an dieser Stelle einen positiven Funktionswert aufweist. Die jeweiligen Volumina erhält man, wenn die berechneten x-Werte in die Volumenfunktion eingesetzt werden.

$V(x_1 = 40{,}4) = 1\ 128\,495\,\text{mm}^3 = 1{,}13\,\text{Liter}$

$V(x_2 = 128{,}6) = -241\ 583\,\text{mm}^3 = -0{,}24\,\text{Liter}$

Wird die Funktion $V(x)$ grafisch dargestellt (siehe Bild 5.3b), bestätigt der Kurvenverlauf diese beiden Extremwerte. Da ein A4-Blatt Papier jedoch nur 210 mm breit ist, ist nur eine Variation von x im Bereich von $0 < x < 210/2 = 105$ gültig. Damit liegt x_2 außerhalb des gültigen Wertebereichs, was eigentlich auch schon vor der Optimierung mit einer Ungleichheitsrestriktion hätte festgelegt werden können, genau wie der Ausschluss negativer Werte.

$g_1(x) > 0$

$g_2(x) < 105$

Zusammenfassung der relevanten Information

- Optimierungsaufgabe: Gesucht ist das maximale Volumen in Abhängigkeit der quadratischen Eckausschnitte
- Optimierungsvariable: die Kantenlänge x
- Zielfunktion: das Volumen der Schachtel $V(x) = (l - 2x) \cdot (b - 2x) \cdot x = 4x^3 + 2x^2(-b - l) + blx$
- Nebenbedingungen sind die Ungleichheitsrestriktionen $g_1(x) > 0$ und $g_2(x) < 105$

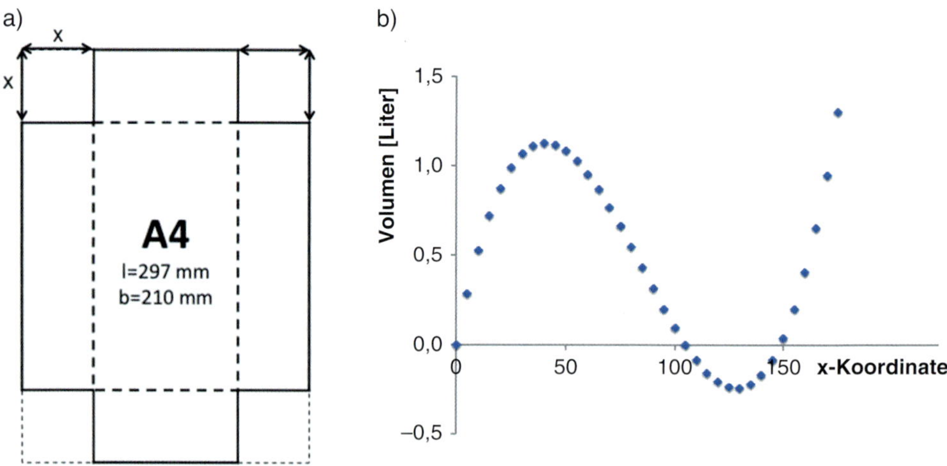

Bild 5.3 *Volumenoptimierung einer Papierschachtel*
a) A4-Papier (l = 297 mm, b = 210 mm) mit Angabe der Variable x, b) Darstellung des von der Variablen x abhängigen Volumeninhalts der Schachtel

Stammt das Papier von der Papierrolle und nicht von einem Papierbogen, sind die Breite und Höhe nicht vorgegeben, weshalb es sich um eine Optimierungsaufgabe mit zwei unabhängigen und frei wählbaren Optimierungsvariablen handelt, der Breite und der Höhe. In diesem Fall ist meist das Schachtelvolumen vorgegeben, z.B. ein Liter, was einer Gleichheitsrestriktion entspricht.

$h(b,l) = 1\,\text{Liter}$

5.2 Optimierungsverfahren

Zur Lösung von Optimierungsaufgaben existieren verschiedene und vielfältige Vorgehensweisen. Ihnen gemein ist jedoch, dass es eigentlich nur in Sonderfällen vorkommt, dass die Extremwerte direkt gefunden werden, weshalb Optimierungsaufgaben in der Regel iterativ gelöst werden. Bild 5.4 zeigt anhand der Flussdiagramme (a) die direkte und iterative Vorgehensweise, die in der bildlichen Darstellung (b) als direkter Helikopterflug oder iterativer Gipfelsturm über den Hang schematisch dargestellt sind. Bei der iterativen Gipfelbesteigung wird auch die Wahl der einzelnen Schrittweiten deutlich. So sollen bezüglich der benötigten Zeit die einzelnen Schrittweiten möglichst groß ausfallen, jedoch sollen hinsichtlich der Genauigkeit die Schrittweiten möglichst klein ausfallen, um das globale Optimum nicht zu verfehlen. Des Weiteren ist in Bild 5.4b zu erkennen, dass bei einer Strategie, stets dem Hanggradienten nachzugehen, nur der Nebengipfel und nicht der Hauptgipfel erreicht werden würde.

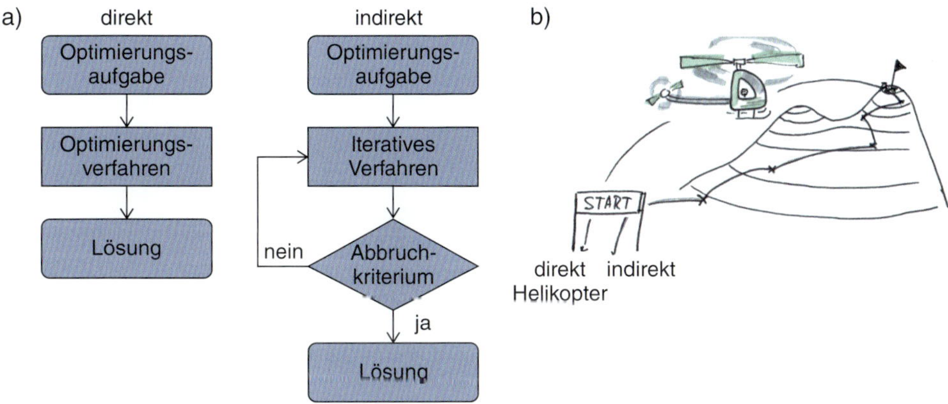

Bild 5.4 *Vorgehensweise direkter und iterativer Verfahren*
a) schematisch als Flussdiagramm, b) als Gipfelsturm dargestellt

Weitere wesentliche Unterschiede zwischen den Optimierungsverfahren finden sich im Ansatz, der Konvergenzgeschwindigkeit, der Robustheit und der Rechenintensität. Theoretisch sollten die unterschiedlichen Verfahren unabhängig vom Lösungsweg zu gleichen Ergebnissen führen. Jedoch sind je nach Komplexität und Aufgabenstellung eines Optimierungsproblems manche Strategien überfordert und führen zu keiner sinnvollen Lösung. Somit gilt es die verschiedenen Optimierungsverfahren mit ihren Vor- und Nachteilen zu kennen, um je nach Aufgabenstellung die am besten geeigneten herauszusuchen.

Die Optimierungsverfahren lassen sich davon abhängig, wie die Optimierungsvariablen variiert werden in verschiedene Kategorien einteilen (Bild 5.5). Es gibt drei komplett unabhängige Vorgehensweisen:

- stochastische Verfahren – beruhen auf Zufallsmethoden;
- heuristische Verfahren – beruhen auf Methoden, die aus der Erfahrung abgeleitet sind;
- mathematische Verfahren – beruhen auf der streng mathematischen Methodik.

Zusätzlich zu diesen drei Hauptverfahren gibt es durch deren Kombination noch weitere Verfahren, so dass insgesamt mit den Hauptverfahren fünf geläufige Verfahrensklassen gebildet werden. Dies sind die rein stochastischen Verfahren, die evolutionären Verfahren, heuristische Verfahren, Verfahren mit Optimalitätskriterien (OC) und die streng mathematischen Verfahren.

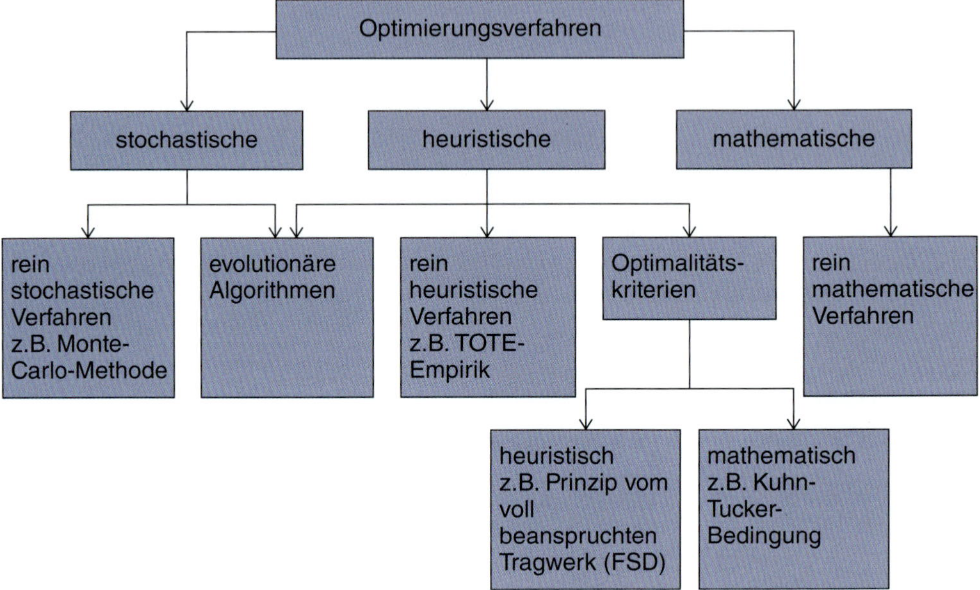

Bild 5.5 *Gliederungsschema der Optimierungsverfahren – abhängig davon, wie die Optimierungsvariablen variiert werden*

Stochastische Verfahren

Stochastische Verfahren versuchen über eine zufällige Auswahl von Werten an das Optimum zu gelangen. Rein stochastische Werte des gesamten Lösungsraums liefert die Monte-Carlo-Methode, die nicht zu den iterativen Verfahren gehört. Denn wenn um aussichtsreiche Werte die stochastische Wertestreuung lokal wiederholt wird, kommt so eine Heuristik in das Optimierungsverfahren hinzu und wir sprechen dann von der Evolutionsstrategie. Alle Verfahren, die global auch nach den Extremwerten suchen, haben einen stochastischen Anteil.

Vor- und Nachteile:

+ gute Chancen, das globale Extremum zu finden
+ bei nicht kausalen Abhängigkeiten sinnvoll, z.B. bei Gewinnlosen
+ Lösung unabhängig von dem Verfahren
+ Mit stochastischen Verfahren können sinnvolle Startwerte für iterative Verfahren gefunden werden
- zeitaufwendig

Evolutionäre Verfahren

Evolutionäre Verfahren imitieren die biologische Evolution: Survival of the fittest – Überleben der am besten angepassten Individuen. Ausgehend von einem Startwert, dem Elter, werden über

Vererbung und stochastische Variation der Eltermerkmale Nachkommen mit modifizierten Merkmalen gebildet. Diese Nachkommen werden hinsichtlich festgelegter Kriterien selektiert und der fitteste Nachkomme ist der Elter der nächsten Generation [67]. Es können auch mehrere Nachkommen die Eltern der nächsten Generation sein, was die Robustheit erhöht. Durch das Iterative Vorgehen kann man die Evolutionsstrategie auch als «gerichteten Zufall» bezeichnen.

Vor- und Nachteile:

+ Einsatz bei schwierigen Problemen, z.B. wenn die Zielfunktion nicht bekannt ist
+ Lösung unabhängig von dem Verfahren
+ gute Vorausetzungen, nicht in einem lokalen Extremwert stecken zu bleiben
+ Das Optimierungsziel wird meist nicht exakt erreicht, kann aber hinreichend genau angenähert werden
+ robustes Verfahren, das mit der Komma-Strategie auch gut mit fehlerhaften Datensätzen umgehen kann
– rechen- bzw. zeitintensiv, besonders wenn die Nachkommen nicht analytisch bewertet werden können

Die evolutionären Verfahren sind sehr robust und flexibel, so dass sogar in eine laufende Optimierung eingegriffen werden kann, um Einstellungen zu verändern, einzelne Nachkommen händisch zu modifizieren, ganz zu löschen oder sogar wiederzubeleben. Für ihre Anwendung muss nur die Gültigkeit der starken Kausalität gelten: Kleine Änderungen führen zu kleinen Auswirkungen und große Änderungen führen zu großen Auswirkungen. Wird beispielsweise beim Autofahren etwas Gas gegeben, beschleunigt das Auto leicht. Wird das Gaspedal komplett durchgedrückt, beschleunigt das Auto deutlich stärker.

Löst man sich von der zufälligen Wertevariation der evolutionären Verfahren und modifiziert die Werte bzw. Merkmale selber, ist man bei einer heuristischen Vorgehensweise gelandet.

Heuristische Verfahren

Heuristik ist die Kunst, trotz begrenzten Wissens, Zeit und Erfahrung zu einer praktikablen Lösung zu kommen. Diese Verfahren haben sich aus der Erfahrung und nicht aus der Theorie heraus entwickelt. Sie gelten meist nur in einem eng begrenzten Lösungsraum, führen aber in diesem Gebiet meist schnell und zuverlässig zu der Lösung.

Ein Beispiel für die einfachste Heuristik ist die «Trial and Error»-Vorgehensweise. Dies ist keine systematische Vorgehensweise, wird aber aufgrund ihrer Einfachheit sehr oft angewendet. Das Vorgehen kann mit dem TOTE-Schema (**T**rial–**O**perate–**T**est–**E**xit) beschrieben werden (Bild 5.6a). Hierbei wird das Problem jeweils so lange willkürlich modifiziert und anschließend hinsichtlich des Ziels geprüft, bis ein zufriedenstellendes Ergebnis erreicht wird [21, S. 81]. Ist Erfahrung vorhanden, ist dies ein effizientes Vorgehen.

Mit dem Streichholzspiel (Bild 5.6b) kann das TOTE-Verfahren gut beschrieben werden. Vier ganze Streichhölzer bilden zusammen eine Kehrschaufel, neben der ein abgebrochenes halbes Streichholz liegt. Zwei ganze Streichhölzer können umgelegt werden, so dass das halbe Streichholz sich in der Schaufel befindet. Gedanklich oder mit der Hand werden nun die Streichhölzer umgelegt und jeweils überprüft, also getestet, ob die Anforderung erfüllt ist. Diese Iterationen aus Verändern und Überprüfen, wird so lange durchgeführt, bis das halbe Streichholz sich in der Schaufel befindet.

Komplexere Aufgaben werden mittels festgelegten Handlungsfolgen zielgerichtet gelöst. Diese empirischen Verfahren und Vorgehensweisen sind sehr ressourceneffizient und führen meist auch sehr schnell und robust zum Ziel. Z.B. sind dies grafische Verfahren wie die Kerbverrundung mittels der Methode der Zugdreiecke (siehe Kapitel 10).

Vor- und Nachteile:

+ sehr robust bezüglich der Variablenanzahl
+ Eröffnungsverfahren, kommen meist vor den aufwendigeren Verfahren zum Einsatz
0 nicht allgemein einsetzbar, gelten immer nur für bestimmte Problemklassen
– Das Optimum wird meist nur angenähert

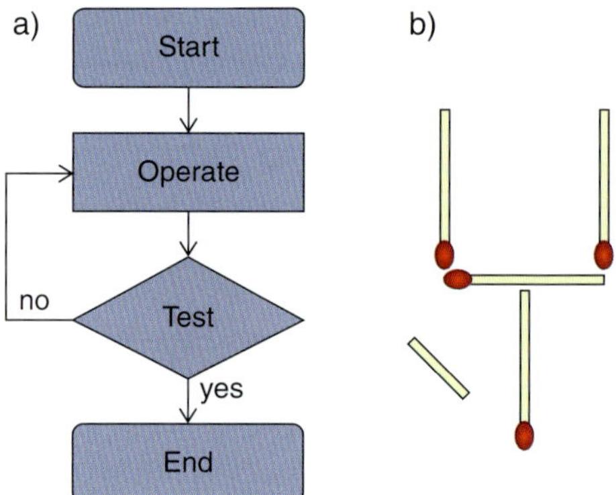

Bild 5.6 *Lösungsfindung mit dem TOTE-Verfahren*
a) als Flussdiagramm, b) beispielhaft als Streichholzspiel

Verfahren mit Optimalitätskriterien

Die Idee der Optimalitätskriterien ist, dass man weiß oder sogar nur vermutet, wie das Optimum aussieht, davon Kriterien ableitet und über eine Redesign-Formel iterativ versucht, diese Kriterien zu erfüllen. Diese Bedingungen werden meist durch einfache Lösungsalgorithmen iterativ erfüllt und führen zum Optimum. Neben den mathematischen Optimalitätskriterien gibt es noch physikalische, intuitive, empirische und weitere Kriterien, von denen besonders das **F**ully-**S**tressed **D**esign (FSD) für die Strukturoptimierung entscheidend ist [5, S. 110]. Nach diesem Prinzip ist ein Tragwerk dann gewichtsoptimal, wenn die einzelnen Querschnitte homogen auf die maximal zulässige Spannung dimensioniert werden. Bis auf wenige Ausnahmen gilt dieses Prinzip für die meisten Strukturen. MATTHECK hat für sehr viele biologische Strukturen, die maßgeblich eine mechanische Funktion erfüllen, gezeigt, dass diese Strukturen – zumindest an der Oberfläche – homogen belastet sind, und nennt es das «Axiom konstanter Spannung» [49, S. 45; 57, S. 2]. Das FSD-Optimalitätsprinzip ist in der Strukturoptimierung weit verbreitet und gehört zu den nicht mathematischen Optimalitätskriterien. Mathematische Optimalitätskriterien lösen z.B. mit den Kuhn-Tucker-Bedingungen ein Optimierungsproblem [58, S. 15]

DEFINITION
Kuhn-Tucker-Bedingungen sind ein notwendiges Optimalitätskriterium erster Ordnung in der nichtlinearen Optimierung. Benannt nach Harold W. Kuhn und Albert W. Tucker.

Vor- und Nachteile:

+ Konvergenzgeschwindigkeit
+ Effizienz
0 nicht allgemein einsetzbar, nur für bestimmte Problemklassen

Mathematische Verfahren
Mathematische Verfahren lösen das Optimierungsproblem mit mathematischen Methoden. Das bedeutet, dass vom Startpunkt bis zum Optimum der Optimierungsvariablenraum im geometrischen Sinne durchschritten wird [5, S. 64]. In der Mathematik ist das Thema Optimierung ein Gebiet der angewandten Mathematik. Die Vorgehensweise, dass Optimierungsaufgaben mathematisch mittels kontinuierlichen Formulierungen geschlossen gelöst werden können, ist ein Sonderfall. In der Regel werden Optimierungsaufgaben auch mit mathematischen Verfahren nicht direkt, sondern iterativ mittels Näherungsfunktionen gelöst. Iterative Verfahren führen bei linearen Problemstellungen noch zu der exakten Lösung. Im Unterschied dazu wird bei nichtlinearen Problemstellungen die exakte Lösung nicht erreicht, weshalb die Lösungssuche abgebrochen wird, wenn sich das aktuelle Ergebnis hinreichend nahe dem angestrebtem Optimum befindet [5; 32; 77].

Vor- und Nachteile:

+ allgemein einsetzbar
– aufwendig

5.3 Optimierungstools

Heutige Programmpakete arbeiten hinsichtlich des verwendeten Lösungsverfahrens meist als Black box (Bild 5.7). Der Anwender gibt als Input das Startdesign und die Randbedingungen vor und drückt den «Start-Knopf». Der Lösungsprozess bleibt meist im Verborgenen und es ist oft nicht ersichtlich, welches Optimierungsverfahren verwendet wird. Lediglich charakteristische Einstellmöglichkeiten weisen auf das verwendete Verfahren hin. Sobald intern eine Lösung gefunden wurde, erhält der Anwender als Output einen optimierten Designvorschlag.

Solange die Black box genau das liefert, was der Nutzer erwartet, ist es ein probates Vorgehen. So können wir auch Kraftfahrzeuge fahren, ohne zu wissen, wie z.B. ein Verbrennungsmotor funktioniert. Jedoch liefern die meisten Strukturoptimierungstools keine fertige Lösung, sondern lediglich einen ersten Designvorschlag, der interpretiert und an die jeweiligen Randbedingungen angepasst werden muss. Um vom Designvorschlag zu einer leistungsfähigen Konstruktion zu gelangen, sollte der Anwender also das Optimierungsprogramm mit seinen Vor- und Nachteilen

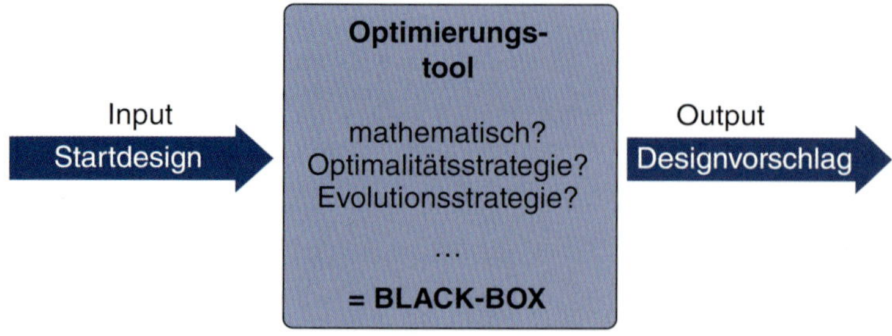

Bild 5.7 *Computertools arbeiten für den Anwender häufig als Black box.*

kennen, um die Optimierungsergebnisse entsprechend interpretieren zu können. Entscheidend ist ein kritischer Umgang mit den Computerergebnissen, weshalb der Anwender prüfen muss, ob ein globales, lokales Maximum oder sogar eine sinnfreie Lösung vorliegt.

5.3.1 Unterscheidung der Optimierungstools in vier Klassen

Unabhängig von der Thematik Optimierung, werden in Betrieben verschiedenste Tools und Programme eingesetzt. Zentral ist meist eine rechnergestützte Entwicklungs- und Arbeitsumgebung CAX (**C**omputer-**A**ided **X**), über die die maßgeblichen Arbeiten erledigt werden. Im einfachsten Fall handelt es sich hierbei um ein reines CAD-Programm (**C**omputer-**A**ided **D**esign), mit dem Bauteile und Baugruppen rechnergestützt konstruiert werden können. Die für die Fertigung und Materialwirtschaft benötigten Informationen lassen sich anhand dieses virtuellen Bauteils ermitteln, oder es werden konventionelle Zeichensätze vom virtuellen Modell abgeleitet und weitergegeben. Weitere mögliche Funktionen einer rechnergestützten Entwicklungsumgebung sind die Berechnung CAE (**C**omputer-**A**ided **E**ngineering), die Fertigung CAM (**C**omputer-**A**ided **M**anufacturing) und viele weitere. Als Trend ist aktuell festzustellen, dass die Software-Anbieter möglichst viele Funktionalitäten in ihren Programmpaketen vereinen. Da diese Programmsysteme natürlich nicht alle Funktionen enthalten können oder wenn Spezialprogramme eine bessere Performance aufweisen, werden in den Firmen auch weitere Computerprogramme verwendet. Neben der gewohnten Programmbedienung mittels Tastatur und Maus nimmt die Zahl der vollwertigen Tools stetig zu, die als Applikationen für Smart Devices, wie Handys oder Tablets, entwickelt und angeboten werden. Und natürlich werden in den Firmen als Tools auch lizenzfreie Einfachdirektiven, excelgestützte Kleinstprogramme und andere «Quick und dirty»-Tools verwendet.

Die Optimierungsverfahren werden also in verschiedensten Tools eingesetzt, die sich unabhängig von dem verwendeten Verfahren in vier Anwendungsklassen einteilen lassen (Bild 5.8): a) Computerprogramme, b) in CAD integrierte Tools, c) Tools als Applikationen für Smart Device und d) die letzte Klasse enthält die Kleinstprogramme und Einfachdirektiven.

Eigenständige Programme – Computer-Tools

Computertools als eigenständige Programme sind sehr leistungsfähig, jedoch auch meist sehr teuer. Neben den hochpreisigen Lizenzgebühren muss auch der Mitarbeiter bezahlt werden, der eine effiziente Programmanwendung beherrschen muss. Die Kosten für den Computer und die benötigte Peripherie sind meist vernachlässigbar. Jedoch beeinflussen sie maßgeblich die effektive Nutzung der Programme, z.B. hinsichtlich kurzer Rechenzeiten, Bedienungskomfort und Automatisierung.

Bild 5.8 Optimierungstools lassen sich in vier Klassen einteilen:
a) Computer-Programme, b) CAD-integrierte Tools, c) Applikationen auf Smart Devices, d) Einfachdirektiven und Kleinstprogramme

Vor- und Nachteile:

- \+ Die Spezialprogramme sind für die jeweiligen Einsatzbereiche optimal entwickelt
- \+ Sie sind leistungsstark und erreichen das Ziel sehr genau und sehr schnell
- – ein weiterer Arbeitsablauf, der erlernt werden muss
- – teure Spezialprogramme
- – Einarbeitungszeit erforderlich
- – zusätzliche Schnittstellen, die geprüft werden müssen

CAD-integriert

Als Trend lässt sich aktuell feststellen, dass in CAD-Programmen immer mehr Funktionen integriert werden. Der Vorteil gegenüber eigenständigen Computertools ist, dass der allgemeine Programmablauf schon geübt ist und für den Anwender nur noch eine zusätzliche Funktion oder Funktionsebene hinzukommt. Als weiterer Vorteil fallen Schnittstellen und deren nötige Pflege und Wartung weg.

Vor- und Nachteile:

- \+ CAD-bekannter Workflow wird auf zusätzliche Funktionen übertragen
- \+ keine Schnittstellenproblematik
- – Für die CAD-Integration müssen sich alle Funktionen dem allgemeinen Arbeitsablauf unterordnen, was nicht immer sinnvoll ist
- – CAD-Programmsysteme sind aufgrund ihrer Größe relativ träge bezüglich Veränderungen und Kundenwünschen

Apps

Als weiterer Trend lässt sich feststellen, dass Handheld-Geräte wie Smartphones oder Tablets immer leistungsfähiger werden – genau wie die darauf laufenden Programme, die üblicherweise als Applikationen oder verkürzt als Apps bezeichnet werden. Basierend auf einer Bedienung mittels Touch-Displays anstatt den bekannten Eingabegeräten wie Tastatur oder Maus, sind die meisten Programme trotz ihrer Leistungsfähigkeit intuitiv zu benutzen. Um eine intuitive Bedienung zu ermöglichen, werden viele Einstellungen automatisch gesetzt.

Neben dem vollwertigen Ersatz klassischer Programme fungieren Apps auch als Türöffner. Hierbei handelt es sich um Demonstrationsprogramme, deren Funktionsumfang reduziert ist, wodurch sie sich leicht bedienen lassen und damit das Prinzip, die Idee oder das Wissen gut vermitteln. Dadurch wird ein komplexes Thema so weit heruntergebrochen, dass die Hemmschwelle sinkt, sich damit zu beschäftigen.

INTERNET
Beispielapps aus dem Apple-App-Store und dem Google-Play-Store: TopOpt, Windtunnel, Schnittkraftmeister

Vor- und Nachteile:

+ Ohne aufwendige Einarbeitung und Vorwissen können diese intuitiven Programme bedient werden
- Viele Einstellungen werden selbstständig vom Programm gesetzt, weshalb dem Benutzer nicht immer klar ist, was das Programm macht
- Nachdem nun auch Nicht-Fachkräfte das Programm bedienen und damit Ergebnisse erzeugen können, stellt sich die Frage, wer die Verantwortung für die Richtigkeit der Ergebnisse übernimmt

Kleinstprogramme und Einfachdirektiven

Kleinstprogramme und Einfachdirektiven sind bei speziellen Aufgabenstellungen schnell und einfach angewendet und führen bei geringem Aufwand zu einer Verbesserung der Bauteile. Als Hilfsmittel werden excelbasierte Vorgehensweisen, Taschenrechner, Einfachdirektiven und Zeichenutensilien verwendet. Gerade die Vorgehensweisen mit Excel, Taschenrechner oder Zeichenutensilien helfen das Ingenieurverständnis zu verbessern, da die Aufgabenstellung nicht erst in ein Programm übertragen und hierzu oft auch modifiziert werden muss, sondern direkt bearbeitet werden kann. Da nahezu kein spezielles Programmwissen benötigt wird, kann die Vorgehensweise einfach kommuniziert werden, wodurch die Ergebnisse gut überprüfbar sind. Wird keine physikalisch optimale Lösung benötigt, dann bietet sich diese Vorgehensweise an, um mit geringem Aufwand Bauteile zu verbessern.

Im Maschinenbau ist Excel sehr verbreitet und viele Tools werden damit umgesetzt. Das Tabellenkalkulationsprogramm wird in den ingenieurtechnischen Bereichen für all das eingesetzt, wofür in den Naturwissenschaften die wissenschaftlich orientierten Programme Origin und Matlab angewendet werden. Einer der großen Vorteile von Excel ist, dass es nahezu auf jedem Rechner existiert und es damit keine Beschaffungs- bzw. Lizenzprobleme gibt.

Vor- und Nachteile:

+ sehr geringer Aufwand
+ gut überprüfbar
+ schult das Ingenieurverständnis

- aus physikalischer Sicht ist das Ergebnis oft nur eine Verbesserung und kein Optimum
- gelten nur für einen Anwendungsbereich

5.3.2 Wann wird welche Methode eingesetzt?

Viele Wege bzw. Verfahren führen zum Ziel einer optimalen Lösung. Hierbei lässt sich ein Einsatz von Optimierungstools in eine Direkt-, Muss- oder optionale Verwendung einteilen. Bei einer direkten Verwendung wird bei der Konstruktion von Anfang an ein Optimierungstool bzw. Optimierer verwendet. Wird zunächst konventionell ein erster Lösungsvorschlag erarbeitet und besteht dieser die rechnerische oder experimentelle Verifikation nicht, muss die Konstruktion überarbeitet werden z.B. mit einem Optimierungstool. Besteht der konventionelle Lösungsvorschlag die Verifikation, dann kann optional eine nachgeschaltete Optimierung zum Einsatz kommen. Bei einem optionalen Einsatz von Optimierungstools muss sich der Mehraufwand für die Optimierung durch geringere Kosten, wie z.B. durch Materialeinsparung, schlussendlich bezahlt machen. Hier bieten sich gerade die Einfachdirektiven an. Sie benötigen wenig Ressourcen, können jedoch die Qualität der Lösung anheben oder zeigen, dass die aktuelle Lösung schon nahe an die Optimallösung herangekommen ist. In Bild 5.9b sind die Optimierungstools analog zu ihrer Leistungsfähigkeit, aber auch zu den entstehenden Kosten und dem zugehörigen Aufwand nach aufgereiht. Dies erklärt auch, warum die Strukturoptimierung bisher vor allem in High-Tech-Branchen – wegen der Performance – und in der Kfz-Industrie – wegen den großen Stückzahlen – angewendet wurde. Die Einfachdirektiven ermöglichen bei geringen Kosten ebenfalls eine Strukturverbesserung, weshalb sie besonders für die Klein- und mittelständischen Unternehmen interessant sind.

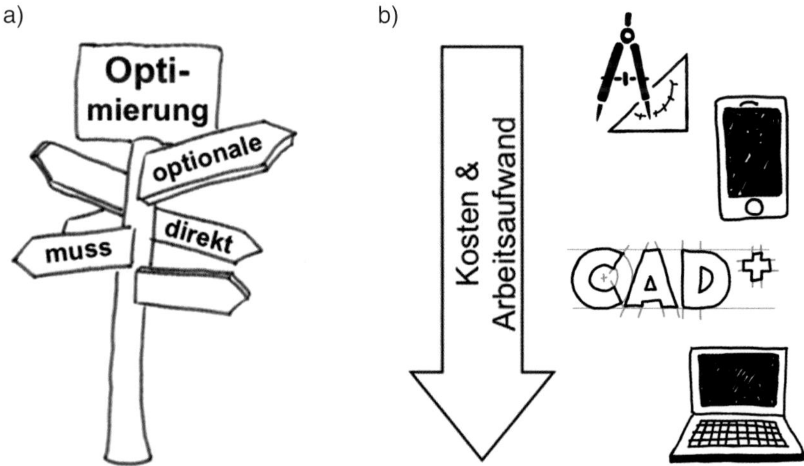

Bild 5.9 *Einsatz einer Optimierung ist abhängig von den Randbedingungen*
a) Es gibt Muss-, Direkt- oder optionale Optimierungen, denen b) unterschiedliche Optimierungstools zu Verfügung stehen.

6 Evolutionäre Algorithmen

Die **E**volutionären **A**lgorithmen (EA) übertragen Prinzipien der Evolution auf technische Aufgabenstellungen und können auch für schwierige Optimierungsprobleme angewendet werden. Einer der großen Vorteile der EA ist, dass nicht zwingend eine mathematisch formulierte Zielfunktion benötigt wird bzw. noch nicht einmal das Optimierungsproblem komplett verstanden sein muss. Es müssen lediglich die Varianten der einzelnen Entwicklungsschritte bewertet werden können, was objektiv oder sogar subjektiv erfolgen kann.

Die verschiedenen Möglichkeiten einer Bewertung:

1. Die Zielfunktion ist mit mathematischen Formeln beschrieben, weshalb Varianteneigenschaften direkt bewertet werden können
2. Ermitteln der Varianteneigenschaften mittels einer Simulation
3. Ermitteln der Varianteneigenschaften mittels eines Experiments
4. Subjektive Bewertung der Varianten

Eine objektive Bewertung ist am effektivsten, wenn eine Zielfunktion aufgestellt werden kann. Ist dies nicht möglich, müssen die Varianten mit einer Simulation oder einem Experiment bewertet werden, was mehr Zeit in Anspruch nimmt. In der Regel dauern Experimente wiederum deutlich länger als Simulationen. Subjektive Bewertungen benötigen Interaktionen mit dem Anwender, weshalb sie vom Zeitbedarf her einer experimentellen Vorgehensweise entsprechen. Eine subjektive Bewertung findet z.B. bei der Bestimmung des Mischungsverhältnisses verschiedener Kaffeebohnensorten statt, damit eine Kaffeemarke trotz der natürlichen Schwankungen immer ihren charakteristischen Geschmack aufweist. [98]

6.1 Evolutionäre Grundlagen

Die EA leiten sich von der Darwin'schen Evolutionstheorie ab. «Survival of the fittest» bedeutet jedoch nicht Sieg und damit Überleben des Stärkeren, sondern es handelt vom Überleben der besser angepassten Population. Das Überleben bezieht sich damit auf eine gesamte Population, in der Eigenschaften über Generationen hinweg verbessert werden. Jedoch kann in der Evolution nicht von einer Kontinuität hin zu immer besser angepassten Populationen gesprochen werden, da sich das interagierende Gesamtsystem auch ständig ändert.

Die Evolution enthält drei wesentliche Grundmechanismen: Vermehrung, Variation und Selektion. Die Vermehrung findet über die Nachkommen statt, deren Anzahl stark variieren kann. So reicht die Reproduktionsrate von nur einem Nachkömmling pro Vermehrungszyklus, wie i. d. R. bei uns Menschen, bis beispielsweise hin zum Grasfrosch mit mehreren tausend Eiern. Bei Pflanzen kann die Anzahl der Nachkommen noch weitaus größer sein. Die Variation führt dazu, dass sich die Nachkommen von ihren Eltern, aber auch untereinander unterscheiden. Diese Eigenschaftsvariation findet durch Mutation und durch Rekombination statt. Die Selektion setzt dann ein, wenn benötigte Ressourcen knapp werden und nicht alle Individuen überleben können. Dann überleben die besser angepassten Individuen, wodurch sich die Gesamteigenschaft der Population ändert. Diese Populationsentwicklung erfolgt in der Biologie also in der Regel nicht über die Selektion der vorteilhaften Individuen, sondern über eine Elimination der Unvorteilhaften. Die wiederholte Anwendung dieser Mechanismen führt zu einer verbesserten Anpassung der Population an die jeweilige Umwelt.

Die Übertragung dieses Vorgehens auf technische Anwendungen wird als Evolutionärer Algorithmus (EA) bezeichnet und ist in Bild 6.1 als Flussdiagramm darstellt. Ausgehend von einer Ausgangskonfiguration oder einem Ausgangsdesign, werden einzelne Parameter zufällig geändert und führen so zu verschiedenen Datensätzen. Diese werden daraufhin bezüglich ihrer Fitness bewertet. Anschließend werden sie der Leistung nach sortiert, und im Unterschied zur biologischen Evolution werden die besten herausselektiert. Bei ihnen überprüft ein Abbruchkriterium, ob geforderte Anforderungen erfüllt werden, und beendet bei positiver Bewertung die Optimierungsschleife. Im anderen Fall wird dieser Zyklus ein weiteres Mal durchlaufen, wobei Verfahrensparameter, wie die Mutationsrate oder sogar die Anzahl der Nachkommen, in der laufenden Optimierung angepasst werden können.

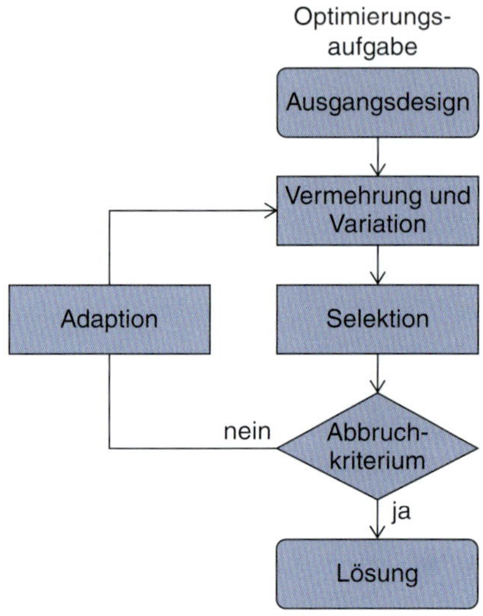

Bild 6.1 *Flussdiagramm der Evolutionären Algorithmen*

Entwicklungshistorie der EA

Unabhängig voneinander wurde um 1960 in den USA und in Deutschland an universell einsetzbaren Optimierungsverfahren mit den Grundprinzipien der natürlichen Evolution geforscht. In den USA entstanden die **G**enetischen **A**lgorithmen (GA) und das **E**volutionäre **P**rogramming (EP), während in Deutschland die **E**volution**s**strategie (ES) entwickelt wurde. Diese zunächst unterschiedlichen Ansätze haben sich im Laufe der Zeit immer mehr angenähert.

INTERNET

Homepage von Prof. Dr. Ingo Rechenberg mit Unterlagen und Optimierungsanimationen zu der ES: www.bionik.tu-berlin.de

6.2 Evolutionsstrategie

Die Evolutionsstrategie wurde von Rechenberg und Schwefel an der TU Berlin entwickelt [67; 79]. Sie wendeten die natürliche Evolution nicht auf die Gene, sondern mit einer größeren Abstraktion direkt auf die Individuen an und beschrieben das Vorgehen mit einer mathematischen Terminologie. Die Kernfunktion der ES zeigt Gleichung 6.1, in der μ die Anzahl der Eltern und λ die Anzahl der Nachkommen ist.

$$(\mu \overset{+}{,} \lambda)\text{-ES} \qquad \text{(Gl. 6.1)}$$

Die Klammer beschreibt den Ablauf einer kompletten Generation, also wie die Ausgangspopulation aussieht, wie viele Nachkommen gebildet werden und auf welche Art selektiert wird. Anschließend werden die Nachkommen entweder per Simulation, Experiment oder subjektiver Einschätzung hinsichtlich ihrer Eigenschaften bewertet, der Leistung nach aufgereiht und die Selektion durchgeführt. Damit ist ein Iterationszyklus abgeschlossen, was einer Generation entspricht.

Zum Verständnis werden die zwei gebräuchlichsten ES-Vorgehensweisen erklärt. Vorab die Anmerkung: Bei Nachkommen, die nur von einem Individuum gebildet werden, wird der Erzeuger in der Fachliteratur meist als Elter bezeichnet, also der Einzahl von Eltern. Eltern entsprechen somit mehr als einem Individuum und sind auch nicht auf zwei Individuen festgelegt. [67]

(1+1)-ES-Strategie

Der einfachste Fall einer Evolutionsstrategie ist eine «(1+1)-ES»-Strategie. Es wird von einem Elter $\mu = 1$ ein Nachkomme $\lambda = 1$ gebildet. Von dem Elter und dem Nachkommen wird der Bessere für die nächste Generation selektiert. Dies entspricht auch dem TOTE-Verfahren (s. Abschnitt 5.2) und wird häufig bei diskreten Optimierungsaufgaben angewendet.

(1,9)-ES-Strategie

Die «(1,9)-ES»-Strategie ist quasi die Standardvorgehensweise der Evolutionsstrategie. Dies ist eine Komma-Strategie («,»), bei der im Unterschied zu der Plus-Strategie («+») die Eltern nicht an der Selektion beteiligt sind. In diesem Fall erzeugt ein Elter neun Nachkommen und nur der beste der neun Nachkommen wird der Elter der nächsten Generation.

Mit der Evolutionsstrategie können auch Rekombinationen durchgeführt und geschachtelte Vorgehensweisen angewendet werden, wie konkurrierende und zeitweise isolierte Populationen. Diese Strategien werden in der speziellen Literatur näher beschrieben [37; 67].

6.3 Einfluss der Strategie und der Einstellungen auf den Optimierungsablauf

Bei der ES gibt es verschiedene Einstellmöglichkeiten, mit denen eine Optimierung beeinflusst werden kann.

6.3.1 Plus- oder Komma-Strategie

Das einfachste Vorgehen ist die Plus-Strategie, bei der aus der Gesamtmenge aus Nachkommen und Eltern einer Generation die Selektion durchgeführt wird. Mit dieser Vorgehensweise gibt es keinen Rückschritt, jedoch ist diese Vorgehensweise nicht fehlertolerant. Zum Beispiel besteht die

Gefahr, durch einen Messfehler in einem Datenpunkt hängenzubleiben, der fälschlicherweise zu gut bewertet wurde. Bei der Komma-Strategie leben die Eltern nur eine Generation und gehören damit nicht zu dem Kreis der Individuen, aus denen die Eltern der nächsten Generation selektiert werden. Diese Vorgehensweise kann länger als die Plus-Strategie dauern, da sich der Zielwert verschlechtern kann und damit auch Rückschritte möglich sind. Dieses Verfahren ist aber fehlertoleranter und robuster, da ungültige Parametersätze nach einer Generation automatisch ausgetauscht werden.

6.3.2 Anzahl der Nachkommen

Die Konvergenzgeschwindigkeit steigt mit der Anzahl der Nachkommen und die quantitative Verbesserung einer Population wird mit dem Fortschrittsbeiwert bemessen. Der Fortschrittsbeiwert gibt an, wie schnell eine Evolutionsstrategie auf einer hochdimensionalen Ebene, also bei einer linearen Modellfunktion, im Mittel pro Generation vorwärts kommt. Für die gebräuchlichen ES-Verfahren hat Herdy [37, S. 64] die Fortschrittsbeiwerte abhängig von der Anzahl der Nachkommen berechnet. In Tabelle 6.1 werden einige Fortschrittsbeiwerte einer $(1,\lambda)$-ES-Strategie dargestellt. Mehr Nachkommen bedeuten einen größeren Fortschrittsbeiwert, wobei die Zunahme des Fortschrittsbeiwertes bei Weitem nicht in dem Maße ansteigt wie die Zunahme der Nachkommen. Zwischen 4 und 30 Nachkommen – das entspricht etwa der siebenfachen Anzahl an Nachkommen – verdoppelt sich der Fortschrittsbeiwert gerade von 1,03 auf 2,04. Und 1000 Nachkommen führen zu einem Fortschrittsbeiwert von 3,24. Viele Nachkommen bedeuten damit zwar einen besseren Fortschrittsbeiwert pro Generation, aber auch einen verhältnismäßig zu hohen Aufwand bei der Bewertung der vielen Nachkommen.

Die Optimierungsdauer ist zwar von der Generationenanzahl, aber besonders von der Anzahl an zu bewertenden Nachkommen abhängig. Für die Wahl der Nachkommenanzahl ist entscheidend, wie schnell ihre Fitness bewertet werden kann. Kann ihre Bewertung mittels analytischer Formeln schnell durchgeführt werden, können viele Nachkommen sinnvoll sein. Wenn aber aufwendige Experimente durchgeführt werden müssen oder benötigte Lizenzen und Versuchsstände die Bewertung limitieren, sind weniger Nachkommen zielführender.

Tabelle 6.1 *Fortschrittsbeiwert, abhängig von der Anzahl der Nachkommen* λ [37, S. 64]

Nachkommen λ	1	2	3	4	5	10	15	30	100	1000
Fortschrittsbeiwert	0	0,56	0,85	1,03	1,16	1,54	1,74	2,04	2,51	3,24

6.3.3 Festlegung der Mutationsschrittweite bzw. Mutationsrate

Eine Kernfunktion der Evolutionsstrategie ist die Eigenschaftsvariation durch Mutation der Nachkommen, was dem Produkt aus Elternparameter und einer Mutationsrate bzw. der Mutationsschrittweite entspricht.

$$\lambda_{\text{Eigenschaft}} = \mu_{\text{Eigenschaft}} \cdot \text{Mutationsrate} \qquad \text{(Gl. 6.2)}$$

Die Wahrscheinlichkeitsverteilung der Mutationsrate entspricht in der Regel einer Normalverteilung und die Mutationsrate ist ein Maß dafür, wie stark die Mutation die Parameter der Eltern verändert. Bei einer zu kleinen Mutationsschrittweite sind die Nachkommen den Eltern sehr ähnlich und es gibt kaum einen nennenswerten Fortschritt. Im Unterschied dazu wird bei einer zu großen Schrittweite das Ziel häufig übersprungen. In beiden Fällen reduziert sich die Konvergenzgeschwindigkeit, weshalb die Mutationsrate in einem zweckmäßigen Wertebereich festgelegt werden soll, um mit einer möglichst geringen Anzahl von Generationen das Optimierungsziel zu erreichen. Rechenberg bezeichnet den Wertebereich einer sinnvollen Mutationsschrittweite als Evolutionsfenster [67].

Eine optimale Mutationsrate ist im Laufe einer Optimierung nicht konstant, sondern muss kontinuierlich angepasst werden. Dies kann stark vereinfacht mit einer Golf-Analogie in Bild 6.2 visualisiert werden. Hierbei entspricht ein Golfschlag jeweils einer vorgegebenen Mutationsschrittweite. Weder konstant kurze Schläge (a) noch konstant weite Schläge (b) führen effizient zum Ziel. Sinnvoll ist es, weitab vom Optimum große Mutationsschrittweiten zu verwenden und dann im Bereich des Optimums die Schrittweiten zu reduzieren, um möglichst nahe an das Optimum zu kommen, ohne darüber hinauszuschießen.

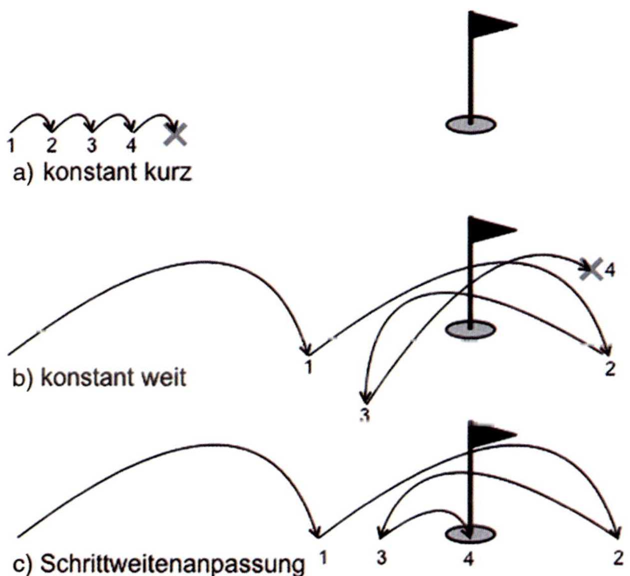

Bild 6.2 *Golf-Analogie zu der Wahl der Mutationsschrittweite bei unterschiedlichen Strategien a), b) und c)*

Die Schrittweitenanpassung kann im Rahmen einer Optimierung adaptiv mit der **m**utativen **S**chrittweiten**r**egelung (MSR) durchgeführt werden. Hierzu werden die Nachkommen mit unterschiedlichen Mutationsschrittweiten gebildet, die aber von der Mutationsschrittweite der Eltern abhängig sind. Die MSR wird beispielhaft bei einer (1,9)-ES-Strategie vorgestellt. Ausgehend von einer vom Elter vorgegebenen Mutationsschrittweite, werden die neun Nachkommen mit folgender Zuordnung gebildet:

a) Drei Nachkommen werden mit einer Mutationsschrittweite gebildet, die um das 1/1,3-fache verkleinert ist.
b) Drei Nachkommen werden mit der vorgegebenen Mutationsschrittweite gebildet.
c) Drei Nachkommen werden mit einer Mutationsschrittweite gebildet, die um das 1,3-fache vergrößert ist.

In der zweiten Generation wird genauso fortgefahren, nur dass nun die Mutationsschrittweite des fittesten Nachkommens der letzten Generation genommen wird. Diese Mutationsschrittweite wird dann wieder mit dem Faktor a) 1/1,3, b) 1 und c) 1,3 multipliziert und jeweils drei Nachkommen gebildet. Bei dieser Vorgehensweise wird neben den Eltermerkmalen auch die Mutationsrate des Elters vererbt, wodurch sich die Mutationsrate adaptiv anpasst.

6.3.4 Vorgehensweisen, um aus lokalen Extremwertstellen herauszufinden

Einer der großen Vorteile der ES ist, dass sie aus lokalen Extremwertstellen auch wieder «herausfindet» und der Zielwert sich dadurch weiter verbessern kann. Bild 6.3 zeigt, wie die ES mit den Mutationsschrittweiten ABC den Zielwert nicht verbessert, aber mittels einer großen Mutation D den Wert der Zielfunktion gegenüber dem lokalen Maximum verbessert. Die Wahrscheinlichkeit, sich aus einer lokalen Extremwertstelle zu verbessern, steigt mit einer geschachtelten ES mit zeitweise isolierten Populationen. In diesem Fall führt auch C aus der Extremwertstelle, wodurch sich der Zielwert trotz lokaler Extremwertstelle weiter verbessert. Anstatt einer geschachtelten ES wird meist die Standard-Evolutionsstrategie verwendet, die nun von verschiedenen Startpunkten initialisiert wird, wodurch die Wahrscheinlichkeit steigt, die globale Extremwertstelle zu finden.

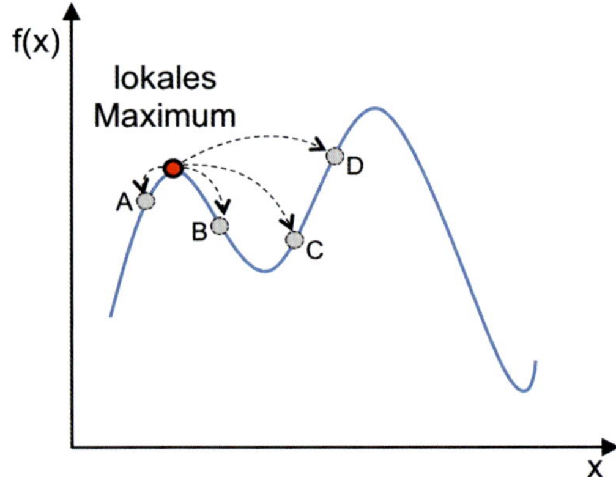

Bild 6.3 *Die Mutationsrate ermöglicht es, aus einem lokalen Extremwert zu kommen: A und B zu kleine Mutationsschritte, C unter Umständen ausreichender Mutationsschritt und D ausreichender Mutationsschritt, um das lokale Maximum zu verlassen*

6.4 Evolutionäre Optimierung mit Excel

Die Evolutionsstrategie wird bevorzugt in Matlab oder einer allgemeinen Programmiersprache wie Java implementiert, aber sie kann auch mit Excel umgesetzt werden. Ein Vorteil dieses Programms ist, dass in den Betrieben viele Berechnungen immer noch in Excel durchgeführt werden und diese schon existierenden Tabellenblätter weiterverwendet und mit wenig Aufwand angepasst werden können.

In diesem Abschnitt wird eine ES-Optimierung mit Excel anhand der Papierschachteloptimierung aus Abschnitt 5.2 vorgestellt. Abschließend werden Hinweise gegeben, wie auch komplexere Zielfunktionen, z.B. mit mehr Nachkommen, aufgestellt werden können. Darüber hinaus finden sich in der einschlägigen Literatur noch viele weitere Beispiele, z.B. eine ES-Umsetzung für Matlab [98] oder die Optimierung einer Milchtüte, bei der als Hilfsmittel nur ein Spielwürfel und ein Taschenrechner verwendet werden [73].

6.4.1 Excel-Funktionen zur Berechnung der Mutationsrate

In Excel werden zur Bestimmung der Mutationsrate zwei nicht so gebräuchliche Excel-Funktionen benötigt: die «Zufallszahl» und der «Zufallsbereich». Diese Funktionen müssen je nach Excel-Version eventuell erst über das Add-In «Analyse-Funktionen» aktiviert werden:

Extras / Add-Ins / Analysis-ToolPak und Aktivierungshaken setzen

- Zufallszahl( ): Diese Funktion erzeugt eine Zufallszahl zwischen Null und Eins.
- ZUFALLSBEREICH(-1;1): Diese Funktion generiert aus dem Zahlenbereich von «–1 bis +1» eine ganze Zufallszahl und damit mit einer gleich großen Wahrscheinlichkeit die Zahl -1, 0 und 1.

Die Zufallszahl bestimmt die Stärke der Veränderung, während der Zufallsbereich festlegt, ob sich die Parameter vergrößern, verkleinern oder gleich bleiben. Um die Mutationsschrittweite gezielt anpassen zu können, wird noch ein Skalierungsparameter A verwendet. Damit kann die Mutationsrate entsprechend Gleichung 6.3 berechnet werden.

$$\text{Mutationsrate} = 1 + \text{ZUFALLSBEREICH}(-1;1) * \text{ZUFALLSZAHL}() * A \qquad \text{(Gl. 6.3)}$$

Die Funktionsweise und Syntax der Excel-Funktionen zeigt der Ausschnitt eines Tabellenblattes in Bild 6.4. Bei jeder Neuberechnung des Tabellenblattes werden eine neue Zufallszahl und ein neuer Zufallsbereich ausgegeben. Eine Neuberechnung wird immer dann durchgeführt, wenn eine beliebige Zelle des Tabellenblattes einen neuen Eintrag erhält oder die Schaltfläche «alles neu berechnen» im Menüpunkt Formeln / Berechnung aktiviert wird.

a)

	A
1	
2	**Zufallszahl**
3	=ZUFALLSZAHL()
4	
5	**Zufallsbereich(-1;1)**
6	=ZUFALLSBEREICH(-1;1)
7	
8	**Mutationsrate**
9	=1+ZUFALLSBEREICH(-1;1)*ZUFALLSZAHL( )*A12
10	
11	**Skalierungsparameter**
12	1

b)

	A
1	
2	**Zufallszahl**
3	0,378856218
4	
5	**Zufallsbereich(-1;1)**
6	-1
7	
8	**Mutationsrate**
9	1,515133734
10	
11	**Skalierungsparameter**
12	1

Bild 6.4 *Das Excel-Tabellenblatt zeigt die Funktionen in Formelansicht (a) und in Standardansicht (b) mit einem Zahlenbeispiel.*

6.4.2 Umsetzung einer ES-Optimierung in Excel

Die Evolutionsstrategie wird mit Hilfe von den zwei Tabellenblättern «Eltern» und «Nachkommen» umgesetzt (Bild 6.5). Die Mutation und Selektion einer Generation findet auf dem Tabellenblatt *Nachkommen* statt. Die Transformation der besten Nachkommen zu den Eltern der neuen Generation und die Anpassung der Mutationsrate werden auf dem Tabellenblatt *Eltern*

a)

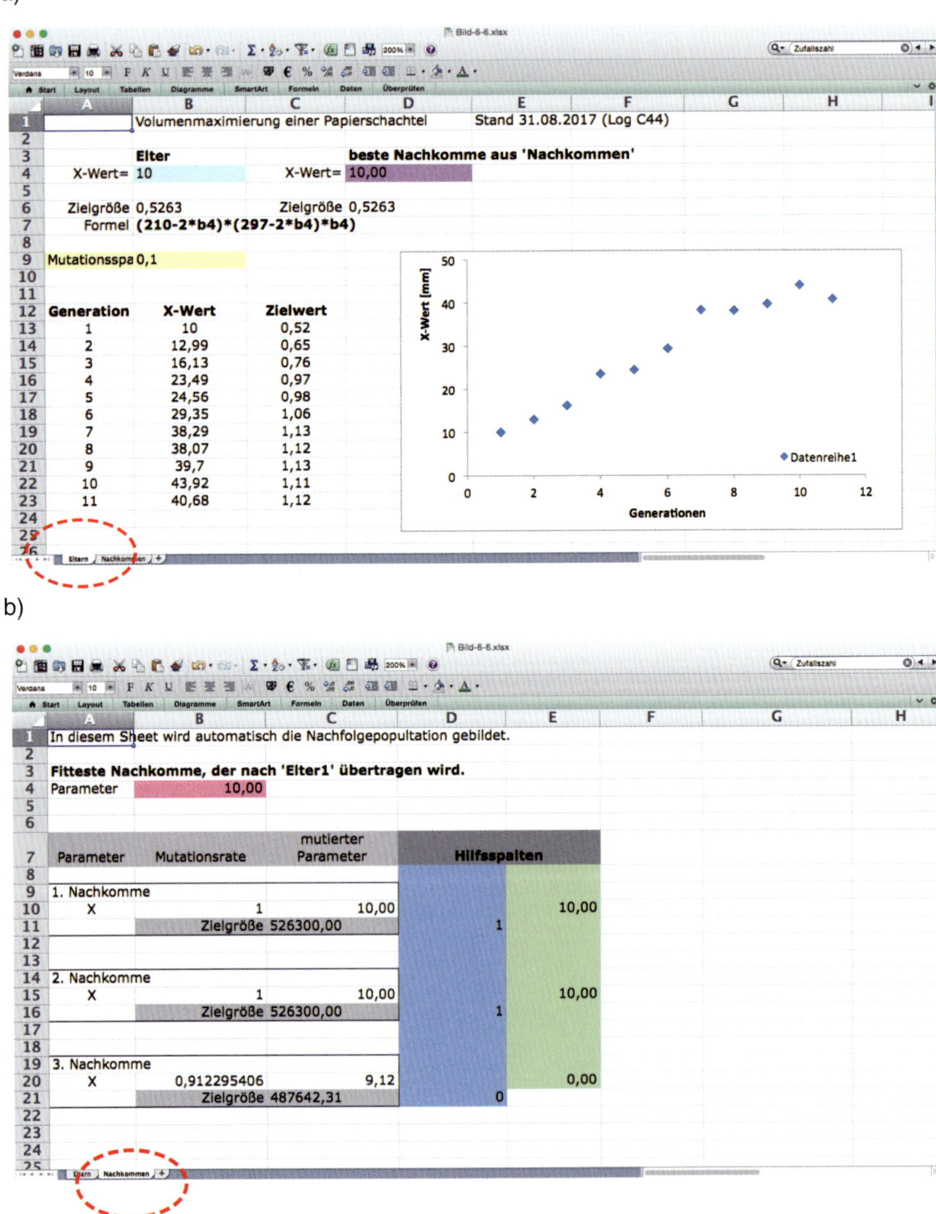

Bild 6.5 *Die ES wird auf den zwei Tabellenblättern Eltern (a) und Nachkommen (b) umgesetzt.*

durchgeführt. Durch diese Aufteilung können während der Optimierung alle Werte von dem Tabellenblatt «Eltern» aus verändert werden. Das einfache Beispiel der Papierschachtel hätte auch gut auf einem Tabellenblatt umgesetzt werden können. Aber mit dieser Aufteilung in zwei Tabellenblätter können die Excel-Tabellenblätter einfach für weitere Zielfunktionen angepasst werden, z.B. für aufwendigere Zielfunktionen oder Vorgehensweisen mit weiteren Nachkommen.

INFOCLICK

Eine Excel-Datei mit den Tabellenblättern der ES-Optimierung finden Sie auf unserer Internet-Seite im **InfoClick**: Datei «Evolutionsstrategie-mit-Excel.xlsx»

6.4.3 (1+3)-ES-Strategie

Das maximale Volumen der Papierschachtel aus Abschnitt 5.2 wird zu einer übersichtlicheren Darstellung in diesem Buch mit einer (1,3)-ES- anstatt der Standard-(1,9)-ES-Strategie bestimmt. Die Strategie ist im Tabellenblatt *Nachkommen* in Bild 6.6 abgebildet und die wichtigen Zellen sind mit (A) bis (F) gelb markiert. Für die Formelansicht ist das komplette Tabellenblatt zu breit, weshalb nur die relevanten Zellen (A) bis (F) in Formelansicht dargestellt werden und rot markiert sind. Die Mutation findet in den Schritten (A), (B) und (C) statt, in den Schritten (D), (E), (F) wird mit einer Maximalsuche und einer WENN-DANN-Funktion der fitteste Nachkomme selektiert. Die Selektion hätte auch nur mittels einer Hilfsspalte erfolgen können. Eine Umsetzung mit zwei Hilfsspalten erleichtert jedoch eine spätere Anwendung, wenn z.B. die Zielfunktion aus mehreren Parametern besteht oder mehr Nachkommen eingesetzt werden.

(A) Mutationsrate: Die Mutationsrate wird analog zu Abschnitt 6.4.1 generiert. Der Parameter zur Einstellung der Schrittweite befindet sich auf dem Eltern-Tabellenblatt, damit er während eines Optimierungslaufs angepasst werden kann.

(B) Neue Eigenschaft: Die neue Eigenschaft wird aus der Mutationsrate (A) und dem Parameter der Eltern ermittelt.

(C) Die Zielgröße: In diesem Beispiel ist das Schachtelvolumen die Zielgröße, die für die neue Eigenschaft (B) berechnet wird.

(D) Hilfsspalte D: In dieser Hilfspalte wird der Nachkomme mit der größten Zielgröße ermittelt. Er erhält als Wert Eins, den anderen Nachkommen wird der Wert Null zugewiesen.

(E) Hilfsspalte E: Die Eigenschaften der Nachkommen werden mit dem Hilfswert aus Spalte D multipliziert.

(F) Aus der Hilfsspalte E wird der fitteste Nachkomme übertragen. Da die Funktion Zufallsbereich (−1;1) auch mit gleicher Wahrscheinlichkeit die Zahl Null ausgibt, kann besonders bei einer kleinen Anzahl von Nachkommen der Fall eintreten, dass mehrere Nachkommen eine gleich gute Fitness aufweisen. Dieser Sonderfall wird berücksichtigt, wenn mit der Excelfunktion «MAX( )» der größte Wert ausgegeben wird.

Die Durchführung der Optimierung erfolgt schließlich nur auf dem Tabellenblatt *Eltern* (Bild 6.7). Hier wird entschieden, ob der beste Nachkomme zu dem Elter der nächsten Generation wird. In diesem Fall wird der fitteste Nachkomme, Zelle D4, in die Zelle B4 manuell übertragen und ist damit der Elter der nächsten Generation. Zusätzlich können die Werte der neuen Eltergeneration als Entwicklungshistorie ab Zeile 12 und folgende aufgelistet und auch als Diagramm dargestellt werden. An der Werteentwicklung lässt sich erkennen, ob sich die Zielfunktion noch weiter verbessern oder ob die Optimierung beendet werden kann.

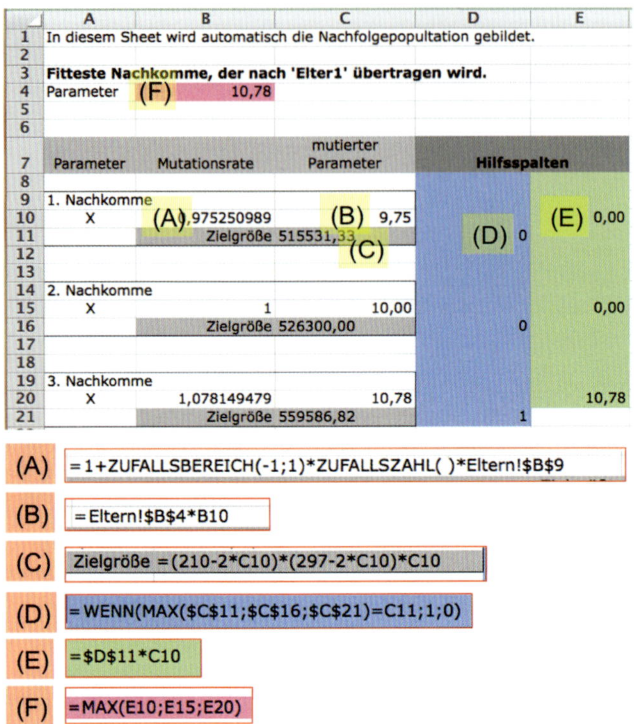

Bild 6.6 *Excel-Tabellenblatt Nachkommen, bei dem die entscheidenden Zellen mit (A) bis (F) gekennzeichnet sind. Das obere Bild mit gelber Markierung zeigt die Normalansicht, das untere Bild mit roter Markierung die Formelansicht.*

Bei dem Optimierungsbeispiel der Papierschachtel verbessert sich die Zielfunktion ab Generation 8 nicht weiter. An dieser Stelle kann die Optimierung beendet werden oder die Mutationsschrittweite wird mittels des Skalierungsparameters verkleinert, was zu genaueren Ergebnissen führt.

6.4.4 Anzahl der Nachkommen erhöhen

Mit den folgenden sechs Schritten, die alle auf dem Tabellenblatt *Nachkommen* durchgeführt werden, kann die bestehende Evolutionsstrategie um einen zusätzlichen Nachkommen erweitert werden. Bei weiteren Nachkommen wird analog vorgegangen.

1. Den kompletten 3. Nachkommen, also Zellen A19 bis E21, markieren, kopieren und bei A24 einfügen. Durch das Einfügen werden die Zufallswerte automatisch neu berechnet.
2. Den Namen in Zelle A24 auf «4. Nachkommen» umbenennen (Bild 6.8).
3. Die Formel in Zelle D26 mit «;C26» ergänzen: =WENN(MAX(C11;C16;C21;C26)=C26;1;0)

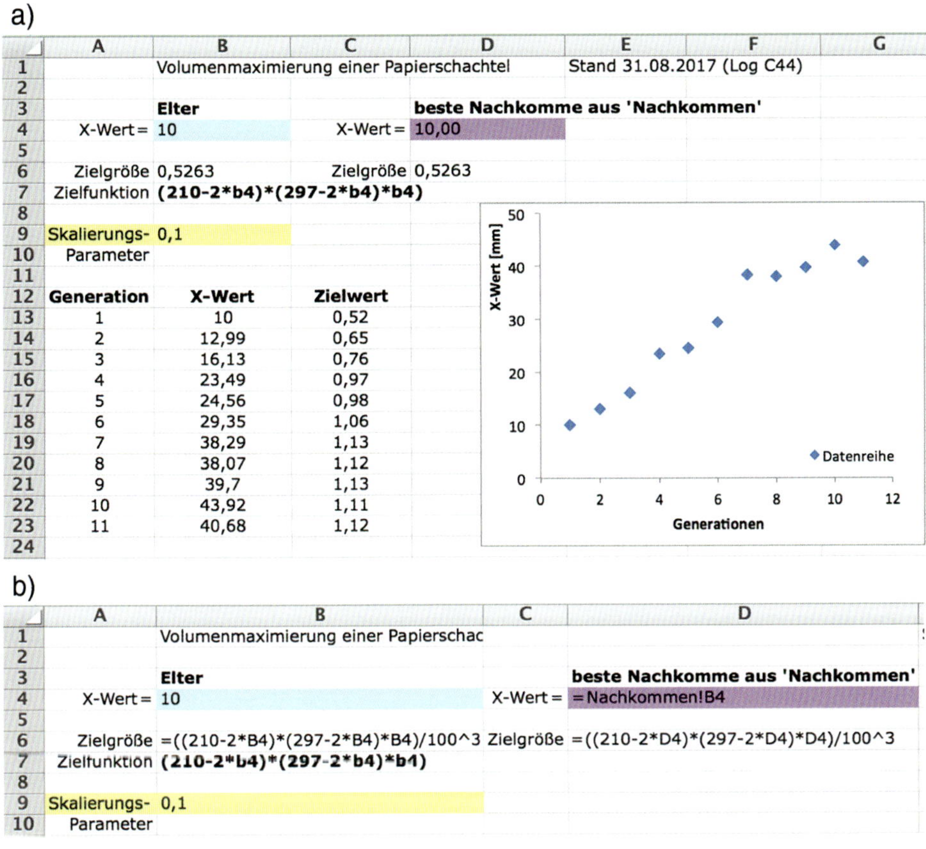

a)

	A	B	C	D	E	F	G
1		Volumenmaximierung einer Papierschachtel			Stand 31.08.2017 (Log C44)		
2							
3		**Elter**		**beste Nachkomme aus 'Nachkommen'**			
4	X-Wert=	10	X-Wert=	10,00			
5							
6	Zielgröße	0,5263	Zielgröße	0,5263			
7	Zielfunktion	**(210-2*b4)*(297-2*B4)*B4)**					
8							
9	Skalierungs-	0,1					
10	Parameter						
11							
12	**Generation**	**X-Wert**	**Zielwert**				
13	1	10	0,52				
14	2	12,99	0,65				
15	3	16,13	0,76				
16	4	23,49	0,97				
17	5	24,56	0,98				
18	6	29,35	1,06				
19	7	38,29	1,13				
20	8	38,07	1,12				
21	9	39,7	1,13				
22	10	43,92	1,11				
23	11	40,68	1,12				
24							

b)

	A	B	C	D
1		Volumenmaximierung einer Papierschac		
2				
3		**Elter**		**beste Nachkomme aus 'Nachkommen'**
4	X-Wert=	10	X-Wert=	=Nachkommen!B4
5				
6	Zielgröße	=((210-2*B4)*(297-2*B4)*B4)/100^3	Zielgröße	=((210-2*D4)*(297-2*D4)*D4)/100^3
7	Zielfunktion	**(210-2*b4)*(297-2*b4)*b4)**		
8				
9	Skalierungs-	0,1		
10	Parameter			

Bild 6.7 *Tabellenblatt Eltern*
a) Normalansicht, b) Formelansicht

24	4. Nachkomme				
25	X	1,053577943	10,54		10,54
26		Zielgröße 549237,88		1	

Bild 6.8 *Excel-Ansicht des 4. Nachkommens*

4. Die Übertragungsformel in Zelle E25 einfügen: =D26*C25
5. Bei den drei ersten Nachkommen die Maximalwertsuche in den Zellen D11, D16, D21 mit dem Wert aus Zelle C26 erweitern: entweder C26 jeweils manuell ergänzen oder die schon modifizierte Formel aus Zelle D26 kopieren und in die Zellen D11, D16, D21 einfügen.
6. Die Zelle des fittesten Nachkommen, Zelle B4, mit «E25» ergänzen =MAX(E10;E15;E20;E25)

Abschließend empfiehlt es sich nochmals zu überprüfen, ob auch alle Schritte sauber durchgeführt wurden. Hierzu zuerst die Zellen mit Formeln doppelt anklicken und die Verknüpfungen überprüfen. Danach zur Kontrolle eine Anzahl von Generationen berechnen, wobei der 4. Nachkomme entsprechend seiner Wahrscheinlichkeit auch irgendwann der fitteste sein muss. Werden in diesem Fall seine Werte in die Zelle B4 übertragen, ist die Population erfolgreich um einen Nachkommen erweitert worden.

7 Strukturoptimierung

Die Strukturoptimierung ist ein spezialisierter Zweig der Optimierung. Sie beschäftigt sich mit der optimalen Auslegung von Bauteilen an die jeweils herrschenden Randbedingungen. Häufig zu optimierende Eigenschaften sind das Gewicht, die Verformung, die Lebensdauer, die Steifigkeit und die Eigenfrequenz. Eine oder mehrere dieser Eigenschaften sind das Optimierungsziel und sollen maximiert bzw. minimiert werden. Sie können aber auch als Nebenbedingung verwendet werden, um den Lösungsraum einzugrenzen.

Jede Optimierung entspricht einer Spezialisierung, weshalb die Inputdaten ganz entscheidend für eine optimale Bauteilauslegung sind. Besonders die Kräfte, die auf die Struktur einwirken, und die Umgebungsbedingungen müssen bekannt und möglichst genau spezifiziert sein. Zu den dimensionierenden Lastfällen muss zu einem gewissen Grad auch Fehlbenutzung berücksichtigt werden, um eine robuste Struktur zu erhalten. Das Optimierungsergebnis hängt damit sehr von den zur Verfügung stehenden Inputdaten ab.

7.1 Begriffe der Strukturoptimierung

In der Strukturoptimierung wird anstatt von Optimierungsvariablen von Entwurfs- oder Designvariablen gesprochen. Die Entwurfsvariablen sind Parameter, die die Struktur beschreiben und verändert werden können. Dies können z.B. die Breite, Länge und Höhe einer Struktur sein oder die Materialverteilung, Faserorientierung usw. Basierend auf einem Ausgangsdesign, berechnet der Optimierer für die vorgegebenen Randbedingungen die beste Konfiguration und gibt als Output einen Designvorschlag vor.

Bild 7.1 *Allgemeines Vorgehen bei einer Strukturoptimierung*

Die Optimierung wird mit einem Start- oder Ausgangsdesign begonnen (Bild 7.1). Dies kann ein bestehendes Bauteil sein, dessen Qualität erhöht werden soll, oder bei einer Neukonstruktion ein sinnvolles Startdesign. Die Wahl des Startdesigns beeinflusst die Optimierungszeitdauer in dem Sinne: Je näher das Startdesign am optimalen Design gewählt wird, desto schneller wird das Optimum auch gefunden. Dies liegt an der iterativen Vorgehensweise, wodurch eine starke Strukturveränderung auch mehr Iterationen und damit mehr Rechenzeit bedeuten.

Die Wahrscheinlichkeit, das globale Optimum nicht zu erreichen und stattdessen in einem lokalen Optimum zu landen, steigt, je stärker sich das Ausgangsdesign von dem Optimaldesign unterscheidet. Um dies auszuschließen, sollte bei wichtigen Strukturen von verschiedenen Startwerten die Optimierung durchgeführt werden.

Das Ausgangsdesign soll alle Randbedingungen wie Lager und Lasten enthalten. Die äußeren Abmessungen spannen den Design- oder Bauraum auf. In einer Baugruppe ist dies der freie Raum zwischen den anderen Komponenten. Ansonsten sollte er so groß wie möglich gewählt werden, um zu vermeiden, dass die sich ausbildende Struktur durch diese räumliche Restriktion negativ beeinflusst wird. Der Rand entspricht einer Nebenbedingung, die den Lösungsraum eingrenzt. Sobald die Nebenbedingung aktiv ist und sich eine Struktur am Rand ausbildet, ist dies ein Zeichen, dass der Bauraum aus strukturmechanischer Sicht zu klein ist und somit das globale Maximum nicht erreicht werden kann. Eine andere Nebenbedingung sind vorgegebene Bereiche des Bauraums, an denen später Material benötigt wird, z.B. für eine Verschraubung. Diese schon festgelegten Strukturgebiete werden als gefrorene Bereiche oder auch als «*passive material*» bezeichnet. Bereiche im Bauraum, in dem sich die Struktur nicht ausbilden darf, z.B., um Leitungen zu verlegen, werden als verbotener Bereich, «*restricted area*» oder «*void material*» bezeichnet und gerne mit der Farbe Rot gekennzeichnet.

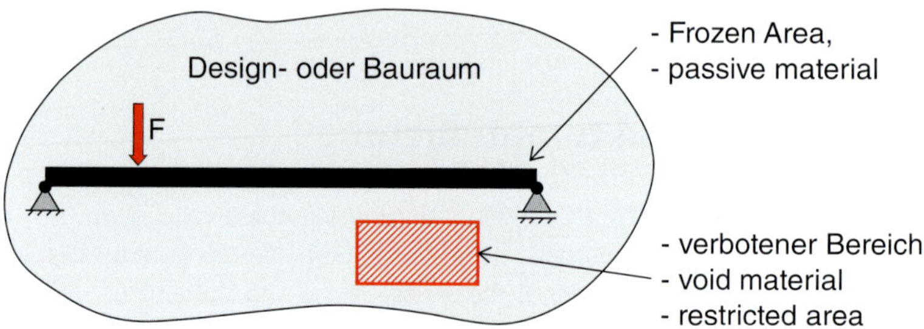

Bild 7.2 *Darstellung eines Ausgangsdesigns mit den Randbedingungen und dem Bauraum, der fest vorgegebene und verbotene Bereiche enthält*

Das Startdesign einer Brücke zeigt Bild 7.2, bei der einige Vorgaben einzuhalten sind. So sind die Lagerpunkte schon festgelegt. Das Festlager befindet sich auf der linken und das Loslager auf der rechten Seite. Die direkte Verbindung zwischen den Lagern entspricht auch dem späteren Straßenverlauf, weshalb die Straße mittels «passive material» schon vorgegeben wird. Das rote Viereck ist ein Bereich, in dem später Leitungen durchgeführt werden, weshalb dieser Bereich in der Brückenkonstruktion freigelassen werden muss. Der gesamte Bereich, in dem sich die Brückenkonstruktion ausbilden kann, wird Design- oder Bauraum genannt. Dieser Bereich sollte lieber zu groß als zu klein gewählt werden, da im Laufe einer Optimierung nicht benötigte Strukturbereiche entfernt, aber keine neuen Bereiche hinzugefügt werden können.

Der Output einer Optimierung, also das Ergebnis, ist ein Designvorschlag. Dieser muss nach einem Plausibilitätscheck noch überarbeitet werden. Bei einer Anpassung des Designvorschlages im CAD-System können noch Randbedingungen wie Montage- oder Fertigungsrestriktionen berücksichtigt werden, wodurch der berechnete Designvorschlag noch modifiziert werden muss. So gibt es selbst bei der Additiven Fertigung noch Design-Einschränkungen, wenn auch geringere als bei den konventionellen Fertigungsmethoden, die aber berücksichtigt werden müssen.

TIPP

Siehe dazu auch Buchtitel Klahn / Meboldt: *Entwicklung und Konstruktion für die Additive Fertigung* [42]

Wird nach der Optimierung das Design nochmals verändert, weicht die Bauteilstruktur von der berechneten optimalen Struktur wieder ab und wird dadurch etwas schwerer. Zusätzlich können sich diese Änderungen auch auf die Festigkeiten des Bauteils auswirken, weshalb das fertige Bauteil immer noch einer finalen strukturmechanischen Prüfung unterzogen werden muss.

7.2 Fünf Disziplinen der Strukturoptimierung

Die strukturmechanischen Optimierungsvariablen lassen sich in fünf Gruppen einteilen, die die verschiedenen Optimierungsdisziplinen charakterisieren. Dies sind die Bauweise, die Materialeigenschaft, die Topologie, die Gestalt und die Dimensionierung von geometrischen Elementen. Diese Einteilung geht auf L. A. Schmit [76] und Eschenhauer [22, S. 402] zurück. Schmit beschrieb in einer seiner frühen Arbeiten zur Strukturoptimierung, dass sich ein mechanisches Tragsystem mit diesen 5 Merkmalen und zusätzlich den Verbindungselementen komplett beschreiben lässt. Eschenhauer griff diese Einteilung bis auf die Verbindungselemente auf und visualisierte die restlichen fünf unterschiedlichen Merkmale an einer Brücke. Diese Art der Darstellung wird seitdem sehr häufig verwendet und findet sich in vielen Publikationen wieder, so auch in Bild 7.3.

MERKSATZ
Die fünf Disziplinen der Strukturoptimierung:

- Bauweise
- Materialoptimierung
- Topologieoptimierung
- Formoptimierung
- Dimensionierung

Die fünf Optimierungsdisziplinen werden in der Übersicht in Bild 7.3 jeweils mit einem Ausgangsentwurf und dem daraus entstandenen Designvorschlag nach der Optimierung dargestellt. Da die einzelnen Disziplinen in unterschiedlichen Phasen des Produktentwicklungsprozesses angewendet werden (siehe Kapitel 14), unterscheiden sich die Ausgangsentwürfe untereinander. Die Zahl der festgelegten Strukturmerkmale steigt von Disziplin zu Disziplin, weshalb die Struktur immer konkreter wird.

Bauweise

Das größte Potenzial steckt in der Wahl der Bauweise. Hierbei wird die Art festgelegt, ob z.B. eine Fachwerkstruktur, eine zugdominierte Struktur (Hängebrücke), eine druckdominierte Struktur (Bogenbrücke) oder eine Verbundstruktur (Stahlbetonbrücke) verwendet wird.

Diese Wahl ist von vielen, teilweise miteinander gekoppelten Randbedingungen beeinflusst, weshalb sie sehr komplex ist und weitrechende Folgen hat. Hierfür gibt es noch keine allgemeinen Optimierungsprogramme. Bei den vielen möglichen Konzepten und Bauweisen geht die Anzahl der Unbekannten ins Unendliche. Aus diesem Grund wird die Bauweise oft nicht bei den Optimierungsdisziplinen dargestellt, obwohl dieser Ansatz ohne Restriktionen durch die gewählte Optimierungsdisziplin eine hohe Wahrscheinlichkeit hat, das globale Maximum zu erreichen.

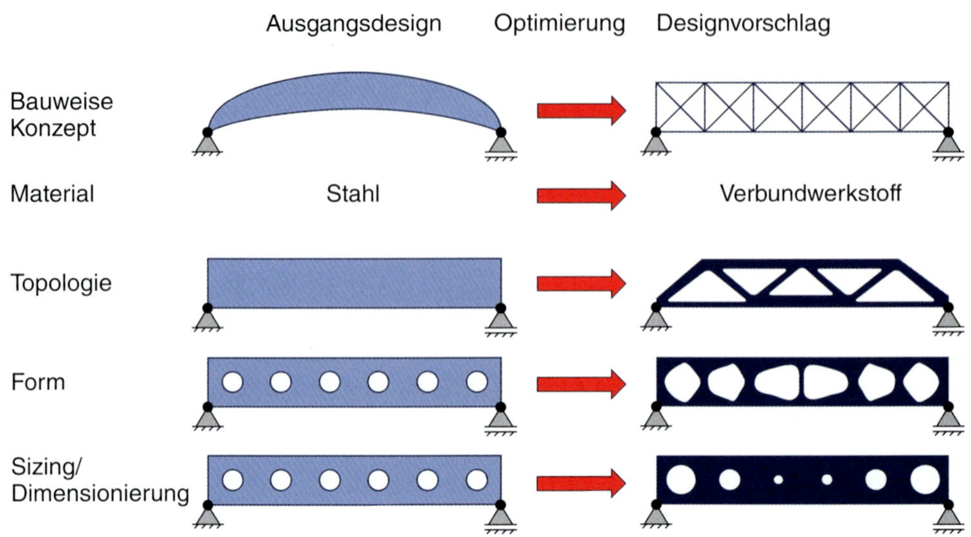

Bild 7.3 *Einteilung der Strukturoptimierung nach den fünf verschiedenen Optimierungsdisziplinen* (nach [10, S. 2; 22, S. 402])

Bei wichtigen Optimierungsaufgaben ist es deshalb empfehlenswert, nicht nur unterschiedliche Ausgangsdesigns zu verwendenden, sondern auch mit verschiedenen Optimierungsdisziplinen die Aufgabe zu berechnen. Ist der Designvorschlag nicht plausibel oder befindet er sich an der Grenze des Lösungsraums des Optimierers, ist dies oft ein Hinweis, dass der globale Extremwert mit diesem Optimierungstyp nicht gefunden wurde.

Materialoptimierung

Medial wird kaum ein weiterer Aspekt derart eng mit dem Begriff Leichtbau verbunden wie die Auswahl des optimalen Leichtbau-Werkstoffes. Unter Materialoptimierung wird in der Strukturoptimierung die Auswahl des geeignetsten Werkstoffes oder die Bestimmung struktureller Eigenschaften von **F**aser**v**erbund**k**unststoffen (FVK) verstanden. Die Wahl des Werkstoffes hat einen sehr großen Einfluss auf das spätere Design des Bauteils. Aus diesem Grund sollte der Werkstoff sehr früh im Produktentwicklungsprozess ausgewählt werden.

Topologieoptimierung

Die Topologieoptimierung ermittelt eine optimale Bauteilgestalt unter Berücksichtigung des zur Verfügung stehenden Bauraumes und der Randbedingungen. Ausgehend von einer zu großen Struktur, werden die mechanisch relevanten Bereiche herausdifferenziert und die nicht relevanten Bereiche entfernt. Die Topologieoptimierung kann damit in die Struktur auch Löcher einbringen, wenn diese Bereiche nicht oder nur gering belastet werden. Somit führt die Topologieoptimierung zu Leichtbau-Strukturen.

Als Optimierungsvariable dient hierbei entweder der lokale E-Modul oder die lokale Dichte, die jeweils modifiziert werden. Die Anzahl der Unbekannten entspricht ungefähr der Elementanzahl.

Gestalt- bzw. Formoptimierung

Mit der Formoptimierung wird eine vorgegebene Form an die herrschende Belastung angepasst. Dies ermöglicht eine Reduzierung der Kerbspannung durch Modifikation der Kerbform oder eine

Versteifung von Schalenstrukturen durch Einbringen von Sicken. Die Form wird hierbei nach der Belastung modifiziert und nicht nach geometrischen Strukturen, weshalb Freiformkonturen erzeugt werden. Die Formoptimierung reduziert Kerbspannungen und führt damit zu einer längeren Lebensdauer.

Unterschied zur Topologieoptimierung

- Es können keine neuen «Löcher» gebildet werden, da nur die äußere Form verändert werden kann.
- Die Fokussierung auf die äußere Berandung entspricht einer starken Restriktion, wodurch der Lösungsraum sehr eingeschränkt wird.
- Meist werden keine globalen, sondern lokale Formmodifikationen durchgeführt.
- Lokal «versagen» die meisten Topologieoptimierungsmethoden, da diese in der Regel mit ihrer Auflösung an das FE-Netz gebunden und damit meist zu grob und unstetig für eine Spannungsermittlung sind.

Bei der Formoptimierung sind die Optimierungsvariablen die Berandungskoordinaten (x, y, z) der Struktur. Die Anzahl der Unbekannten ist abhängig von der Netzfeinheit und der Größe der zu optimierenden Berandung.

Dimensionierungs-, Sizing- oder Parameteroptimierung

Mit der Dimensionierungsoptimierung wird für Strukturelemente die Größe oder die Ausführung ermittelt. Bei der Kiste aus Kapitel 5 wird z.B. die Höhe gesucht, bei der das Volumen maximal wird. Im Unterschied zu den anderen Optimierungsdisziplinen gibt es bei der Dimensionierung die stärksten Restriktionen. Diese Werte werden meist schon in der CAD-Zeichnung parametrisch angelegt, weshalb diese Optimierung auch häufig Parameteroptimierung genannt wird.

Bei der Dimensionierungs–Optimierung sind die Optimierungsvariablen z.B. der Bohrungsdurchmesser, die Querschnittsbreite, die Strebenlänge usw.

Weitere Disziplinen

Neben diesen 5 Hauptdisziplinen werden in der Literatur noch weitere Disziplinen genannt. Hierbei handelt es sich zwar um Untergliederungen, aber aufgrund ihrer speziellen Anwendung und Bedeutung werden sie als weitere eigenständige Disziplinen geführt, z.B. die Topografie, also eine Verformung eines Bleches in der 3. Richtung, wodurch Sicken erzeugt werden. Die Topografieoptimierung gehört zu der Gruppe der Formoptimierung und es gibt spezielle Programme für diesen Einsatz – oder die Optimierung des FVK-Lagenaufbaus, für deren Auslegung es auch einige Tools gibt. Die Designvariablen bei den FVK sind die Schichtdicke, der Lagenaufbau und die jeweilige Faserorientierung. Diese Optimierungsdisziplin kann zu der Materialoptimierung, aber auch zu der Dimensionierungsoptimierung geordnet werden.

Die fünf verschiedenen Optimierungstypen verändern die Strukturen auf Basis unterschiedlicher Designvariablen. Die Bauweise hat einen sehr großen Einfluss auf die Struktur, aber auch auf das Material. Hierdurch weist die Bauweise nahezu unendlich viele Unbekannte auf, weshalb es hierzu keine allgemeinen Optimierungsprogramme gibt. Sobald die Bauweise festgelegt ist, kann die Materialoptimierung durchgeführt werden. Nach der Wahl der Bauweise hat das Material die stärksten Einflüsse auf die spätere Struktur.

Die drei Optimierungstypen Topologie-, Formoptimierung und Sizing beeinflussen direkt die geometrische Gestalt. In dieser Reihenfolge nehmen auch die Restriktionen und damit Einschränkung in der Gestaltfreiheit des Optimierers zu. Die Zahl der Unbekannten entspricht bei der Topologieoptimierung ungefähr der Anzahl der Elemente, bei der Formoptimierung der Anzahl der Elemente am veränderbaren Rand und bei der Sizing-Optimierung sind es bei dem Brückenbeispiel nur noch die sechs unbekannten Kreisdurchmesser. D.h., je geringer die Anzahl der Unbekannten ist, desto geringer ist auch der Einfluss auf die Struktur und damit die Wahrscheinlichkeit, den globalen Extremwert zu treffen. Auf der anderen Seite ist jedoch auch das Risiko geringer, mit der Optimierung keinen Erfolg zu haben.

7.3 Strukturoptimierungsprogramme

Es gibt ein sehr großes Angebot an Computerprogrammen zur Strukturoptimierung und dieses Angebot mit seiner Diversität wird stetig größer. So kann der Anwender aus einer sehr weiten Angebotspalette das für ihn passende Programm auswählen. Die Programmbandbreite erstreckt sich zwischen folgenden Merkmalen:

- Verwendung bestehender Programme ↔ Eigenentwicklung
- Kommerzielle Programme ↔ Freeware-Programme
- Multi-Purpose ↔ Einzelanwendung
- Nicht konfigurierbare Black-box-Programme ↔ Open-source-Programme, die selber noch an eigene Bedürfnissen angepasst werden können
- In CAD-Systemen integriert ↔ alleinstehend
- Hochleistungsrechner ↔ App

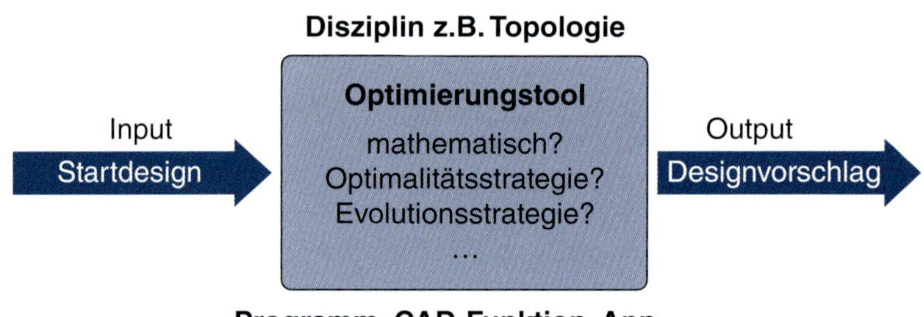

Bild 7.4 *Bei einer Strukturoptimierung ist das dahinterstehende Lösungsverfahren oft nicht sofort ersichtlich.*

Werden Optimierungstools verwendet – egal, ob es externe Programme oder interne Funktionen im CAX-Vollsortimenter sind –, ist angegeben, was für eine Disziplin der Strukturoptimierung durchgeführt wird. Das verwendete Lösungsverfahren wird jedoch eher selten genannt, was normalerweise auch nicht entscheidend bei der Verwendung des Programms ist (Bild 7.4). Dies kann jedoch zu Verwirrung führen – vor allem, da der Begriff «Methode» sowohl für die Optimierungsdisziplin, das Verfahren oder sogar bei Produktnamen verwendet wird. Dies ist natürlich nicht falsch, aber für das Verständnis sind eine saubere Trennung und Benennung sinnvoll. Im Folgenden wird der Begriff Methode vermieden; stattdessen werden die Begriffe Verfahren, Disziplin und Produktnamen verwendet.

- Mathematische Optimierungsmethode → mathematische Optimierungsverfahren
- TopOpt-Methode → TopOpt ist ein Programm der Disziplin Topologieoptimierung und verwendet ein mathematisches Lösungsverfahren.

Tabelle 7.1 *Zuordnung der Strukturoptimierungstools zu Optimierungsdisziplin und angewendeten Lösungsverfahren*

		Strukturoptimierungs-Disziplin					
		Topologie	**Form**	**Sizing**	**Bauweise**	**Material**	
Verfahren	**stochastisch**						Programm-, Tool-, Werkzeug-, Produkt-Name
	heuristisch	SKO, KKM	CAO	TOTE		Ashby	
	mathematisch	TopOpt, Optistruct	Opti-struct	optiSlang, Matlab, Excel		Material Selector	
	nicht veröffentlicht	Tosca	Tosca	Tosca			

7.4 Überblick der erhältlichen Optimierungsprogramme

Als Trend ist aktuell festzustellen, dass die Optimierungstools zunehmend in die CAD- bzw. CAX-Vollsortimente integriert werden. Entweder werden Spezialanbieter mit ihren Programmen aufgekauft und fest in den programminternen Workflow integriert, oder die Tools der Spezialanbieter können mittels komfortabler Schnittstellen einfach angesprochen und benutzt werden.

Für eine erste Übersicht sind in Tabelle 7.2 Optimierungsprogramme tabellarisch aufgelistet. Diese Liste erhebt keinen Anspruch auf Vollständigkeit und zeigt auch nur einen Ausschnitt. So sind nur frei verfügbare Programme aufgeführt, nicht jedoch Eigenentwicklungen, die zwar auch sehr mächtig sein können, jedoch nicht vertrieben werden. Für einen schnellen Überblick sind folgende Punkte erfasst: der Programmname, der Anbieter mit Internetadresse und welche der Disziplinen der Strukturoptimierung mit dem Programm bearbeitet werden kann. Neben den Programmen gibt es die Einfachstmethode, die keinen Rechner benötigen, wie z.B. grafische Verfahren. Statt eines Anbieters und seiner Internetadresse wird hier die Literatur, die das Vorgehen beschreibt, aufgeführt.

Auf Basis der Tabelle können in einem ersten Schritt interessante Programme selektiert werden. Zusätzlich empfiehlt es sich, in seinem Umfeld sich nach branchenspezifischen, gut anwendbaren Programmen zu erkundigen. Als nächsten Schritt können Softwarehändler kontaktiert werden. Mit ihnen können Anwendungsbereich, Detailfragen usw. abgeklärt werden. Für die Endauswahl ist eine Demonstration des Programms sehr empfehlenswert. Sehr aussagekräftig sind diese Produktvorführungen, wenn sie an einem eigenen Beispiel bzw. typischen Anwendungsfall gemeinsam durchgeführt werden.

Die meisten Softwarehändler sind Anwendern sehr entgegenkommend und bieten bei Nachfrage zeitlich begrenzte Testlizenzen an. Zusätzlich ist als positiver Trend festzustellen, dass immer mehr Softwareentwickler für Studierende kostenfreie Lizenzen und Arbeitsmaterialien anbieten.

Tabelle 7.2 Optimierungstools

Optimierungs-tool	Topologie	Form	Sizing	Material	Topographie	Open Source	Anbieter	Internetadresse
ANSYS	●		●				ANSYS	www.ansys.com
Ashby Material-auswahl				●			Ashby: Materials Selection in Mechanical Design	
Beso	●						RMIT University	www.rmit.edu.au
BOSS quattro	●	●	●				Siemens	www.plm.automation.siemens.com
CAIO							Dipl.-Ing. H. Moldenhauer GmbH	www.tailored-fiber-design.com
CAO		●					Dipl.-Ing. H. Moldenhauer GmbH	www.tailored-fiber-design.com
CAO		●					sachs-engineering	sachs-engineering.com
Carat++	●	●	●		●		FEMopt Studios GmbH	www.femopt.de
CATOPO	●						CES Eckard GmbH	http://ces-eckard.de
CES Selector				●			Granta Design	www.grantadesign.com
Dakota			●			●	Sandia National Laboratories	https://dakota.sandia.gov
FEMTools Optimization	●	●	●				Dynamic Design Solutions N.V. (DDS)	www.femtools.com
FOMD	●						MKP Structural Design Associates	www.mkpsd.com
GENESIS	●	●	●		●		Vanderplaats Research & Development, Inc.	www.vrand.com
GPUTop	●					●	Universität Trier	www.math.uni-trier.de
Insight			●				dassault systemes	www.3ds.com
Kraftkegel-methode	●						Mattheck: Körpersprache der Bauteile [Mat]	
LS-OPT		●	●				LS-DYNA	www.lsoptsupport.com
Matlab			●				MathWorks	www.mathworks.com
ModeFRONTIER			●				ESTECO	www.esteco.com

Tabelle 7.2 *Optimierungstools – Fortsetzung*

Optimierungs-tool	Topologie	Form	Sizing	Material	Topographie	Open Source	Anbieter	Internetadresse
MS-Excel			●				Microsoft	www.microsoft.com
MSC-Design Optimization	●	●	●		●		MSC Software Corporation	www.mscsoftware.com
Optimus			●				ISKO-engineers	www.isko-engineers.de
OPTISHAPE-TS	●	●					Quint Corpo-ration	www.quint.co.jp
OptiSLang			●				dynardo	www.dynardo.de
OptiStruct	●	●	●		●		ALTAIR	www.altairhyperworks.com
PAMOPT			●				ESI-Group	https://myesi.esi-group.com
ParetoWorks	●						SCIART	www.sciartsoft.com
PERMAS	●	●	●				INTES	www.intes.de
ProTOp	●						CAESS	http://caess.eu
SFE CONCEPT	●	●	●				SFE GmbH	www.sfe-berlin.de
SKO	●						Dipl.-Ing. H. Moldenhauer GmbH	www.tailored-fiber-design.com
FormUP	●						sachs-engi-neering	http://sachs-engineering.com
SmartDO	●	●	●				FEA-Optimiza-tion	www.fea-optimization.com
SolidThinking Inspire	●						ALTAIR	www.altair.com
TopOpt	●					●	TopOpt re-search group	www.topopt.dtu.dk
Topostruct	●					●	sawapande-sign	http://sawapan.eu
ToPy	●							https://github.com/william hunter/topy/wiki
Tosca	●	●	●		●		dassault syste-mes	www.3ds.com/
Trinitas	●	●	●				Linköpings University - so-lid mechanics	www.solid.iei.liu.se/Offered_services/Trinitas/index.html
Z88 Arion	●					●	Uni Bayreuth-Lehrstuhl für Konstruktions-lehre und CAD	www.z88.de
Zugdreiecks-Methode		●					Mattheck: Körpersprache der Bauteile [Mat]	

7.5 FEM (Finite-Elemente-Methode)

Die **F**inite-**E**lemente-**M**ethode (FEM) ist in der Strukturoptimierung das Hauptwerkzeug, da aufwendige Bauteilstrukturen und Lastfälle sich analytisch nicht mehr berechnen lassen. Diese Aufgaben können jedoch mit der FEM gelöst werden. Hierzu wird die komplexe Geometrie in viele kleine, diskrete Teilaufgaben zerlegt, die dank ihrer einfachen Form leicht zu lösen sind. Um die große Anzahl von Einzelrechnungen bearbeiten zu können, ist man auf die Hilfe eines Computers angewiesen. Aus diesem Grund hat die FEM erst seit der Verfügbarkeit großer Rechenleistung Zugang in viele Bereiche der Forschung und Entwicklung gefunden. Für Festigkeitsberechnungen, inklusive Schwingungs- und Stabilitätsuntersuchungen, ist die FEM-Berechnung heute nicht mehr wegzudenken.

Die FEM ist ein numerisches Näherungsverfahren, das das «Prinzip vom Minimum der potenziellen Energie» verwendet [45]. Zunächst wird die komplexe Geometrie mittels eines Netzes in viele kleine einfache Bausteine zerlegt. Die einzelnen Netzmaschen werden Elemente genannt, und die Eckpunkte, mit denen die Elemente aneinanderstoßen, bezeichnet man als Knoten. Aus Minimalenergieüberlegungen wird auf Verschiebungen, Dehnungen und Spannungen geschlossen.

Eine klassische FEM-Rechnung besteht gewöhnlich aus drei verschiedenen Phasen. In der Vorbereitung (*preprocessing*) wird das Bauteil erstellt und mit den Randbedingungen wie Lager und Lasten ergänzt (Bild 7.5a). Bei symmetrischen Bauteilen, die auch symmetrisch belastet werden, ist es möglich, nur ein Teil der Struktur zu modellieren und so den Aufwand bei der Modellerstellung und der späteren Berechnung so klein wie möglich zu halten. Diese Struktur wird in finite Elemente unterteilt. Hierbei werden relevante Strukturbereiche mit einem feineren Netz aufgelöst, wie die Kerbe der Balkenschulter in Bild 7.5b.

In der Berechnung (*simulation*) löst ein FEM-Solver numerisch das diskretisierte Problem. Die Berechnung führen die Programme mittlerweile komplett automatisiert, ohne ein Zutun des Anwenders durch.

In der Nachbereitung (*postprocessing*) wird das Ergebnis betrachtet und beurteilt. Hierzu stehen mehrere Darstellungsoptionen zu Verfügung. Neben der verformten Struktur können die Ergebnisse auch als Spannungsplot auf der Struktur farbig dargestellt werden. In der Regel erhalten niedrig belastete Bereiche die Farbe Blau und hoch belastete Bereiche die Farbe Gelb-Rot (Bild 7.5c). Eine weitere Möglichkeit ist, die Belastung in einem Diagramm (Bild 7.5d) darzustellen, bei dem die Spannung über dem interessierten Konturverlauf *s* aufgetragen wird.

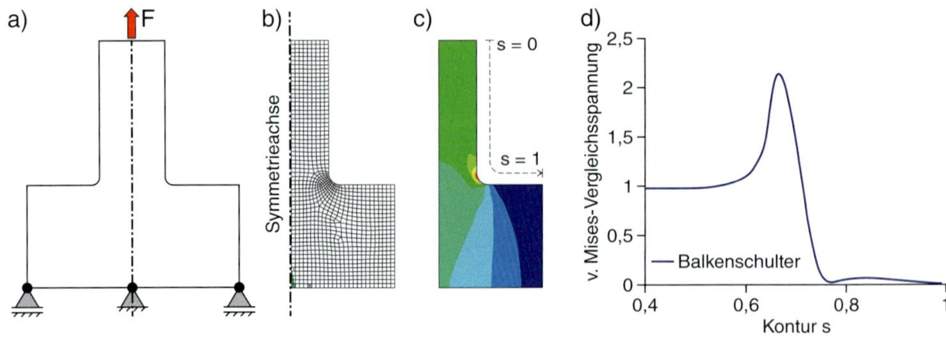

Bild 7.5 *Finite-Elemente-Methode*
a) eine Balkenschulter mit den Randbedingungen, b) eine Symmetriehälfte, mit finiten Elementen unterteilt, c) die Darstellung der Belastung als farbiger Konturplot, d) als Diagramm [72, S. 50]

Viele CAD-Tools haben auch ein FEM-Analysetool und weitere Funktionen integriert und decken damit einen großen Teil des virtuellen Produktentwicklungsprozesses ab. Bei diesen sogenannten Vollsortimentern verschwimmen die drei Phasen der klassischen FEM-Berechnung.

Tabelle 7.3 *Auswahl der wichtigsten FEM-und CAD-Programme*

FEM- und CAD-Programme			
	Stärken	**Anbieter**	**Internetadresse**
Abaqus	Nichtlineare Rechnungen	Dassault Systèmes	www.3ds.com
ANSYS	Multiphysik	ANSYS	www.ansys.com
Hyperworks	Netzerstellung	ALTAIR	www.altairhyperworks.de
LS-Dyna	Crash	Livermore Software Technology Corporation	www.lstc.com
MARC	geometrische Nichtlinearitäten z.B. Gummi, Faltenbalge		
Nastran	lineare Rechnungen	MSC-Software Siemens PML	www.mscsoftware.com www.plm.automation.siemens.com
Z88	freeware	Uni Bayreuth-Lehrstuhl für Konstruktionslehre und CAD	www.z88.de
CAD-Programme			
Autodesk Inventor		Autodesk	www.autodesk.de
CATIA		Dassault Systèmes	www.3ds.com
Creo Parametric		PTC	www.ptc.com
NX-Siemens		Siemens PML	www.plm.automation.siemens.com

8 Topologieoptimierung

8.1 Einführung

Topologie ist die Lehre von der Lage und Anordnung geometrischer Gebilde im Raum. Die günstigste Materialverteilung im Raum wird mittels der Topologieoptimierung gesucht, wobei mannigfaltige Anforderungen und Randbedingungen beachtet werden müssen. In der Strukturoptimierung gilt meist die Anforderung, so leicht wie möglich zu sein. Somit ist ein Bauteil, das mit dem geringsten Gewicht seine Anforderungen erfüllt, bestmöglich gestaltet und weist damit eine optimale Topologie auf. Die Anforderungen können hierbei mechanischer Art oder anderer Natur sein. In der Regel wird ein Bauteildesign gesucht, das bezüglich Gewicht, Festigkeits- und Steifigkeitsverhalten optimal ausgelegt ist. Weitere Anforderungen sind Schwingungs-, Beulverhalten, fertigungs- und funktionsgerechte Gestaltung, Designanforderungen usw. ... und Kosten. Topologieoptimierte Bauteile führen im Idealfall zu einer Gewichts- und Kostenreduktion.

8.1.1 Beispiele aus der Biologie

In der belebten Natur führt ein hoher Selektionsdruck zu Strukturen, die mit minimalem Aufwand möglichst gut an die herrschenden Bedingungen angepasst sind. Zusätzlich zu den Anforderungen, die auch in der Technik gelten, wie Festigkeit, Steifigkeit usw., muss die Entwicklungshistorie beachtet werden, da nur eine evolutionäre und keine revolutionäre Entwicklung möglich ist.

In der Biologie gibt es Strukturen, die adaptiv auf Belastungen reagieren und solche die sich nicht anpassen können. Lastadaptive Strukturen können sich ändernden Randbedingungen noch anpassen. Im Unterschied dazu können Strukturformen, die sich im Laufe der Evolution gebildet haben, vom Individuum nicht mehr an kurzfristig geänderte Randbedingungen angepasst werden. Bild 8.1 zeigt drei biologische Beispiele.

Der Oberschenkelknochen (Femur) ist ein Vertreter lastadaptiver Strukturen und kann sich ändernden Randbedingungen noch anpassen. Bei erhöhter Belastung wird der Knochen massiver, bei fehlender Stimulans, z.B. in Schwerelosigkeit oder bei langer Bettlägerigkeit, wird der Knochen abgebaut. Bei diesen Umbauprozessen wird nicht nur die Wanddicke verändert, sondern die trabekuläre Schwammstruktur kann sich in ihrer Ausrichtung der Belastung optimal anpassen, und im Extremfall eines Knochenbruchs kann die Fraktur vollständig verheilen. Im Unterschied dazu hat sich das Gerüst von marinen Planktonarten wie Kieselalgen (Diatomeen) und Strahlentierchen (Radiolarien) von Generation zu Generation entwickelt und kann vom Individuum nicht mehr an kurzfristig geänderte Randbedingungen angepasst werden.

Biologische Materialien bzw. Strukturen lassen sich einteilen in versorgte und damit lebende Zellverbände und Zellverbände, die nicht mehr versorgt werden und damit quasi tot sind. Tote Zellverbände sind z.B. Haare, Federn, Kernholz und verhalten sich bei zyklischen Belastungen wie unsere technischen Strukturen mit Ermüdungsversagen. Im Unterschied dazu verhalten sich lebende Zellverbände ganz anders, z.B. die Haut, Knochen und Muskeln. Kommt es bei einer Belastung von lebenden biologischen Materialien zu einer Schädigung, kann diese repariert werden. Das bedeutet: Ein Ermüdungsversagen wird verzögert, wodurch die Wöhlerkurve flacher verläuft. Handelt es sich um lastadaptive Strukturen, wie Knochen, kann die Wöhlerlinie sogar ansteigen. Aus diesem Grund sind besonders der Knochen und sein Wachstum für die Strukturoptimierung von Bedeutung.

Bild 8.1 *Biologische Beispiele für topologieoptimierte Strukturen: a) Oberschenkelknochen (Femur), b) Rotbuchenblatt und c) Planktonart Radiolarie*

8.1.2 Knochen und Knochenwachstum

Der menschliche Stütz- und Bewegungsapparat besteht aus ca. 200 Knochen und 600 Muskeln. Die Knochen werden vor allem mit Druckkräften belastet und leisten zusätzlich einen wichtigen Beitrag bei der Blutbildung und dem Kalziumhaushalt. Knochen bestehen zu 50 % aus Hydroxylapatit (Kalziumsalze), 25 % Kollagenfasern (Bindegewebe) und 25 % Wasser. Aus diesem Verbundmaterial bilden sich bei einem Knochen Bereiche mit massiver Knochenstruktur, der Kompakta, und fachwerksähnliche Bereiche, der Spongiosa, aus. Die Spongiosa ist eine schwammartige Struktur feiner Knochenbälkchen (Trabekel), deren Zug- und Druckstreben in den Hauptbelastungsrichtungen ausgerichtet sind, den Hauptspannungstrajektorien [68]. Der größte Knochen des Menschen ist der Oberschenkelknochen, der Femur, der zu den Röhrenknochen gehört. Im Querschnitt des Femurs sind die verschiedenen Bereiche wie Kompakta und Spongiosa gut zu erkennen (Bild 8.2).

Knochenwachstum

In der frühkindlichen Wachstumsphase entsteht Knochen überwiegend durch die Ossifikation von knorpeligen Anlagen (*enchondrale Ossifikation*). Auch das sich anschließende Längenwachstum hängt von der Funktion und Proliferation von Chondrozyten (Knorpelzellen) in der Wachstumsfuge ab, während der Durchmesser des Röhrenknochens durch appositionelle Knochenneubildung an der äußeren (Periost) und erosiven Knochenabbau an der inneren (Endost) Knochenhaut zunimmt. Das appositionelle Knochenwachstum bleibt auch beim Erwachsenen erhalten. Lediglich die sog. platten Knochen (Schädelkalotte, Schulterblatt) werden zunächst bindegewebig angelegt (*desmale Ossifikation*).

Das appositionelle Knochenwachstum und die fortwährende Knochenerneuerung finden mittels der knochenaufbauenden Zellen, den Osteoblasten, und den knochenabbauenden Zellen, den Osteoklasten, statt. Während Osteoblasten sich von der mesenchymalen Zellreihe ableiten, sind Osteoklasten besonders differenzierte Makrophagen, die dem hämatopoetischen (blutbildenden) System des Knochenmarks entstammen. Osteoklasten finden sich nur auf der Oberfläche kalzifizierter Matrix.

Wenn die Osteoblasten die Osteoidbildung vollendet haben, verfallen die meisten von ihnen wieder in einen inaktiven Zustand und legen sich der Knochenoberfläche an. Einige Osteo-

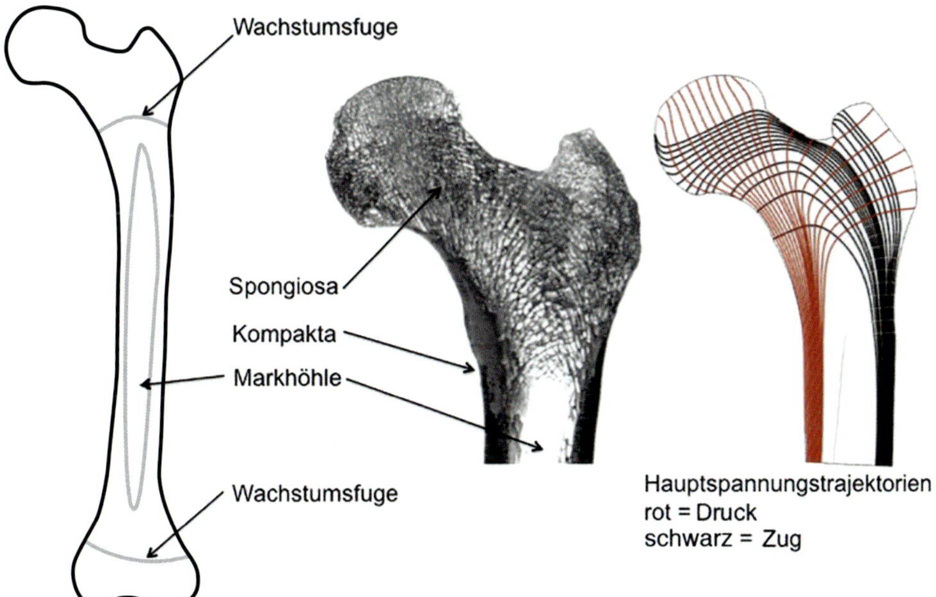

Bild 8.2 *Aufbau eines Röhrenknochens am Beispiel des Femurs*

blasten werden jedoch von mineralisierender Knochenmatrix umgeben und werden dadurch zu Osteozyten. Benachbarte Osteozyten können miteinander durch lange Zytoplasmafortsätze kommunizieren, die in engen Kanälen liegen, den Canaliculi. Sie sind gewöhnlich wahllos angeordnet, zeigen aber in der Kortikalis (Kompakta) ein regelmäßiges Muster. Als zytomechanische «Sensoren» übernehmen Osteozyten eine wichtige Funktion in der Signaltransduktion biomechanischer Reize.

Bei der Mechanotransduktion (Effekte biomechanischer Kräfte auf Zelldifferenzierung, -teilung und Proteinsynthese) spielen belastungsinduzierte Flüssigkeitsverschiebungen eine wichtige Rolle. Die bisherigen Daten sprechen dafür, dass es durch dieses biophysische Signal zu einer Deformierung und damit Aktivierung Integrin- und Cilien-basierter Mechanorezeptoren kommt [90]. Man geht davon aus, dass mit Hilfe dieser Kommunikationsmöglichkeit das Knochenwachstum gesteuert wird. So sind definierte Subtypen der Osteozyten durchaus sekretorisch aktiv. Neben der Synthese kollagener Fasern regulieren diese über parakrine Mechanismen die Osteoklastenaktivität und Mineralisation. Im Vergleich zu anderen Zellen des Knochenmarks sind Osteozyten sehr langlebig (ca. 10 Jahre). Die exakte Optimierungsinitiierung (Lastsensierung, Steuerung der Osteoblasten usw.) ist im Detail noch nicht abgesichert bzw. unbekannt.

Die Mechanismen von Wachstum (zelluläre Proliferation, appositionelle Bildung von Knochenmatrix) und Differenzierung des humanen Knochens sind komplex. Diese spielen sich auf verschiedenen Ebenen ab. Hierzu gehören unter anderem

- nutritive Einflüsse und Umweltfaktoren (Calciumzufuhr, Sonnenlichtexposition usw.),
- hormonelle Faktoren (Parathormon, Vitamin D3, Östrogene usw.),
- biomechanische Faktoren (körperliche Aktivität, Körpergewicht),
- genetisches individuelles Profil und Lebensalter.

Auf zellulär-parakriner Ebene spielt das **R**eceptor **A**ctivator of **N**F-κB(RAN)-RANK-**L**igand-(RANKL)-System eine entscheidende Rolle für das Gleichgewicht zwischen Knochenauf- und -abbau. Der Ligand (RANKL) wird von aktivierten Osteoblasten synthetisiert und freigesetzt. Durch die Bindung an den Oberflächenrezeptor RANK, der sich auf Präosteoklasten befindet, wird zeitverzögert dann die terminale Osteoklastendifferenzierung und -aktivierung induziert. Hierbei kommt den Transkriptionsfaktoren c-Fos, NF-κB und NFATc1 eine wichtige Rolle zu. Ebenso beeinflussen Prostaglandine und Wachstumsfaktoren aus der TGF-Familie, wie z.B. die **B**one **m**orphogenic **P**roteins (BMP), den lokalen Knochenauf- und -abbau [33]. An seinem Bürstensaum setzt der Osteoklast im Folgenden H^+ und proteolytische Enzyme frei und baut mineralische Knochenmatrix ab (Bild 8.3).

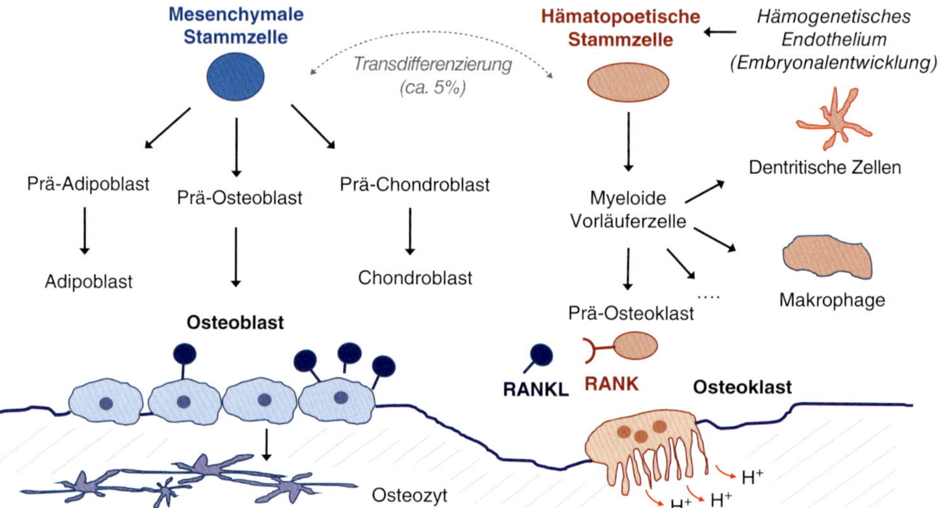

Bild 8.3 *Schematische Darstellung der Differenzierung und Interaktionen von Osteoblast und Osteoklast* [41; 80; 33]

Nach gegenwärtigem Verständnis ist die extrazelluläre Matrix somit keinesfalls eine passive Barriere, die die verschiedenen Zellen des Knochens trennt, sondern ein hochaktives Mikromillieu, das wichtige Rollen für die lokale Homöostase übernimmt [80; 41].

Die Details der molekularen Mechanismen auf den verschiedenen Ebenen, nach denen die Osteoblasten und Osteoklasten gesteuert werden, sind nicht abschließend geklärt und Gegenstand der Forschung. Einige Untersuchungen deuten darauf hin, dass die Knochen nach dem Axiom der konstanten Spannungen wachsen. Hierfür sprechen auch die Ergebnisse aus der Luft- und Raumfahrt (Bedeutung der Schwerkraft auf die Knochenmasse). Es gibt jedoch auch andere Untersuchungen, die besagen und belegen, dass die Optimierung nach dem Kriterium der geringsten Dehnungsenergie erfolgt.

Die Biomineralisation präformierter Typ-I-Kollagenfibrillen und die Orientierung von nanokristallinem HA ist die Basis für die Mikrostruktur des Knochens und letztendlich ebenso für die biomechanische Stabilität (Lastverteilung) des lamellär aufgebauten Knochens verantwortlich [109]. Wie oben angeführt, definieren die auf den Körper einwirkenden Druck- und Zugbelastungen die Mikro- und Makrostruktur des Knochens (Trajektorien). In diesem Kontext spielen die Knochendichte und Festigkeit auch für die Entwicklung von Implantat-Systemen eine wichtige

Rolle. So können bei zu großen Unterschieden im Elastizitätsmodul Spannungsspitzen an der Implantat-Knochengrenze auftreten und einen lokalen Knochenabbau hervorrufen.

8.1.3 Historische Ansätze einer optimierten Topologie

Aus ökonomischen und ästhetischen Gründen beschäftigte sich der Mensch schon früh mit Überlegungen, wie ein Strukturelement sinnvoll gestaltet sein sollte. Neben Erfahrung und einfachen Versuchen verwendeten die alten Baumeister oft die Biologie als Inspiration und Vorbild. Wissenschaftlich befassten sich Culmann, Maxwell und Michell als mit die Ersten – im 19. Jahrhundert – mit der Strukturoptimierung.

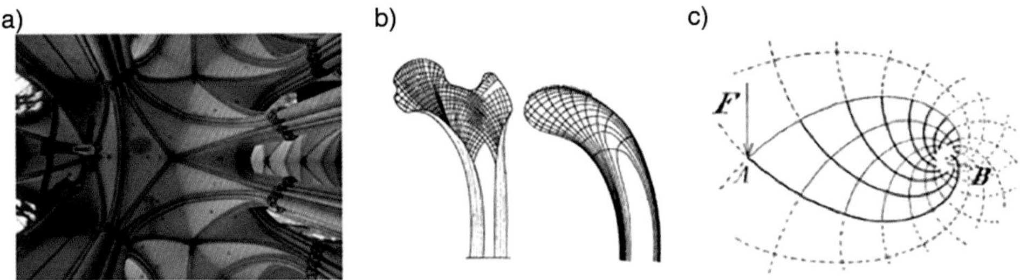

Bild 8.4 *Historische Beispiele*
a) Kirchenschiff des Kölner Doms mit Gewölberippen, b) trabekuläre und abstrahierte Knochenstruktur des Oberschenkelknochens, c) Michell-Struktur

Einen kleinen Ausschnitt von damaligen Arbeiten zeigen die Bilder 8.4 und 8.5. Die Gewölberippen alter Kirchen bestehen meist aus gut aneinander gefügten Steinen, die die Drucklasten des Daches in die massiven Pfeiler leiten. Der Bereich zwischen den Rippen ist mit biegesteifen Strukturen oder auch als kleine Gewölbe gestaltet. Im Unterschied zu diesen Zwischenbereichen sind die Gewölberippen stärker dimensioniert und zusätzlich noch farblich hervorgehoben. Hierdurch wird ihre optische Wirkung verstärkt und die Rippen scheinen entlang Druck-Hauptspannungstrajektorien zu verlaufen. Die Zeichnungen in der Mitte von Bild 8.4 zeigen die wissenschaftlichen Ergebnisse von Karl Culmann. Er versuchte mithilfe der grafischen Statik kraftflussgerechte Strukturen zu konstruieren. Culmann entdeckte in der trabekulären Knochenstruktur eine verblüffende Ähnlichkeit mit den Versteifungsrippen in einem vom ihm entwickelten Blechkran (Bild 8.5) und sah dies als Beweis seiner Forschungsarbeit. Die Layoutfindung der culmannschen Versteifungsrippen wie auch der Gewölberippen alter Kirchen würde heutzutage mit der Topologieoptimierung erfolgen.

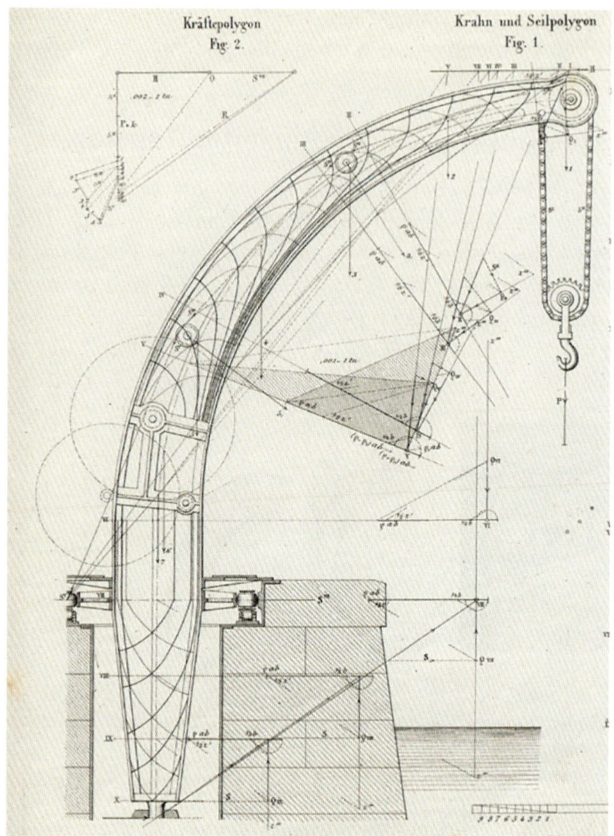

Bild 8.5 *Blechkran von* CULMANN [16, Tafel 11]

8.2 Allgemeiner Ablauf einer Topologieoptimierung mit Ergebnisbetrachtung

8.2.1 Der Weg zu einem optimalen Design

Eine Topologieoptimierung gliedert sich in drei wesentliche Phasen: die Vorbereitung, die eigentliche Topologieoptimierung und die Übertragung der Ergebnisse in die Konstruktion (Bild 8.6). Abhängig von den verwendeten Optimierungstools und den Vorgaben – handelt es sich z.B. um eine Neuentwicklung oder um eine Überarbeitung eines Strukturbauteils – werden diese Phasen nach Bedarf in einzelne Arbeitspakete weiter untergliedert und können dann abgearbeitet werden.

In der Vorbereitung werden die Randbedingungen und Vorgaben umgesetzt. Es wird also festgelegt, an welchen Bereichen die Struktur gelagert wird und wo die Lasten wirken. Zusätzlich wird der Bereich festgelegt, in dem sich die Struktur maximal ausbilden kann. Dies ist der Designraum – oder Bauraum –, der so groß wie möglich gewählt werden sollte. Der maximale Bauraum ist der Raum, den das Bauteil einnehmen kann, ohne die Funktion oder die Montage der Baugruppe zu beeinträchtigen. Neben diesen auch für eine Standard-FEM-Rechnung benötigten Informationen sind für die Topologieoptimierung noch weitere Informationen und Eingaben erforderlich. Neben den Lager- und Krafteinleitungsstellen müssen weitere Funktionsflächen, wie

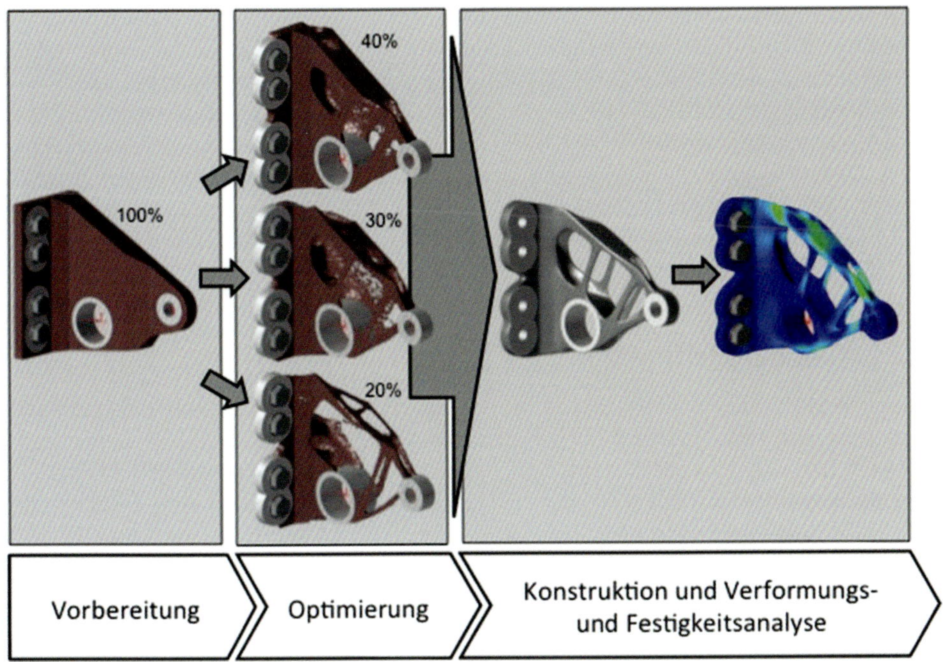

Bild 8.6 *Die Topologieoptimierung gliedert sich in die drei wesentlichen Phasen 1. Vorbereitung, 2. Optimierung und 3. Konstruktion und Verformungs- und Festigkeitsanalyse*

z.B. Dichtflächen oder Sensorhalter, die nicht modifiziert werden dürfen, als «*passive material*» markiert werden. Bereiche, in denen sich keine Struktur ausbilden darf, werden als «*void material*» markiert und so aus dem Designraum genommen. Weitere Vorgaben, wie Fertigungsrestriktionen, können aktiviert werden und beeinflussen so die spätere Optimierung.

Nun kann die eigentliche Topologieoptimierung beginnen, in der sukzessiv gering belastete Materialbereiche entfernt werden. Nach einigen Optimierungsdurchläufen differenziert sich die Struktur und es bildet sich dabei eine neue Strukturtopologie aus. Diese so gefundene Topologie stellt nun eine optimale Materialverteilung im Bauraum dar. Oft hat diese Struktur noch keine saubere Oberfläche, sondern weist infolge der endlichen Größe der finiten Elemente Treppenstufen und Löcher auf, weshalb sie als Design-Vorschlag bezeichnet wird.

Fast immer wird nicht nur eine Optimierung durchgeführt, sondern es werden mehrere Designvorschläge mit jeweils immer geringerem Zielgewicht berechnet. Diese schrittweise Materialreduktion zeigt, welche Bereiche strukturmechanisch besonders relevant sind und selbst bei kleinen Füllgraden sich ausbilden. Der Konstrukteur bekommt so ein Gefühl für den Kraftfluss im Bauteil.

TIPP
Bilden sich keine sinnvollen Strukturen aus, kann die Vorgabe der Fertigungsrestriktion Entformungsrichtung weiterhelfen.

Im dritten und letzten Schritt muss der Designvorschlag noch geglättet und in die CAD-Umgebung übertragen werden. Hierfür stehen verschiedene Möglichkeiten zur Verfügung, die jedoch noch sehr arbeitsintensiv sind. So kann der Design-Vorschlag beispielsweise konventionell nachkonstruiert werden oder er wird mithilfe von umschließenden «NURBS» (**N**on-**u**niform **r**ational **B**-**S**pline) angenähert. Die NURBS-Umhüllung erzeugt ein Volumenmodell und glättet dabei die Oberfläche. Diese modifizierte topologieoptimierte Geometrie kann dann ins CAD-System übertragen werden, um dann im Konstruktionsprozess als normales Volumenmodell weiter verwendet werden.

Im CAD-System können dann je nach Fertigung weitere Fertigungsrestriktionen berücksichtigt werden. Diese Designmodifikationen sind weitere Veränderungen der berechneten optimalen Topologie, weshalb sich die Performance der Struktur wieder etwas verschlechtert und so ein höheres Gewicht oder eine niedrigere Steifigkeit aufweist. Abschließend muss das Bauteil noch einer finalen strukturmechanischen Prüfung standhalten.

8.2.2 Wahl der Zielfunktion

Die Wahl der Zielfunktion ist abhängig von dem gewünschten Optimierungsziel und den vorhandenen Informationen bzw. Randbedingungen. Besonders am Anfang des Produktentwicklungsprozesses (PEP), wenn die Höhe der jeweiligen Lasten noch nicht abschließend festgelegt ist, bietet es sich an, die Steifigkeit der Struktur zu maximieren – unter der Nebenbedingung, dass die Masse oder analog das zur Verfügung stehende Volumen vorgegeben wird. Da es sich um eine lineare Rechnung handelt, ist die Strukturausbildung unabhängig von der Belastungsgröße. Sind später im Verlauf des PEP die Lasten bekannt, kann als Ziel die Masse minimiert werden – unter der Nebenbedingung einer vorgegebenen maximalen Verschiebung oder als alternative Nebenbedingung, dass ein festzulegender Strukturbereich niedriger belastet wird als eine vorgegebene Maximalspannung.

Bei den heuristischen Verfahren wird häufig als Indikation einer Belastung die Elementspannung verwendet. Eine vom Benutzer vorgegebene Referenzspannung entspricht einem Schwellwert, der alle Elemente, die eine niedere Spannung aufweisen, als strukturmechanisch vernachlässigbar einstuft. Da die Referenzspannung – nicht zu verwechseln mit der Nebenbedingung einer vorgegebenen Maximalspannung – eine nicht gut vorstellbare Hilfsgröße ist, wird statt einer Referenzspannung die Variable «Füllgrad» verwendet. Soll ein Bauteil z.B. um 25 % leichter werden, wird ein Füllgrad von 0,75 vorgegeben. Auch der Füllgrad ist eine spannungsabhängige Variable und hängt wie folgt von der Referenzspannung ab: Nach einer FEM-Rechnung sortiert ein Algorithmus die einzelnen finiten Elemente nach ihrer errechneten Spannung, so dass das Element mit der größten Spannung ganz oben steht (Tabelle 8.1). In einem zweiten Schritt werden nun vom Element mit der größten Spannung beginnend, die einzelnen Volumina der finiten Elemente aufaddiert, bis das gewünschte reduzierte Volumen erreicht wird, das in diesem Fall dem 0,75-fachen des Ausgangsvolumens entspricht. Die Spannung, die im letzten hinzugenommenen finiten Element herrscht, entspricht der mit dem vorgegebenen Füllgrad verbundenen Referenzspannung.

MERKSATZ

Optimierungsziele und ihre zugehörigen Nebenbedingungen

- Eine Steifigkeitsoptimierung maximiert die Steifigkeit bei einem vorgegebenen Volumen- oder Masseanteil.
- Eine Gewichtsoptimierung bezüglich der Steifigkeit minimiert den Volumen- oder Masseanteil bei einer vorgegebenen Verformung.
- Eine Gewichtsoptimierung bezüglich der Elementbelastung minimiert den Volumen- oder Masseanteil bei einer vorgegebenen Mindestelementbelastung, der Referenzspannung.
- Und weitere

Tabelle 8.1 *Referenzspannung, Füllgrad und Massenreduktion sind verschiedene Bezeichnungen für denselben Zustand.*

Element	Volumen [mm³]	Spannung [MPa]	Volumen aufaddiert	Volumen addiert [%]	Volumen-reduktion
E_Nr.07	2	189	2	8	92
E_Nr.08	2	155	4	17	83
E_Nr.09	2	134	6	25	75
E_Nr.12	2	90	8	33	67
E_Nr.03	2	75	10	42	58
E_Nr.01	2	43	12	50	50
E_Nr.10	2	38	14	58	42
E_Nr.06	2	37	16	67	33
E_Nr.05	2	**28**	18	**75**	**25**
E_Nr.04	2	7	20	83	17
E_Nr.02	2	3	22	92	8
E_Nr.11	2	1	24	100	0
		Referenz-spannung 28 MPa		**Füllgrad 75%**	**Massen-reduktion 25%**

8.2.3 Betrachtung der Designvorschläge

Die mechanische Charakterisierung der Designvorschläge wird exemplarisch an zwei Kragträgern durchgeführt (Bilder 8.7 und 8.9). Beide sind auf der linken Seite fest eingespannt und werden an der rechten Seite mit einer Zugkraft belastet. Neben einem anderen Länge-zu-Breite-Verhältnis weist der zweite Kragträger einen äußeren Rahmen auf, der als «Frozen Area» nicht modifiziert werden darf und damit nicht zu dem Designraum gehört. Die Gewichtsreduktion wird schrittweise erhöht, während die restlichen Parameter und die Randbedingungen konstant gehalten werden. Jeder der Kragträger stellt die optimierte Struktur, also den Designvorschlag, der jeweiligen Gewichtsreduktion dar.

Qualitative Betrachtung

Die beiden Kragträger zeigen verschiedene Möglichkeiten, wie sich die Strukturkonzepte der Designvorschläge in Abhängigkeit von der Gewichtsreduktion entwickeln. Bei den meisten Topologieoptimierungen wird im Laufe der Optimierungszyklen sukzessive zunächst eine komplexe Struktur herausgearbeitet, die dann im weiteren Verlauf schrittweise wieder vereinfacht wird, indem einzelne Strukturdetails aufgelöst werden.

Die Designvorschläge lassen sich in drei verschiedene Klassen einteilen. Die erste Klasse betrifft sehr kleine Referenzspannungen, wobei nur sehr gering oder gar nicht belastete Bereiche entfernt werden. In Bild 8.7 entspricht dies dem Kragträger mit der Referenzspannung 3 MPa. Bei diesen Referenzspannungen werden die nicht benötigten und damit nicht belasteten Bereiche, in diesem Fall die obere rechte Ecke, aus dem Designvorschlag entfernt. Die zweite Klasse betrifft höhere Referenzspannungen, bei denen eine Trennung in Zug- und Druckstreben bewirkt wird – bei dem Kragträgerbeispiel die Referenzspannungen 7 bis 10 MPa. Je höher dabei die Referenzspannung ist, desto differenzierter und damit komplexer wird der Designvorschlag. Bei der dritten Klasse wird die Referenzspannung weiter erhöht, weshalb die Streben dieses komplexen Designvor-

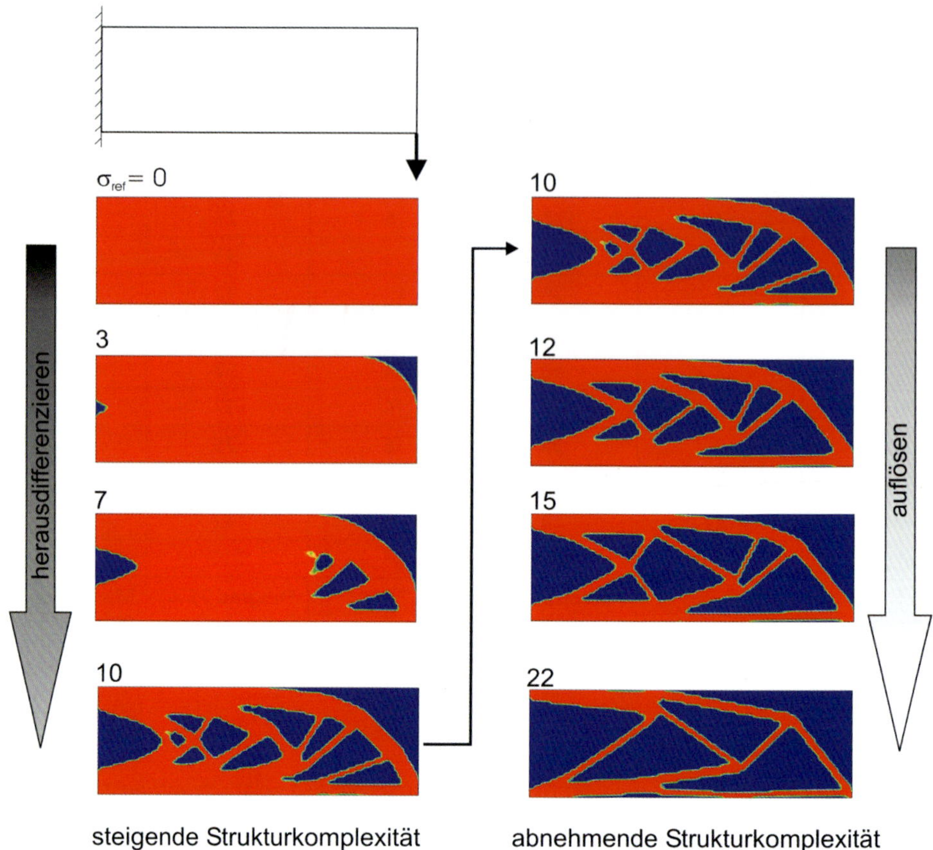

Bild 8.7 *Strukturkonzepte der Kragträger in Abhängigkeit von der Referenzspannung* σ_{ref} [72, S. 28]

schlags zunächst dünner werden und sich teilweise sogar ganz auflösen. Mit jeder entfernten Strebe nimmt die Strukturkomplexität wieder ab, jedoch ist die Verwandtschaft zu dem komplexen Designvorschlag noch deutlich erkennbar. Bei dem Kragträgerbeispiel in Bild 8.6 erfolgt dies bei den Referenzspannungen 12, 15 und 22 MPa.

Die Entwicklung der Designvorschläge lässt sich wie folgt zusammenfassen: Ausgehend von einer kompakten Ausgangsstruktur differenziert sich bei einer schrittweisen Erhöhung der Referenzspannung ein komplexer, determinierter Designvorschlag heraus, der sich dann sukzessiv, meist gestaltähnlich, wieder vereinfachen kann.

Die «Verwandtschaft» der verschiedenen Designvorschläge kann gut dargestellt werden, wenn zwei von ihnen transparent übereinander gelegt werden. In Bild 8.8 wird auf den Designvorschlag mit der größten Strukturkomplexität (Referenzspannung = 10 MPa) ein Strukturvorschlag (Referenzspannung = 22 MPa) gelegt, der eine niedere Strukturkomplexität aufweist. Zusätzlich kann gut erkannt werden, wie aufgrund wegfallender Streben benachbarte Strukturbereiche sich ändern und ehemals weiche Bereiche sogar wieder aktiviert werden, um sich so der neuen Situation anzupassen.

Seltener kommt es dazu, dass sich das Designkonzept des Strukturvorschlags im Laufe einer Optimierung ändert. Dies ist der Fall beim zweiten Kragträger (Bild 8.9), bei dem sich zunächst zwei Diagonalverstrebungen ausbilden, die mit zunehmender Gewichtsreduktion dünner werden, bis sich eine Strebe komplett auflöst. Wird das Gewicht noch weiter reduziert, ändert sich das

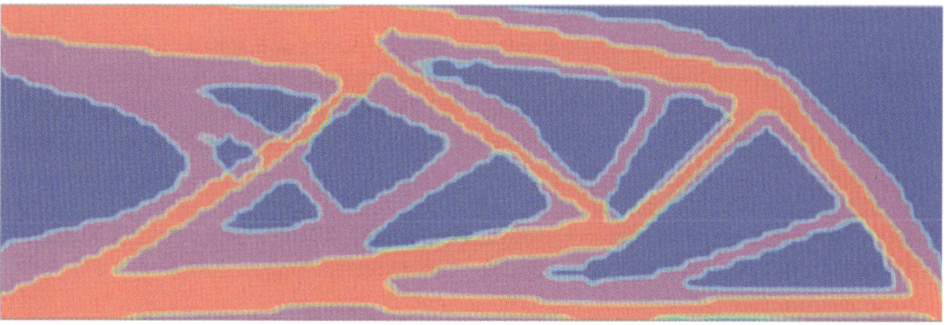

Bild 8.8 *Zwei Designvorschläge liegen transparent übereinander und zeigen die Ähnlichkeit der beiden Strukturen.*

Konzept des Designvorschlags abrupt. Die Diagonalstreben verschwinden völlig, dafür wird der Rahmen nun mittels Eckstreben versteift.

MERKSATZ

Drei Phasen der Gewichtsreduktion:

1. Zuerst werden unbelastete Bereiche bzw. außerhalb des Kraftflusses liegende Bereiche entfernt.
2. Dann werden Biegestrukturen in zug- und in drucktragende Bereiche aufgeteilt. Die neutrale Faser wird ausgefacht und es bildet sich ein komplexes Fachwerk aus.
3. Wird das Gewicht weiter reduziert, werden die Streben des Fachwerks dünner und schließlich lösen sich einzelne Streben auf, wodurch die Strukturkomplexität wieder abnimmt.

In seltenen Fällen kann sich das Strukturkonzept abrupt zwischen zwei Gewichtsstufen ändern.

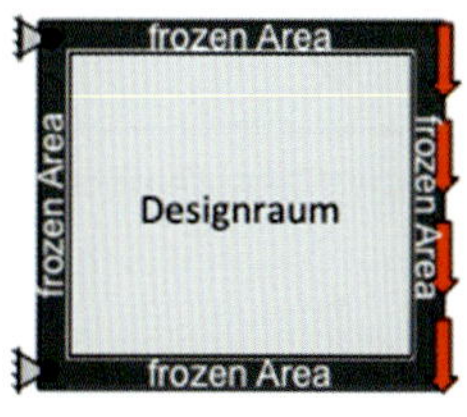

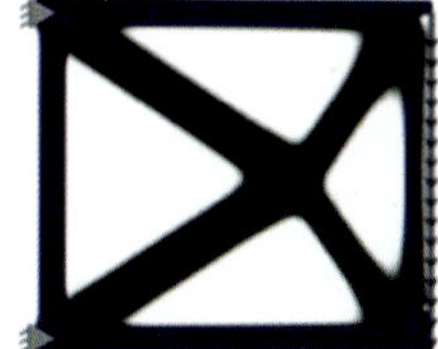

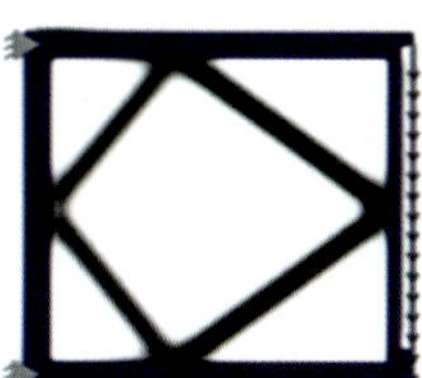

Füllgrad 0,3 Füllgrad 0,27 Füllgrad 0,22 Füllgrad 0,2

Bild 8.9 *Das Strukturkonzept des Kragträgers ändert sich abrupt bei Füllgrad 0,2.*

Funktionen der einzelnen Strukturbereiche

Nachdem die mechanisch relevanten Strukturbereiche nun bekannt sind, lässt sich ihre mechanische Funktion einfach mit einem visuellen Hilfsmittel darstellen. Im Postprozessor der FEM wird die erste Hauptnormalspannung (HNS 1) und danach die dritte Hauptnormalspannung (HNS 3) geplottet. Auf diese Art können Bauteilbereiche, die zugbelastet sind, mit einer Farbe und die druckbelasteten mit einer anderen Farbe markiert werden. In Bild 8.10 werden an einem Kragträger die Bauteilbereiche, die zugbelastet sind, durch die Farbe Gelb als Zugseile, und Bereiche, die druckbelastet sind, werden hellblau als Druckstützen symbolisiert. In dem Teilbild mit Zugseilen und Druckstützen wird die funktionelle Bauteilstruktur des Kragträgers gut nachvollziehbar [52, S. 108].

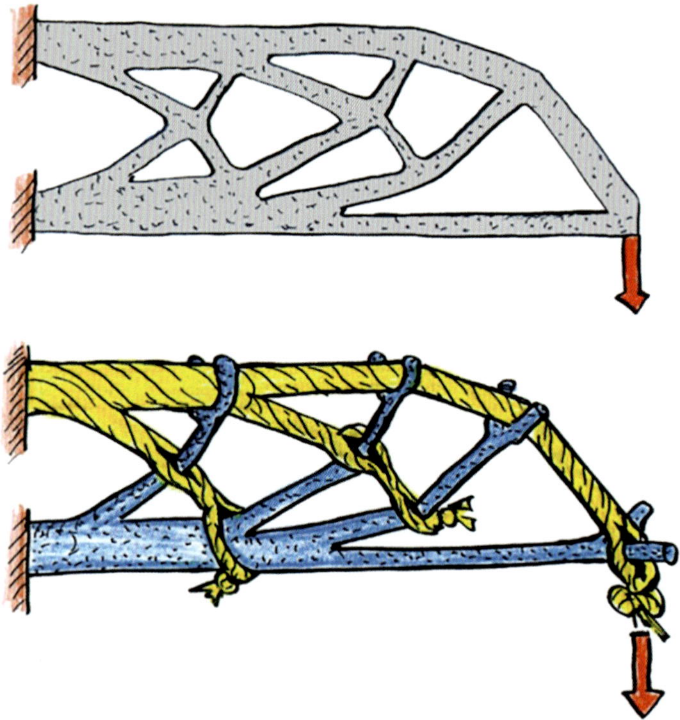

Bild 8.10 *Anschauliche Darstellung der topologieoptimierten Kragträgerstruktur mittels Zugseilen (gelb) und Druckstützen (blau)* (MATTHECK [52, S. 108])

Quantitative Betrachtung

Zur quantitativen Beurteilung dieser doch sehr unterschiedlichen Strukturen wird eine mechanische Bewertungsgröße benötigt. Die maximale Verformung der Struktur reicht als Bewertungsgröße alleine nicht aus, da diese bei abnehmendem Füllgrad stetig steigt. Aus diesem Grund wird der reziproke Wert des Produktes aus der maximalen Verschiebung und dem Gewicht der belasteten Struktur als Gütemaß verwendet. Hierzu werden das Strukturgewicht und mittels FEM die Verschiebung am Lasteinleitungspunkt bestimmt. Der Verschiebung wird zweckmäßigerweise durch den größten Verschiebungsbetrag normiert. Entsprechend wird zur besseren Darstellung auch die Güte durch ihren größten Wert normiert. Die Ergebnisse sind im Diagramm von Bild 8.11 dargestellt, bei dem auf der x-Achse die Referenzspannung, auf der y-Achse das normierte Gewicht und die normierte Verschiebung und auf der sekundären y-Achse die Güte aufgetragen sind. Die braunen Diagrammpunkte geben die Verschiebungen an, die schwarzen Diagrammpunkte stehen für das zugehörige Gewicht und die orangenen Diagrammpunkte für die Güte. Betrachtet man den Verlauf der Diagrammpunkte für kleine Referenzspannungen bis ca. $\sigma_{\text{ref}} = 6$ MPa, sind zwar Gewichtsabnahmen, aber nur minimale Verschiebungszunahmen feststellbar. Die entfernten Bereiche sind damit mechanisch nicht relevant, da die Steifigkeit der gesamten Struktur nur sehr wenig abgenommen hat. Wird die Referenzspannung weiter erhöht (ca. bis $\sigma_{\text{ref}} = 10$), nimmt nach einer Übergangsphase das Gewicht stark ab, jedoch steigt die Verschiebung nur langsam linear an. Im Bereich von σ_{ref} 11 bis 16 liegt die Strukturgüte im Bereich von 1. Ab $\sigma_{\text{ref}} =$ 16 fällt die Strukturgüte wieder ab, da die Verschiebung ab hier weiterhin linear zunimmt, das Gewicht aber nur geringfügig abnimmt. Die Unstetigkeiten im Güteverlauf sind auf die endliche Maschengröße des FEM-Netzes zurückzuführen.

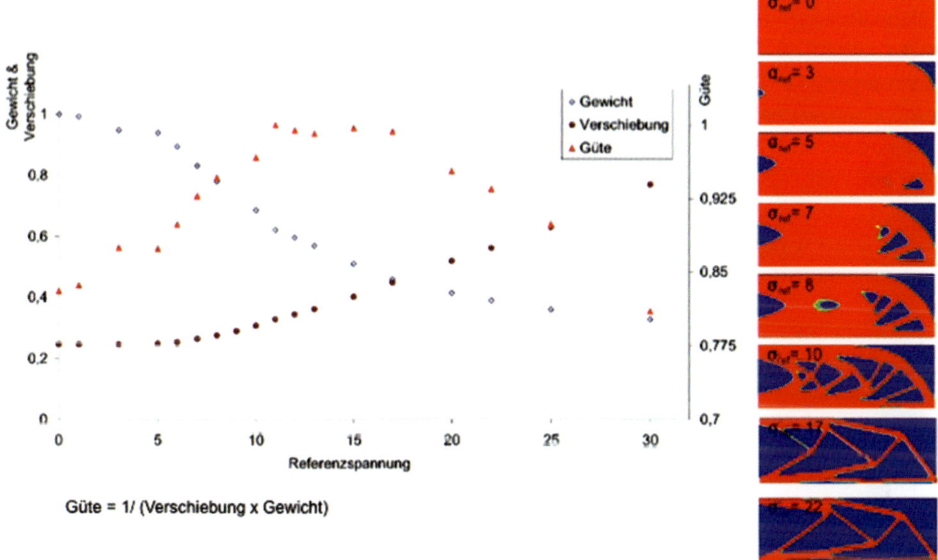

Bild 8.11 *Zusammenhang von Gewicht, Verschiebung und Leichtbaugüte verschiedener Kragträgerlayouts* [72, S. 29]

MERKSATZ

Wird Material entfernt, erhöht sich in der Regel auch immer die Nachgiebigkeit. So versteift, wenn auch marginal, auch die rechte obere Kragträger-Ecke die Gesamtstruktur.

8.2.4 Die Spannungsart als Bewertungsgröße: Von-Mises-Vergleichsspannung oder HNS

Bei einer Topologieoptimierung kann als Bewertungskriterium die Steifigkeit oder die Belastungshöhe eines Strukturbereichs verwendet werden. Aber was Belastung bedeutet, wird durch die betrachtete Spannungsart vom Anwender festgelegt. Als Belastungsgrößen können ungerichtete und gerichtete Belastungsvariablen verwendet werden. Ein Beispiel für eine ungerichtete Belastungsvariable ist die Vergleichsspannung nach der **G**estaltänderungs**e**nergie**h**ypothese, die in Kurzform als GEH oder nach dem österreichischem Mathematiker Richard von Mises als Von-Mises-

Vergleichsspannung bezeichnet wird. Beispiele für gerichtete Belastungsvariablen sind die größte Hauptnormalspannung (HNS 1) oder die kleinste Hauptnormalspannung (HNS 3). Die Von-Mises-Vergleichsspannung wird im Maschinenbau häufig verwendet. Mit ihr wird aus einem mehrachsigen Spannungszustand ein Skalar berechnet, also ein ungerichteter Vergleichswert für die Höhe der Belastung. Somit führt diese Belastungsgröße zu Strukturen, die je nach Belastung aus Zug- und Druckstreben bzw. bei einem einachsigen Spannungszustand auch nur aus einer Strebenart bestehen. Damit ist die Von-Mises-Vergleichsspannung ein allgemeiner und robuster Belastungsindikator, weshalb sie bei vielen Optimierungsprogrammen auch per Default vorgegeben wird.

Im Unterschied zu den ungerichteten Belastungsgrößen führen gerichtete Belastungsgrößen entweder zu Zug- oder Druckstreben. Die Hauptnormalspannung HNS 1 ist die positivste Spannung, in der Regel eine Zugspannung, die in einem mehrachsigen Spannungszustand vorkommen kann. Nimmt die HNS 1 einen negativen Wert an, entspricht sie einer Druckspannung, was zu einer Abnahme des E-Moduls führt. Somit werden mit dieser Belastungsgröße Strukturvorschläge erzeugt, die nur aus Zugstreben bestehen. Die kleinste Hauptnormalspannung HNS 3 ist die negativste Spannung, in der Regel eine Druckspannung, die in einem mehrachsigen Spannungszustand vorkommen kann. Da Drücke im Maschinenbau mit negativen Spannungen beschrieben werden, muss der Optimierungsalgorithmus angepasst werden. Hierbei ist zu beachten, dass auch die Referenzspannung im Druckbereich liegt und somit auch einen negativen Wert aufweist. Sollte die HNS 3 positiv werden, also eine Zugspannung sein, führt dies zu einer Abnahme des E-Moduls. Somit werden mit dieser Belastungsgröße Strukturvorschläge erzeugt, die nur Druckstreben enthalten. Auf diese Art ist es möglich, sowohl für reine Zug- als auch für reine Druckkonstruktionen materialgerechte Optimalstrukturen zu erhalten.

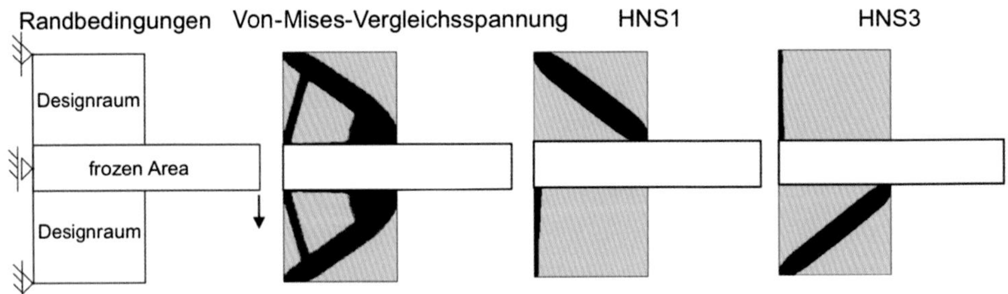

Bild 8.12 *Einfluss der Spannungsart bei der Topologieoptimierung auf den Designvorschlag*

8.2.5 Höhe der Referenzspannung, Füllgrad, Massen- oder Gewichtsreduktion

Die Höhe der Referenzspannung, oder ein vergleichbarer Wert ist ein vom Anwender gewählter Schwellwert. Sind Strukturbereiche niedriger als dieser Schwellwert belastet, werden diese Strukturbereiche erweicht und schließlich entfernt.

Die Höhe der Referenzspannung beeinflusst die Lösung dahin, ob der Strukturvorschlag eher massiv oder eher filigran ausfällt. Bei einer niedrigen Referenzspannung liegt unter Umständen nur ein kleiner Spannungsbereich unterhalb der Referenzspannung. In diesem Fall wird nur ein kleiner Teil der Struktur entfernt, wodurch kompakte Strukturen entstehen. Bei hohen Referenzspannungen haben weite Bereiche der Struktur niedrigere Spannungswerte, werden dadurch erweicht und schließlich entfernt. Übrig bleibt eine filigrane Materialanordnung. Wird die Referenzspannung zu hoch gewählt, so dass sich keine sinnvolle Struktur mehr einstellen kann, ist das FEM-Netz zu grob und muss verfeinert werden.

Diese Vorgehensweise identifiziert Bereiche, die niedriger als diese Referenzspannung belastet sind, sagt jedoch nichts darüber aus, wie hoch die Spannung in den belasteten Bereichen ist. Somit muss nachträglich noch eine FEM-Berechnung durchgeführt werden, um die Festigkeit dort zu überprüfen.

MERKSATZ

Im Anschluss einer Topologieoptimierung muss zusätzlich immer noch die Festigkeit und Verformung des Bauteils berechnet werden. Bildet sich ein Fachwerk aus, müssen die Druckstützen auf Knicksicherheit hin überprüft werden.

8.2.6 Suboptimale Designvorschläge

Der Verlauf der Optimierung, die Optimierungshistorie, beeinflusst auch den Designvorschlag und kann zu suboptimalen Designvorschlägen führen. Dies sollte besonders dann beachtet werden, wenn sich Randbedingungen im Laufe der Optimierung verändern, z.B. wenn neue Lagerstellen hinzukommen oder wenn der Füllgrad schrittweise gesenkt wird. In diesem Fall ist es möglich, dass es eine bessere Lösung gibt und der aktuell gefundene Designvorschlag einer lokalen Extremwertstelle entspricht. Dies kann einfach mit einem Neustart überprüft werden, in dem ein Designvorschlag ohne Historie erzeugt wird. Führt diese Kontrolloptimierung zu einer unterschiedlichen Struktur, kann über die Zielfunktion oder z.B. die Verformung bestimmt werden, welcher Designvorschlag der bessere ist.

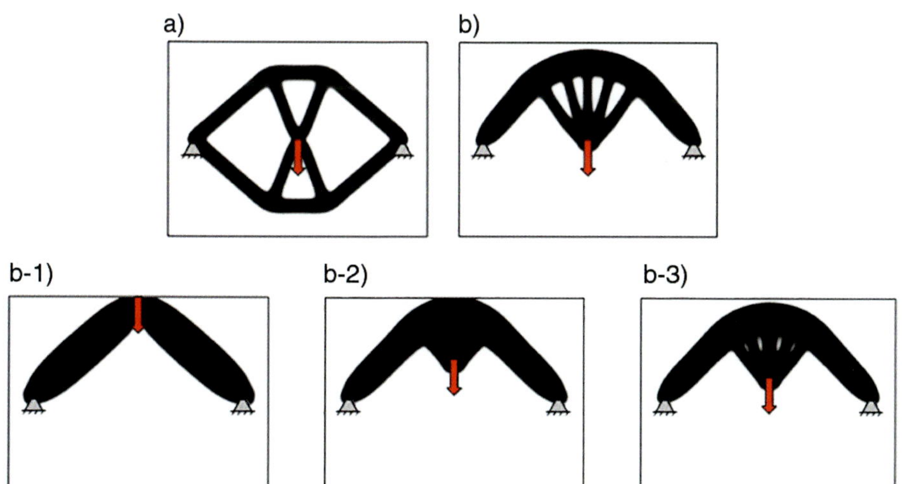

Bild 8.13 *Einfluss der Optimierungsvorgehensweise führt zu unterschiedlichen Designvorschlägen a) Standarddesign und b) Designvorschlag nach schrittweiser Änderung des Kraftangriffspunktes*

Die Optimierungshistorie kann aber auch genutzt werden, wenn bestimmte Designausprägungen erwünscht sind. Wird z.B. eine kompaktere Struktur als in Bild 8.13a favorisiert, kann der Bauraum verkleinert werden oder es wird die Optimierungshistorie verwendet. Im zweiten Fall würde man den Lastangriffspunkt zunächst so orientieren, dass ein hauptsächlich druckbelasteter Designvorschlag (b1) sich ausbildet. Im nächsten Schritt wird – ausgehend von dem gefundenen Designvorschlag – der Kraftangriffspunkt nach und nach auf die gewünschte Position verschoben, quasi «gemorphed». Auf diese Weise kann man einen druckfavorisierten Designvorschlag erzeugen.

8.2.7 Weitere Stellschrauben

Neben den schon vorgestellten Stellschrauben, wie Höhe und Wahl der Referenzspannung gibt es noch sehr viele weitere Möglichkeiten, das Ergebnis zu beeinflussen. Von diesen werden hier noch die Randbedingungen, der Designraum, der Finite-Element-Typ, das FE-Netz, die Optimierungshistorie und Fertigungsrestriktionen vorgestellt.

Geänderte **Lagerstellen und Lasten** haben natürlich einen direkten Einfluss auf den Kraftfluss und somit auf die sich ausbildende Struktur. Bild 8.14 zeigt ein Beispiel für die unterschiedlich sich ausbildende Topologie, wenn eine Struktur statt mit zwei Festlagern mit einem Fest- und einem Loslager befestig wird. Bei der Variante mit Fest- und Loslager bildet sich als weitere Struktur noch eine Horizontalstrebe aus.

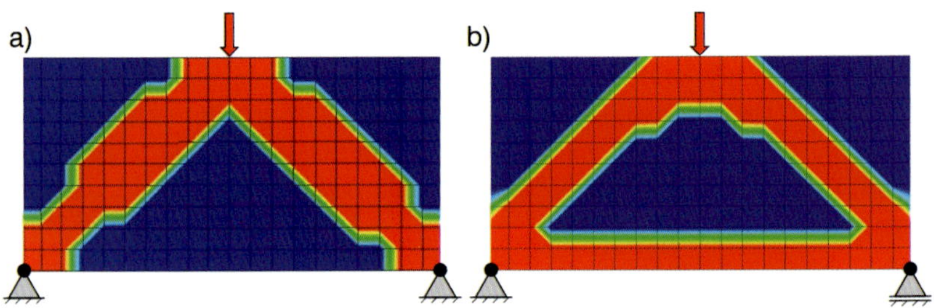

Bild 8.14 *Vergleich einer a) Fest- und einer b) Fest-Los-Lagerung auf die ausbildende Struktur einer Topologieoptimierung*

Ein zu kleiner **Designraum** kann den optimalen Kraftfluss behindern. Dies ist der Fall, wenn sich die Struktur am Rand des Designraumes ausbildet.

Die Feinheit des **FE-Netzes** muss an die Struktur angepasst werden, da die Elementgröße die Auflösung der optimierten Struktur limitiert. D.h., die Elementgröße muss kleiner gewählt werden als gewünschte Strukturdetails, die sich ausbilden sollen. Des Weiteren können bei einem zu groben Netz unbrauchbare Aussagen entstehen, wie die unterbrochene Strebe im Teilbild «Grobes Netz bei Füllgrad 0,1» von Bild 8.15. Wird die Struktur jedoch in zu kleine Elemente zerlegt, verlängert sich unnötig die Rechenzeit. So führt beispielsweise eine Halbierung der Elementkantenlänge von quaderförmigen Elementen zu einer achtfachen Elementanzahl.

Fertigungsrestriktionen

Fertigungsrestriktionen können schon bei der Optimierung aktiviert werden, z.B. minimale und maximale Wandstärken, Symmetrien, Entformbarkeit, Gießbarkeit, Dichtheit und viele mehr. Bild 8.16 zeigt an einem Kragträger den Einfluss der Entformungsrichtung auf die sich ausbildende Struktur. Bei einer vorgegebenen Entformung in Querrichtung bildet sich die von den Kragträgern bekannte Verrippung aus. Bei einer Entformungsrichtung in Längsrichtung bildet sich eine Struktur aus, die einem Doppel-T-Träger sehr ähnlich ist. Diese zusätzlichen Restriktionen

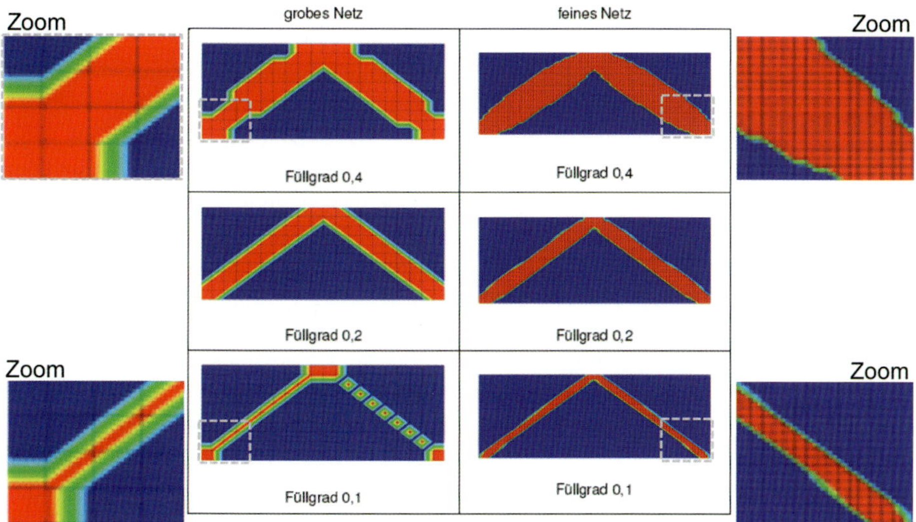

Bild 8.15 *Netzfeinheit – Strukturvergleich bei einem groben und einem viermal feineren FE-Netz*

schränken den Lösungsraum ein, wodurch sich in der Regel auch die Performance bzw. Güte des Designvorschlags verringert. Dafür wird der konstruktive Nachbearbeitungsaufwand reduziert, wodurch manche gefundenen Designvorschläge erst wirtschaftlich anwendbar werden.

Bild 8.16 *Einfluss der vorgegebenen Entformungsrichtung auf die Strukturausbildung*

Gebräuchliche Fertigungsrestriktionen sind:

- Entformbarkeit: gewährleistet eine Entformung;
- minimale Strukturgröße: Auflösung wird durch die Fertigungsart vorgegeben;
- maximale Strukturgröße: Vermeidung von Materialanhäufungen z.B. bei Gussprozessen;
- Symmetrien: führt z.B. zu spiegel- und punktsymmetrischen Strukturen;
- Dichtheit: Es wird ein nach außen geschlossener Designvorschlag erzeugt;
- und weitere.

8.3 Soft-Kill-Option-Methode (SKO)

Die SKO-Methode (***S**oft **K**ill **O**ption*) simuliert das Prinzip des adaptiven Knochenwachstums: Hochbeanspruchte Bereiche werden durch knochenaufbauenden Zellen, den Osteoblasten verstärkt, also versteift, und weniger oder gar nicht belastete Gebiete werden durch die knochenabbauenden Zellen, den Osteoklasten abgebaut [7]. Die technische Durchführung dieses Prinzips erfolgt mit der Finite-Elemente-Methode (FEM) und einem Programm, das den Elastizitätsmodul (E) lokal in Abhängigkeit von den im Bauteil auftretenden Spannungen verändert. Der Optimierungsablauf ist in Bild 8.17 als Flussdiagramm dargestellt.

Die Topologieoptimierungsmethode SKO ist ein iteratives Verfahren, das aus den Hauptschritten Spannungsermittlung und Modifikation des E-Moduls besteht. Zuerst wird ein FE-Modell mit den angreifenden Randbedingungen und den maximal zur Verfügung stehenden Grenzabmaßen erstellt. Dieser definierte Bereich wird Designraum genannt und ist in der Regel deutlich überdimensioniert. In der darauf folgenden ersten FEM-Analyse werden die im Bauteil herrschenden Spannungen ermittelt. Diese sind üblicherweise an den Lasteinleitungs- und Einspannungspunkten erhöht und nehmen mit Abstand zu diesen Reaktionsorten ab. Die Krafteinleitungs- und Lagerpunkte sind die Start- und Endpunkte des noch unbekannten Kraftflusses durch die Struktur.

Auf Basis der berechneten Spannungen erfolgt nun der Kernschritt der Optimierung: die lokale Modifikation des E-Moduls in Abhängigkeit von der örtlich herrschenden Spannung.

$$E_{\text{neu}}(\sigma) = E_{\text{alt}} + a(\sigma - \sigma_{\text{ref}}) \qquad \text{(Gl. 8.1)}$$

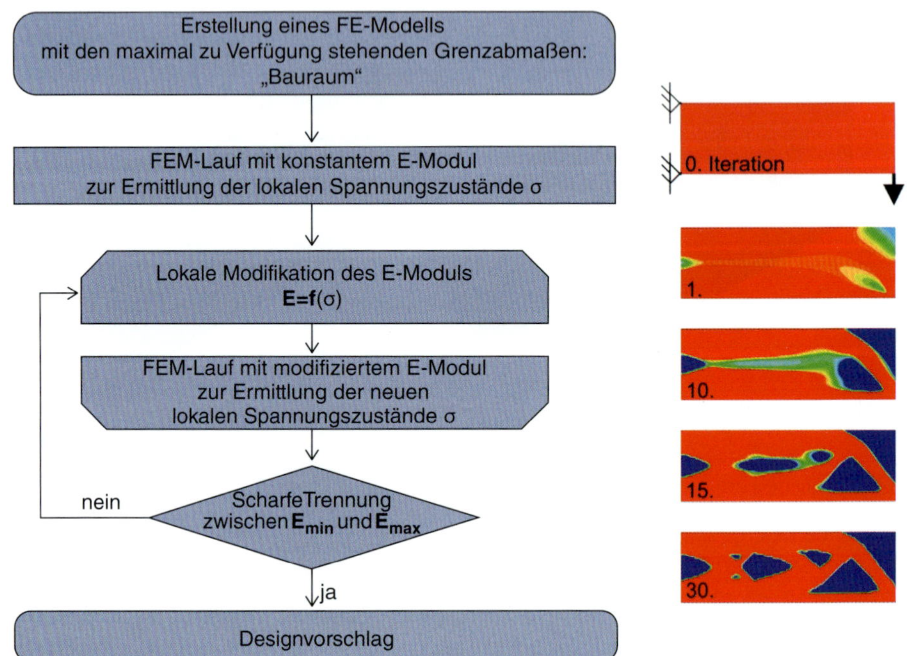

Bild 8.17 *SKO-Ablaufdiagramm (links) und als Beispiel die E-Modulentwicklung einer Kragträgeroptimierung nach verschiedenen Iterationen (rechts)* [72, S. 8]

Hierbei steht E_{neu} für den neu berechneten E-Modul, E_{alt} für den aktuellen E-Modul, a für einen Skalierungsfaktor, σ für die lokal herrschende Spannung und σ_{ref} für eine Referenzspannung.

Abhängig von der vorgegebenen Referenzspannung wird der E-Modul in niedriger belasteten Bereichen herabgesetzt und somit die Struktur erweicht. Bereiche, die im Vergleich zu der vorgegebenen Referenzspannung stärker belastet werden, erhalten eine E-Modul-Erhöhung, die eine Versteifung dieser Bereiche bewirkt. Beim folgenden FEM-Lauf werden in der Regel die erweichten Bereiche noch weniger belastet – im Unterschied zu den versteiften Bereichen, die nun noch mehr Last übernehmen und dadurch noch mehr tragen als zuvor.

Dieser Zyklus aus Spannungsermittlung und anschließender Modifikation des E-Moduls wird so lange durchgeführt (häufig genügen 20 bis 30 Iterationen), bis sich eine scharfe Trennung zwischen den Strukturbereichen mit den steifen und denen mit den weichen Materialeigenschaften eingestellt hat. In diesem Endstadium liegen die Isolinien der Spannung sehr dicht beieinander – die lasttragenden sowie die unterbelasteten Strukturbereiche sind herausdifferenziert. Im letzten Schritt werden die weich gesetzten, statisch nicht relevanten Bereiche entfernt. So entsteht für die geforderten Randbedingungen ein Strukturvorschlag, der bezüglich des reduzierten Gewichts maximale Steifigkeit erreicht [72, S. 17].

Der modifizierte E-Modul wird nicht direkt in das FEM-Programm, sondern indirekt über die Hilfsgröße Temperatur importiert. Dies hat den pragmatischen Grund, dass in den FEM-Tools die schon vorhandene Funktion einer temperaturabhängigen E-Modul-Zuordnung genutzt werden kann. Es muss nur die Materialbeschreibung auf Temperaturabhängigkeit angepasst und die Zuordnung Temperatur zu E-Modul festgelegt werden.

8.3.1 Ein Kragträger als Optimierungsbeispiel

Der Ablauf einer Topologieoptimierung wird am Beispiel eines Kragträges in Bild 8.17 rechts dargestellt. Dieser Kragträger ist auf der linken Seite fest eingespannt und wird auf der rechten Seite mit einer Einzellast belastet. Der Farbverlauf des FEM-Plots zeigt den Wert des E-Moduls an. Hierbei steht Rot für den Wert E_{max}, das damit die versteiften Elemente kennzeichnet, und Blau für den Wert E_{min} und damit für die erweichten Elemente. Die Farbskala zwischen Blau und Rot stellt Zwischenwerte des E-Moduls dar. Am Anfang, also beim Iterationsschritt 0, wird der E-Modul im ganzen Designraum standardmäßig auf E_{max} gesetzt. Schon in der ersten Iteration werden kaum belastete Bereiche, wie die obere rechte Ecke (Farbverlauf zu Blau), aufgeweicht. Zum selben Optimierungszeitpunkt zeigt der Mittelbereich um die neutrale Faser großflächig erste Erweichungen. Erst im weiteren Optimierungsablauf differenzieren sich in diesem Mittelbereich die statisch relevanten und die nicht relevanten Strukturbereiche heraus. Der Verlauf der Optimierungsschritte 1 bis 30 zeigt auch, warum die niedrig belasteten Bereiche erst ganz am Ende entfernt werden dürfen. Denn stetige Umstrukturierungen im Bauteil können dazu führen, dass zunächst lokal erweichte Bereiche später neu belastet werden. Beim Iterationsschritt 30 hat sich schließlich eine scharfe Trennung zwischen den belasteten und den nicht belasteten Bereichen herausdifferenziert. Die nicht belasteten Bereiche können nun endgültig aus der Struktur entfernt werden [72, S. 18].

8.3.2 Stellgrößen der SKO-Methode

Die mit der SKO-Methode gefundene Struktur wird durch die schon weiter oben beschriebenen Stellschrauben und zusätzlich durch den Skalierungsfaktor a und die Limitierung der minimalen und maximalen E-Module beeinflusst.

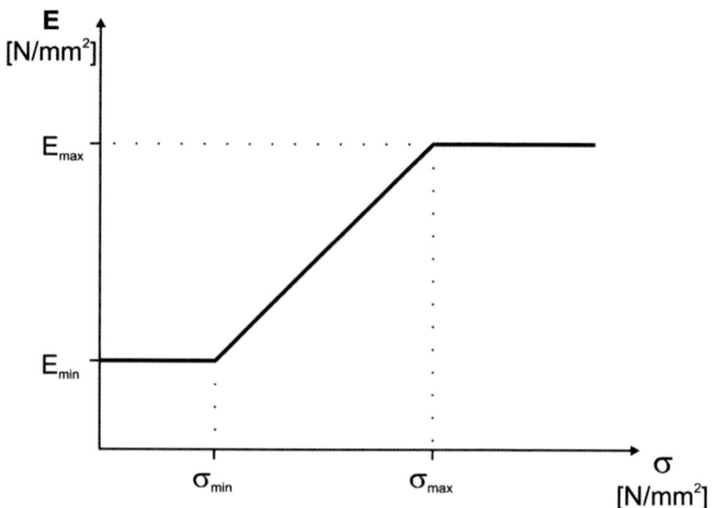

Bild 8.18 *Zusammenhang zwischen Spannung und E-Modul, der nach unten und oben begrenzt ist*

Der Skalierungsfaktor a reguliert die Konvergenzgeschwindigkeit der Strukturfindung. Am Anfang einer Optimierung, also den ersten Iterationen, wird sein Wert über die Referenzspannung mit $a = E_{max}/\sigma_{ref}$ festgelegt [8, S. 34]. Durch diese Wertewahl erhalten nicht belastete Elemente schon nach einer Iteration den minimalen E-Modul-Wert und stark belastete Elemente den maximalen E-Modul-Wert. Zur Auflösung feinerer Details kann a auch kleiner gewählt werden.

Der E-Modul-Bereich legt Grenzwerte fest, die die funktionelle Verknüpfung zwischen E-Modul und Spannung auf einen Bereich beschränken. Gleichung 8.1 verstärkt im mathematischen Sinne die Extrembereiche. Aus diesem Grund würde eine höhere Iterationszahl zu immer größeren E_{max}-Werten und zu immer niedrigeren E_{min}-Werten führen. Zur Begrenzung dieses Rückkopplungseffektes wird der E-Modul-Bereich limitiert.

Der vorgegebene Modifikationsbereich des E-Moduls liegt zwischen den Werten E_{min} und E_{max} und ist linear von der Spannung abhängig (Bild 8.18). Wäre E_{max} nicht limitiert, würden mit jeder Optimierungs-Iteration die belasteten Strukturbereiche immer steifer und damit auch kleiner werden. Diese stetige Selbstversteifung würde zu unendlich hohen E-Modul-Werten und damit einem nicht konvergierenden Optimierungslauf führen, weshalb E_{max} limitiert werden muss. E_{max} entspricht hierbei zweckmäßigerweise dem E-Modul-Wert des verwendeten Materials. Der untere Grenzwert E_{min} sollte so niedrig gewählt werden, dass Strukturbereiche, die diesen E-Modul-Wert zugewiesen bekommen haben, die Gesamtsteifigkeit nahezu nicht beeinflussen. Auf der anderen Seite sollte er so hoch gewählt werden, dass diese Bereiche strukturmechanisch wieder aktiviert werden können und numerisch keine Probleme erzeugen. Für eine robuste Optimierung hat sich ein E_{min} von einem Tausendstel von E_{max} bewährt.

$E_{min} = E_{max}/10000$ [12, S. 33]

Iterationsergebnisse, die über E_{max} liegen, bekommen als oberen Grenzwert den Wert E_{max} zugewiesen, und Iterationsergebnisse, die unterhalb von E_{min} liegen, werden auf den unteren Grenzwert E_{min} gesetzt.

«Kill Option» vs «Soft Kill Option»
Das Vorgängerprogramm der SKO ist die KO-Methode (*Kill-Option*), die Elemente aus dem Designvorschlag entfernt, nachdem der E-Modul unterhalb von E_{min} sinkt [4]. Im Unterschied dazu wird bei der «Soft-Kill-Option» ein «softes», also bedachtes Löschen niedrig belasteter Elemente angewendet. Elemente, die unterhalb von E_{min} sinken, werden auf den Wert E_{min} gesetzt, aber nicht aus dem Designraum entfernt. Erst nach dem Abschluss der Optimierung, wenn es keine Strukturänderungen mehr gibt, werden die nicht belasteten und weich gesetzten Elemente entfernt. Dieses Vorgehen ermöglicht es, dass Elemente, die während des Optimierungsprozesses weich wurden, im späteren Verlauf der Optimierung wieder steif werden und so erneut mechanische Funktionen übernehmen, vgl. Bild 8.8 [72, S. 21].

8.4 SKO mit Excel

Für erste Schritte und zum Verständnis kann eine SKO-Topologieoptimierung auch händisch bzw. mit Excel-Unterstützung durchgeführt werden. Hierzu benötigt man nur ein FEM-Tool und ein Tabellenkalkulationsprogramm. Bei dieser SKO-Umsetzung kann man sich auf den Kern der Optimierung fokussieren, da man die Schnittstellenproblematiken zwischen FEM- und Optimierungstools umgeht. Dies gilt insbesondere für die Variablenübergabe, die sich händisch gut umsetzen lässt. Mit wenig Aufwand kann so eine SKO-Optimierung ohne spezielle Programme durchgeführt werden.

Als Voraussetzung muss das FEM-Tool folgende Funktionen enthalten: Die Spannungen müssen knotenbasiert ausgeben werden, der E-Modul muss temperaturabhängig beschreibbar und die Knotentemperatur manuell modifizierbar sein. Diese Voraussetzungen leisten alle vollwertigen FEM-Programme, z.B. Abaqus, ANSYS, NASTRAN, …

Da schon kleine akademische Beispiele schnell aus mehreren hundert Elementen aufgebaut sind, empfiehlt es sich, zusätzlich mit einem Texteditor zu arbeiten. Hierfür können die Standardeditoren wie «Editor» bei Microsoft und «TextEdit» bei Apple verwendet werden. Mit leistungsfähigeren Editoren, wie z.B. «Notepad» oder «Ultraedit», können größere Datenpakete natürlich bequemer und vor allem deutlich schneller formatiert und bearbeitet werden.

INFOCLICK
Eine Excel-Datei mit den Tabellenblättern der SKO-Methode finden Sie auf unserer Internet-Seite im **InfoClick**: Datei «SKO-mit-Excel.xlsx»

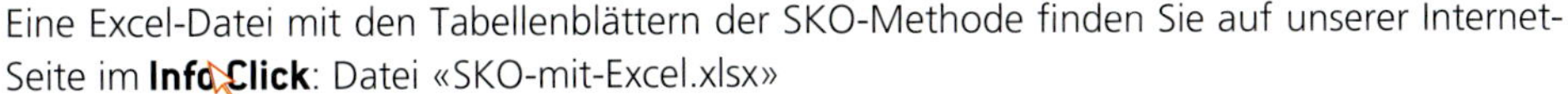

8.4.1 Excel-Umsetzung der SKO-Methode

Das Excel-Dokument, mit dem die SKO-Topologieoptimierungen durchgeführt werden, besteht aus 3 Tabellenblättern:

1. dem Haupttabellenblatt «SKO(i)» – i ist die Iterationszahl,
2. dem Tabellenblatt «Import-Historie», in das die Spannungen aus der FEM importiert und gespeichert werden, und
3. dem Tabellenblatt «SKO (Erklärung)», das die Dokumentation enthält.

Der Excel-SKO-Optimierungsablauf entspricht dem allgemeinen SKO-Ablauf mit einem Zyklus aus Spannungsermittlung und E-Modul-Modifikation. Das komplette Haupttabellenblatt «SKO(i)»

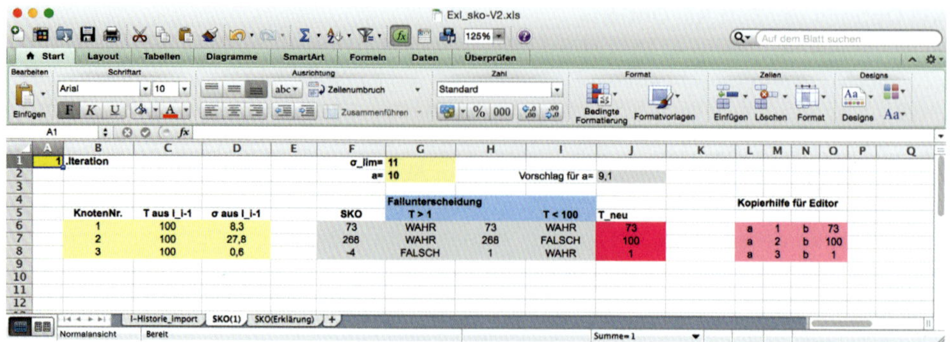

Bild 8.19 SKO-Umsetzung in einem Excel-Sheet – exemplarisch wird für 3 Knoten die SKO-Vorschrift durchgeführt.

erstreckt sich gerade über 15 Spalten und die Anzahl der Zeilen entspricht der Knotenanzahl (Bild 8.19). In den Spalten BCD stehen den Knotennummern die Temperaturen und Spannungen aus der Iteration davor. In den Spalten FGHIJ wird die neue Temperatur berechnet und limitiert. Und schließlich werden in den Spalten LMNO die Knoten und ihre Temperaturen so aufgelistet, dass sie anschließend in einem Editor für den FEM-Import aufbereitet werden können. «a» und «b» sind Platzhalter, die in einem Editor mittels «Suchen und Ersetzen» mit der jeweilige FEM-Syntax ersetzt werden.

Auch in Excel wird nicht der E-Modul direkt modifiziert, sondern die Hilfsgröße Temperatur, der dann im FEM-Tool ein spezifisches E-Modul zugeordnet wird. Die eigentliche SKO-Berechnung der Hilfsvariablen Temperatur findet dann in Spalte F nach folgender Formel statt:

$$T_{\text{neu}} = T_{\text{alt}} + \text{a}(\sigma_{\text{i}} - \sigma_{\text{Ref}})$$

Excel-spezifisch wird dann beispielsweise für den Knoten 1 die Temperatur in Zelle F6 bis J6 mittels Fallunterscheidung nach unten (G6H6) und nach oben (I6J6) auf die jeweiligen Grenzwerte limitiert. In Zelle J6 erscheint die neue Knoten-Temperatur für die nächste SKO-Iteration. Entsprechend wird für die weiteren Knoten zeilenweise vorgegangen.

Der Skalierungsfaktor **a** in Bild 8.20 in Zelle J2 wird automatisch über die Zuordnung E_{max} durch die Referenzspannung bestimmt (vgl. K3.b) und erscheint in dem Excel-Sheet nur als Vorschlag. Der im SKO-Algorithmus verwendete a-Wert steht in Zelle G2 und kann vom Anwender manuell gewählt werden.

8.4.2 Detaillierter Ablaufplan einer Optimierung

Ein Optimierungsablauf besteht aus den drei Hauptschritten A) FEM, B) Excel und C) Texteditor und wird im Folgenden Schritt für Schritt beschrieben. Die einzelnen Arbeitsschritte werden in der linken Spalte und in der rechten Spalte werden die zugehörigen ANSYS-Kommandos und Befehle aufgeführt. Als FEM-Tool wird exemplarisch ANSYS verwendet. Hierbei werden nur die APDL-Kommandos angegeben, die zusätzlich zu einer statischen FEM-Analyse hinzugefügt werden müssen. Bei der ersten Iteration müssen die allgemeinen Excel-Sheets noch an die jeweiligen Knotennummern angepasst werden. Ab der zweiten Iteration kann dann das bestehende Ta-

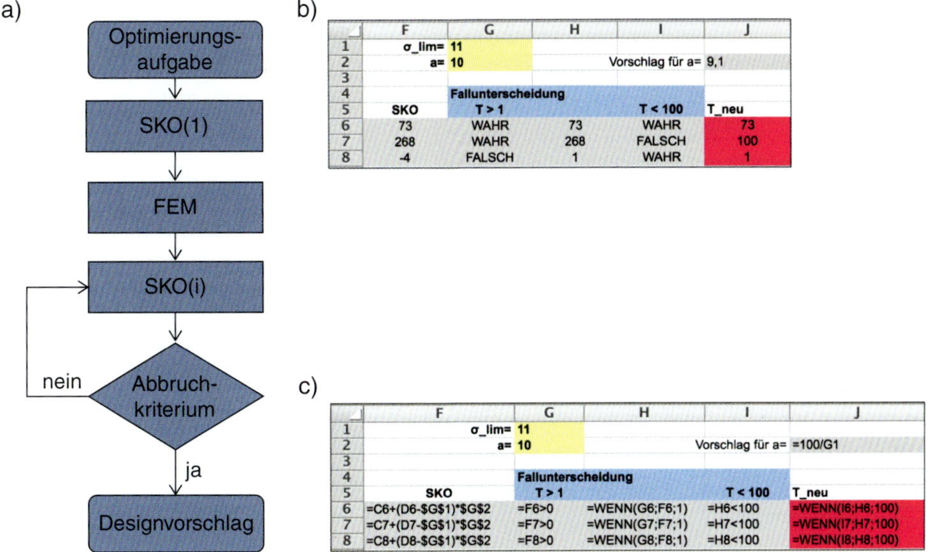

b)

	F	G	H	I	J
1	σ_lim=	11			
2	a=	10		Vorschlag für a=	9,1
3					
4		Fallunterscheidung			
5	SKO	T > 1		T < 100	T_neu
6	73	WAHR	73	WAHR	73
7	268	WAHR	268	FALSCH	100
8	-4	FALSCH	1	WAHR	1

c)

	F	G	H	I	J
1	σ_lim=	11			
2	a=	10		Vorschlag für a=	=100/G1
3					
4		Fallunterscheidung			
5	SKO	T > 1		T < 100	T_neu
6	=C6+(D6-G1)*G2	=F6>0	=WENN(G6;F6;1)	=H6<100	=WENN(I6;H6;100)
7	=C7+(D7-G1)*G2	=F7>0	=WENN(G7;F7;1)	=H7<100	=WENN(I7;H7;100)
8	=C8+(D8-G1)*G2	=F8>0	=WENN(G8;F8;1)	=H8<100	=WENN(I8;H8;100)

Bild 8.20 *Links SKO-Ablaufdiagramm, rechts Kern des Optimierungsalgorithmus*

bellenblatt aus der Iteration davor verwendet werden und es müssen nur noch die Werte der Knotenspannungen und Knotentemperaturen angepasst und aktualisiert werden.

Schritt a) FEM	**ANSYS-APDL**
1. Im FEM-Modell einen temperaturabhängigen E-Modul erzeugen	MPTEMP,1,1 MPTEMP,2,100 MPDATA,EX,1,,210 MPDATA,EX,1,,210000
2. Bei Iteration 1 haben alle Knoten die Temperatur 100.	*bf,all,temp,100*
Ab Iteration 2 die berechneten Temperaturen einlesen Natürlich können die neuen Knotentemperaturen auch einzeln oder über die Zwischenablage eingelesen werden, das ist jedoch sehr langsam.	File/readInputfrom/...
3. Mit dieser Konfiguration die FEM berechnen	
4. Die Spannungen als Liste ausgeben lassen	prnsol,s,prin
5. Alle Einträge der Liste markieren, z.B. mit der Tastenkombination «ctrl+A» und in die Zwischenablage kopieren «ctrl+c»	

Schritt b) Excel

Auf amerikanische Notation umstellen «Extras / Optionen / International»

6. In das Tabellenblatt «Import-Historie»-Zelle B1 die Zwischenablage kopieren (Text Import Assistent-feste Breite / Tabstopp)
   a) Die Spalten nach den Knotennummern aufsteigend sortieren
   b) Alle Spalten bis auf Knotennummer und Von-Mises-Spannung löschen

7. In das Tabellenblatt «SKO(1)» wechseln
   Bei **Iteration i = 1**
   a) σ_{lim} und a in Zelle G1 & G2 eintragen
   b) Aus dem Excel-Sheet «Import-Historie» alle Knotennummern in die Zellen B6 bis B*n* kopieren («n-6» ist die Gesamtzahl der Knoten)
   c) Temperatur 100 in Zellen C6 bis C*n* kopieren
   d) Aus dem Excel-Sheet «Import-Historie» die Spannung σ in Zellen D6 bis Dn kopieren
   e) Zellen F6 bis O6 markieren und als Formeln diese 10 Zellen F6 bis O6 bis Spalte n kopieren
   f) Zellbereich LMNO6 *bis* LMNO*n* in die Zwischenablage kopieren

   Bei **Iteration i > 1**
   a) Tabellenblatt SKO(i) der letzten Iteration kopieren. In der Regel wird das Tabellenblatt automatisch in SKO(i+1) benannt.
   b) Iterationsnummer i in Zelle A1 eintragen
   c) T_{i-1} aktualisieren: Zellen J6 bis J*n* kopieren und «Werte einfügen» in C6 bis C*n*
   d) σ in Zelle D6 bis Dn kopieren (aus «Import-Historie»)
   e) Zellbereich LMNO6 bis LMNO*n* kopieren und in einem Texteditor für den FEM-Import vorbereiten

Schritt c) Texteditor (z.B. TextEdit, UltraEdit, …)

8. Texteditor öffnen
   a) Zwischenablage mittels «Stil anpassen» einfügen
   b) Den Platzhalter a und den Space danach (s. Bild 8.20), kopieren und mittels «*Suchen und Ersetzen*» in den APDL-Befehl «bf,» umwandeln.
   c) Wie in Bild 8.21 den «Space – Platzhalter b – Space» kopieren und mittels «Suchen und Ersetzen» in den APDL-Befehl «temp,» umwandeln
   d) Abspeichern mit der aktuellen Iterationsnummer, z.B. i1.txt

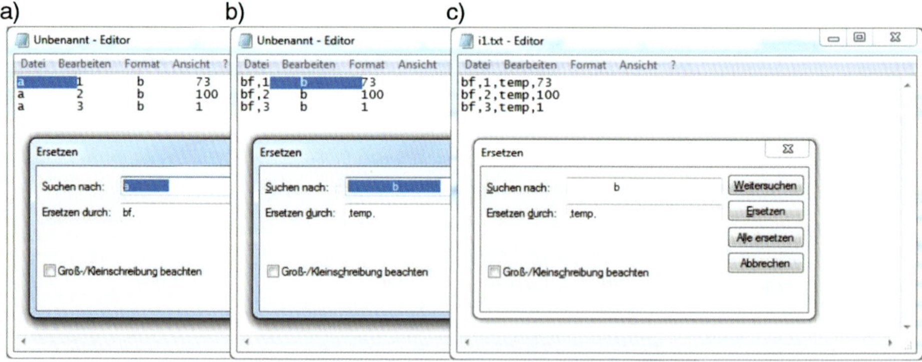

Bild 8.21 *«Suchen und Ersetzen» der Platzhalter «a» (Bild a) und «b» (Bild b) inklusive der Leerzeichen davor und danach der jeweiligen FEM-Syntax führt zu einem FE kompatiblen Inputfile (Bild c).*

8.4.3 Ergebnisdarstellung

Zusätzlich zu der bekannten Darstellung des Designvorschlags im FEM-Postprozessor, bei dem verstärkte Bereiche rot und erweichte Bereich blau gekennzeichnet sind, ermöglicht die Excel-

SKO noch eine weitere Darstellung (Bild 8.22). Für jede Iteration werden die Knotentemperaturen in einer Spalte gelistet. Nun werden in einem Excel-Sheet alle Iterationen dieser Knotentemperaturspalten nebeneinander gereiht und je Iteration die Temperatur absteigend sortiert und farbig markiert. Die Temperatur 100° wird rot, die Temperatur 1° wird blau und alles dazwischen grün eingefärbt. Auf diese Weise erkennt man, wie viele Elemente bei jeder Änderung der Referenzspannung zwischen den beiden Bereichen liegen. Im Laufe weiterer Optimierungszyklen nehmen sie den Wert 100° oder 1° an. Damit ist der Optimierungsschritt beendet und es kann auf die nächsthöhere Referenzspannung oder Massenreduktion gegangen werden.

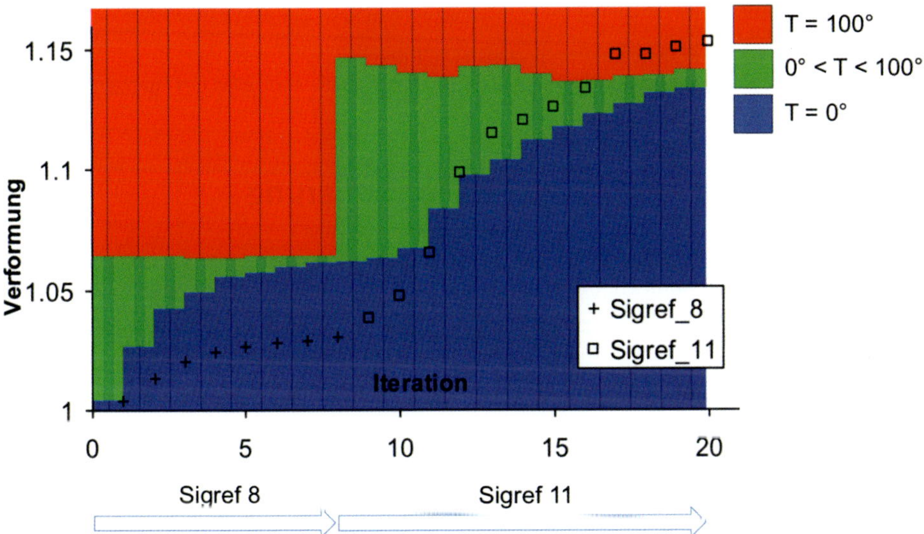

Bild 8.22 *Darstellung der Knotentemperaturverteilung und der Verformung je Optimierungsiteration*

Diese SKO-Umsetzung auf Excel-Basis ist je nach Bedarf und Interesse erweiter- und vor allem teilautomatisierbar. Für eine vollautomatisierte und leistungsfähige Umsetzung kann man dann mit der so gesammelten Erfahrung relativ einfach auf eine reine Programmierung übergehen, z.B. FORTRAN, APDL, ...

8.5 FORTRAN-Programmierung der SKO-Methode

Die Umsetzung in einer Umgebung, aus der auch die FEM gestartet werden kann, ermöglicht automatisierte Routinen. Mit einer ansprechenden Bedienoberfläche und zusätzlichen Optionen, wie Einfügen von vorgegebenen passiven Bereichen, kann der Code schnell auf mehrere hundert Zeilen anwachsen. Bild 8.23 zeigt beispielsweise eine SKO-Umsetzung mit der Programmiersprache FORTRAN. Auf der rechten Seite der Abbildung ist der Kern des Programms, die Modifikation der E-Module in Abhängigkeit der Spannung, dargestellt. Links ist die Programmgliederung mit den einzelnen Funktionen und den zugehörigen Zeilennummern aufgelistet. Das SKO-Programm hat ca. 500 Zeilen, von denen die Hälfte der SKO-Methode direkt zugeordnet werden können. Die andere Hälfte wird für Qualitätssicherungsfunktionen, wie z.B. Überprüfung auf sinnige Usereingaben, verwendet.

a)

1. Status sichern	Zeile 80
2. Variablenübergabe	Zeile 90
3. Laden und Überprüfen der SKO-Konfigurationsdateien	Zeile 96
4. SKO – Iteration durchführen	Zeile 229
a) Vergleichsspannung wird berechnet	Zeile 234
b) Temperaturzuwachs	Zeile 348
c) Neue Knotentemperatur	Zeile 379
d) Beschneidung der Knotentemperatur	Zeile 412
e) Übergabe der Temperatur auf das Modell	Zeile 430
f) Speicherung des Temperaturfeldes	Zeile 457
g) Modifikation der Schritte	Zeile 471
h) Sichern der Variablen	Zeile 480
5. Variablen aufräumen	Zeile 495
6. Status rücksichern	Zeile 515

b)

Kernzeilen des SKO-Programms

```
353
354   DELTA = VM {KKK} - SIREF
355
357   TP {KKK} = TM {KKK} + A*DELTA
358
```

Bild 8.23 *Beispielhafte SKO-Implementierung mit FORTRAN*
a) die einzelnen Programmpakete mit jeweiliger Zeilennummer, b) die Kernzeilen des Programms

8.6 Mathematische Topologieoptimierung

Es gibt mehrere Ansätze, mittels mathematischer Möglichkeiten eine Topologieoptimierung durchzuführen. Die bekanntesten sind die SIMP-Methode (***S****olid* ***I****sotropic* ***M****aterial with* ***P****enalization*) und die Homogenisierungsmethode. Bei beiden Methoden handelt es sich auch um iterative Verfahren, die mit dem Flussdiagramm in Bild 8.24 beschrieben werden. Weitere und tiefergehende Informationen finden sich in der Fachliteratur, z.B. bei [5; 10; 32 und 77].

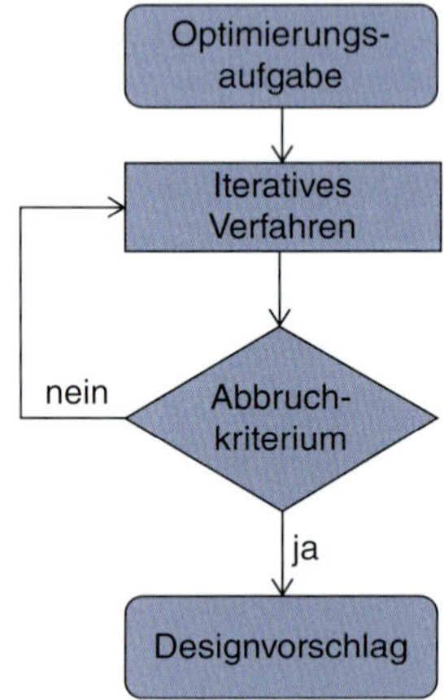

Bild 8.24 *Iteratives Vorgehen bei den mathematischen Programmen der Topologieoptimierung*

8.6.1 Vorgehen einer mathematischen Optimierung

Grundlage der mathematischen Topologieoptimierung ist eine FEM-Rechnung, die auf der Diskretisierung des linearen Gleichungssystems resultiert.

$$Ku = F \qquad \text{(Gl. 8.2)}$$

In Gl. 8.2 ist K die Steifigkeitsmatrix mit der Dimension (nxn), u der Verschiebungsvektor und F der Kraftvektor. Bevor aber optimiert werden kann, muss eine Zielfunktion aufgestellt werden, die maximiert oder minimiert wird.

$$W = F^T u \qquad \text{(Gl. 8.3)}$$

Die verwendete Zielfunktion (Gl. 8.3) stellt die Arbeit W als Produkt aus Kraft und Weg dar. Wird zum Beispiel bei gleicher Last die Arbeit niedriger, dann muss die Verschiebung kleiner geworden sein. Somit findet die geringste Arbeit bei den kleinsten Verschiebungen statt. Die Zielfunktion reicht für eine Optimierung aber noch nicht aus, da mit ihr nur die triviale Lösung gefunden wird. Deshalb wird zusätzlich eine Nebenbedingung (Gl. 8.4) benötigt, um die triviale Lösung auszuschließen.

$$g(\rho) = \sum_{j=1}^{n} V_j \rho_j - V_{ges} Fuell = 0 \qquad \text{(Gl. 8.4)}$$

In Gl. 8.4 bedeutet *Fuell* der Wert des gewünschten Füllgrades, V das Volumen, das sich mit den Indizes j auf ein Elementvolumen und mit *ges* auf das Gesamtvolumen des Bauraumes bezieht. Die Nebenbedingung in Gl. 8.4 vergleicht das aktuelle Strukturvolumen mit einer restriktiven Vorgabe. Die zusätzlichen Nebenbedingungen, dass die Elementdichte ρ_e größer gleich null und kleiner gleich 1 sein muss, wird in der Herleitung vernachlässigt, da dies bei der verwendeten Iterationsmethode nachträglich berücksichtigt werden kann.

Für eine Minimierungsaufgabe mit einer Nebenbedingung verwendet man die Lagrange-Gleichung (Gl. 8.5) mit dem Lagrange-Parameter λ

$$L = W(\rho) + \lambda g(\rho) \qquad \text{(Gl. 8.5)}$$

Die Funktion der Gleichung ist von den Parametern ρ und λ abhängig und wird jeweils nach ihnen differenziert.

$$\frac{\partial L}{\partial \rho_e} = \frac{\partial W}{\partial \rho_e} + \lambda \frac{\partial g}{\partial \rho_e} \qquad \text{(Gl. 8.6)}$$

$$\frac{\partial L}{\partial \lambda} = \sum_{j} V_j \rho_j - V_{ges} Fuell \qquad \text{(Gl. 8.7)}$$

Die Differentiation $\frac{\partial W}{\partial \rho_e}$ aus Gl. 8.6 erhält man mit Hilfe von Gleichung 8.3 und des Produktansatzes.

$$\frac{\partial W}{\partial \rho_e} = \frac{\partial (F^T u)}{\partial \rho_e} = \frac{\partial (F^T)}{\partial \rho_e} u + F^T \frac{\partial u}{\partial \rho_e} \qquad \text{(Gl. 8.8)}$$

Die Lösung von $\frac{\partial u}{\partial \rho_e}$ erhält man durch Differenzieren der Gleichung 8.2.

$$\frac{\partial(Ku)}{\partial\rho_e} = \frac{\partial K}{\partial\rho_e}u + K\frac{\partial u}{\partial\rho_e} = \frac{\delta F^T}{\partial\rho_e}$$
$$K\frac{\partial u}{\partial\rho_e} = \frac{\delta F^T}{\partial\rho_e} - \frac{\partial K}{\partial\rho_e}u$$
$$\frac{\partial u}{\partial\rho_e} = K^{-1}\left(\frac{\delta F^T}{\partial\rho_e} - \frac{\partial K}{\partial\rho_e}u\right) \qquad \text{(Gl. 8.9)}$$

Die Gleichung 8.9 in Gl. 8.8 einsetzen:

$$\frac{\partial(F^T u)}{\partial\rho_e} = \frac{\partial(F^T)}{\partial\rho_e}u + F^T K^{-1}\left(\frac{\delta F^T}{\partial\rho_e} - \frac{\partial K}{\partial\rho_e}u\right) \qquad \text{(Gl. 8.10)}$$

In Gleichung 8.10 ist das Produkt $F^T K^{-1}$ durch die Verschiebung u zu ersetzen.

$$= \frac{\partial(F^T)}{\partial\rho_e}u + u^T\frac{\partial F^T}{\partial\rho_e} - u^T\frac{\partial K}{\partial\rho_e}u$$
$$= 2\frac{\partial F^T}{\partial\rho_e}u - u^T\frac{\partial K}{\partial\rho_e}u \qquad \text{(Gl. 8.11)}$$

Da die Kraft unabhängig von der Dichte ist, kann der erste Term in Gl. 8.11 gestrichen werden, womit Gl. 8.12 die Differentiation der Arbeit nach der Elementdichte ist.

$$\frac{\partial W}{\partial\rho_e} = -u^T\frac{\partial K}{\partial\rho_e}u \qquad \text{(Gl. 8.12)}$$

Nun wird Gl. 8.12 von der Gesamtsteifigkeitsmatrix auf die Elementsteifigkeitsmatrix umgeschrieben.

$$\frac{\partial W}{\partial\rho_e} = \sum_j u_j^T\frac{\partial K_j}{\partial\rho_e}u_j \qquad \text{(Gl. 8.13)}$$

Die Differentiation von Gl. 8.13 nach ρ_e führt zu Gl. 8.14.

$$\frac{\partial W}{\partial\rho_e} = -u_e^T\frac{\partial K_e}{\partial\rho_e}u_e \qquad \text{(Gl. 8.14)}$$

Nun wird die Elementsteifigkeitsmatrix in Abhängigkeit der Elementdichte ρ dargestellt und in Gl. 8.14 eingesetzt. Der Exponent p der Dichte ρ ist nur für ein schnelleres Konvergieren der Lösung verantwortlich.

$$K_e = \rho_e^P K_0$$
$$\frac{\partial W}{\partial\rho_e} = -u_e^T\frac{\partial\rho_e^P}{\partial\rho_e}K_{e0}u = -u_e^T K_{e0}\frac{\partial\rho_e^P}{\partial\rho_e}u \qquad \text{(Gl. 8.15)}$$

In Gl. 8.15 wird Gl. 8.3 und dieses Zwischenergebnis wird in Gl. 8.6 eingesetzt.

$$\frac{\partial W}{\partial \rho_e} = -W_e \frac{\partial}{\partial \rho_e}(\rho_e^P)$$
$$\frac{\partial L}{\partial \rho_e} = -W_e \frac{\partial}{\partial \rho_e}(\rho_e^P) + \lambda V_e \qquad \text{(Gl. 8.16)}$$

Wird Gl. 8.16 null gesetzt und nach der Elementdichte aufgelöst, erhält man eine Beziehung zwischen der Elementdichte und der Elementarbeit. Diese Beziehung ist in Gl. 8.17 vereinfacht dargestellt.

$$\rho_e = \sqrt[p-1]{\frac{\lambda V_e}{W_e p}}$$
$$\rho_e = c_0 \frac{1}{\sqrt{W_e}} \qquad \text{(Gl. 8.17)}$$

Nach Gleichung 8.17 wird die Dichte klein, wenn die Elementarbeit groß wird. Dies ist aber gerade die umgekehrte Abhängigkeit, die gewünscht wird. Abhilfe schafft eine inverse Linearisierung von ρ_e^p.

$$\rho_e^p = \frac{1}{\left[\frac{1}{\rho_e}\right]^p} \overset{linearisiert}{\approx} \frac{1}{\left[\frac{1}{\rho_{e0}}\right]^p} + (-p)\frac{1}{\left[\frac{1}{\rho_{e0}}\right]^{p+1}}\left(\frac{1}{\rho_e} - \frac{1}{\rho_{e0}}\right)$$
$$= \rho_{e0}^p - p\rho_{e0}^{p+1}\left(\frac{1}{\rho_e} - \frac{1}{\rho_{e0}}\right) \qquad \text{(Gl. 8.18)}$$

Das Ergebnis aus Gl. 8.18 wird in Gl. 8.16 eingesetzt:

$$= -W_e \frac{\partial}{\partial \rho_e}\left(\rho_{e0}^p - p\rho_{e0}^{p+1}\left(\frac{1}{\rho_e} - \frac{1}{\rho_{e0}}\right)\right) + \lambda V_e$$
$$= -W_e p \rho_{e0}^{p+1} \frac{1}{\rho_e^2} + \lambda V_e = 0 \qquad \text{(Gl. 8.19)}$$

und Gl. 8.19 nach der Elementdichte aufgelöst.

$$\frac{1}{\rho_e^2} = \frac{\lambda V_e}{W_e p \rho_{e0}^{p+1}}$$
$$\rho_e = \sqrt{\frac{W_e p \rho_{e0}^{p+1}}{\lambda V_e}} \qquad \text{(Gl. 8.20)}$$

Nun muss nur noch Gleichung 8.7 gleich null gesetzt werden.

$$0 = \sum_{j=} V_j \rho_j - V_{ges} Fuell \qquad \text{(Gl. 8.21)}$$

Die Optimierung einer Struktur kann nun mit den Gleichungen 8.20, 8.21 und einer Lösungsmethode durchgeführt werden.

Zum Verständnis der mathematischen Topologieoptimierung hilft ein einfaches Beispiel (Bild 8.25).

Die Struktur in Bild 8.25 besteht aus 6 Elementen, womit für eine Topologieoptimierung 7 Gleichungen zu lösen sind. Für jedes der sechs Elemente wird die Gleichung 8.20 aufgestellt und zusätzlich die Nebenbedingung Gleichung 8.21, was insgesamt 7 Gleichungen ergibt.

$$\rho_1 = \sqrt{\frac{W_1 p \rho_{10}^{P+1}}{\lambda V_1}}; \ldots\ldots; \rho_6 = \sqrt{\frac{W_6 p \rho_{60}^{p+1}}{\lambda V_6}}$$

$$V_1\rho_1 + V_2\rho_2 + V_3\rho_3 + V_4\rho_4 + V_5\rho_5 + V_6\rho_6 - V_{ges} \cdot Fuell = 0$$

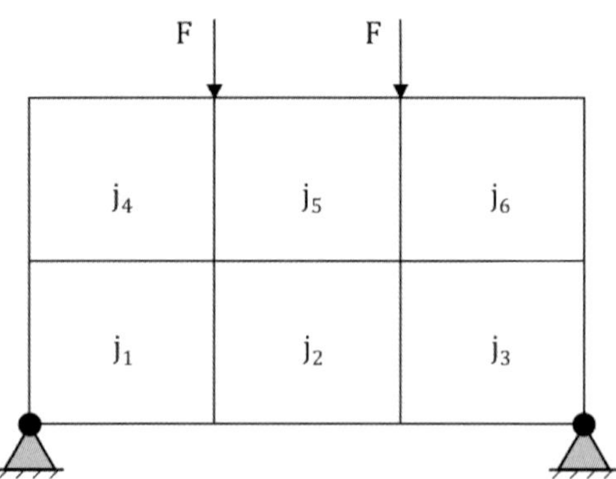

Bild 8.25 *Ein einfaches Optimierungsbeispiel*

Lösungsmethoden

Es gibt mehrere Lösungsmethoden, von denen exemplarisch an dieser Stelle die Dualmethode und die Intervallmethode behandelt werden. Bei der Dualmethode wird Gleichung 8.20 für jedes der *n* Elemente aufgestellt. Diese *n* Gleichungen werden in Gl. 8.21 eingesetzt und dann nach der Unbekannten λ aufgelöst. Somit ist der lagrangesche Parameter berechnet. Wird er in Gl. 8.20 eingesetzt, ergibt sich die Elementdichte der einzelnen Elemente. Jedoch ist es bei der Berechnung dieser Methode sehr schwer, die zusätzlichen Nebenbedingungen, $0 \leq \rho_e \leq 1$, zu berücksichtigen.

Diese Probleme können bei der Intervallmethode leicht gehandhabt werden. Elementdichten, die der Nebenbedingung $0 \leq \rho_e \leq 1$ nicht genügen, werden modifiziert. Sind sie zu klein, werden sie auf den Wert Null gesetzt, und wenn sie zu groß sind, auf den Wert Eins. Die Konvergenz wird durch diese Modifikation nur gering beeinflusst. Aufgrund dieses Vorteils wird überwiegend die Intervallmethode verwendet.

Des Weiteren wird für λ eine untere Grenze λ_u und eine obere Grenze λ_o festgelegt. Danach wird auch hier für jedes Element die Gleichung 8.22 aufgestellt. Bei der ersten Iteration berechnet sich die Elementdichte ρ_e in Gl. 8.22 mit $\lambda_1 = 0{,}5 \cdot (\lambda_u + \lambda_o)$. Die Ergebnisse der *n* Gleichungen werden dann in Gl. 8.23 eingesetzt. Falls Gleichung 8.17 $\frac{\partial L}{\partial \lambda} > 0$ in der ersten Iteration ist, bedeutet dies, dass die Dichte zu hoch ist. Somit muss in der zweiten Iteration ein ρ-Wert verwendet werden, der 0,5-mal so groß ist wie der aktuelle ρ-Wert. Wenn aber in der ersten Iteration $\frac{\partial L}{\partial \lambda} < 0$ ist, dann muss in der zweiten Iteration der ρ-Wert größer sein, und zwar 1,5-mal so groß wie der aktuelle λ-Wert. Somit beträgt der Betrag der Differenz $|\lambda_{n+1} - \lambda_{n+2}|$ jeweils die Hälfte von dem vorhergehenden Differenzbetrag $|\lambda_n - \lambda_{n-1}|$.

8.6.2 TopOpt-Optimierungsprogramm

Die TopOpt-Gruppe der «Technischen Universität von Dänemark (DTU)» hat das Thema Strukturoptimierung wissenschaftlich stark geprägt und vorangebracht. Am Anfang noch unter der Leitung von Prof. Dr. Martin Bendsoe, hat mittlerweile Prof. Dr. Ole Sigmund die Leitung übernommen. Die Forschergruppe entwickelt professionelle Programme für Industrie- und Forschungsanwendungen, die sich für Problemstellungen mit über 100 Mio. Designvariablen und über 250 Mio. Freiheitsgraden eignen.

TopOpt für Matlab

Von diesen professionellen Hochleistungsprogrammen hat die TopOpt-Gruppe einfache Demonstrationsprogramme für die Lehre abgeleitet. Schon 1999 wurde für Studenten und Einsteiger auf dem Gebiet der Topologieoptimierung eine einfache Topologieoptimierung in Matlab entwickelt und veröffentlicht [81]. Dieses Programm benötigt gerade einen 99 Zeilen langer Matlab-Code und basiert auf dem SIMP-Ansatz. 2010 wurde sogar ein nur 88 Zeilen langer TopOpt-Code veröffentlicht [4]. Diese Matlab-Programme sind für die Ingenieursausbildung vorgesehen und sind beispielsweise für mehrere Lastfälle, passive Bereiche usw. erweiterbar. Neben dieser Matlab-Umsetzung gibt es seit 2012 auch eine intuitive App für Smart Devices [1].

INTERNET

Information und auch die Programmcodes können unter www.topopt.dtu.dk unter «Applets and Software» heruntergeladen werden.

TopOpt-App für Smartphones

INTERNET

Die TopOpt-App ist im Apple-App-Store oder Google-Play-Store kostenfrei downloadbar.

Als Einstieg und für Demonstrationszwecke bietet sich die TopOpt-App an [1]. Es ist ein nahezu selbsterklärendes Programm und läuft auf IOS, Android und als Web-Applikation. In dieser App können in einem 2D-Designraum Kräfte, Lager usw. appliziert und dafür der optimierte Designvorschlag bestimmt werden. Besonders schön daran ist, dass während einer laufenden Optimierung Randbedingungen geändert werden können und die Struktur sich den geänderten Randbedingungen «live» anpasst. Dieser Umbauprozess kann somit auf dem Bildschirm verfolgt werden, z.B. wenn eine Last entfernt oder verschoben wird und sich der Designvorschlag darauf iterativ der neuen Belastungssituation entsprechend umgestaltet.

Die App weist als Bedienoberfläche den in Bild 8.26 dargestellten Screen auf. Auf der rechten Seite befindet sich der zu optimierenden Designraum und links davon befinden sich die anwendbaren Funktionen, wie Randbedingungen, Einstellungen usw. Bei einigen Funktionen erscheint nach dem Antippen ein Drop-down-Menü mit einer vergrößerten Auswahlmöglichkeit. So kann z.B. bei den Lagern zwischen 1-wertige und 2-wertige Lager ausgewählt werden. Welche Anwenderfunktion gerade aktiviert ist, sieht man in der rechten oberen Ecke einge-

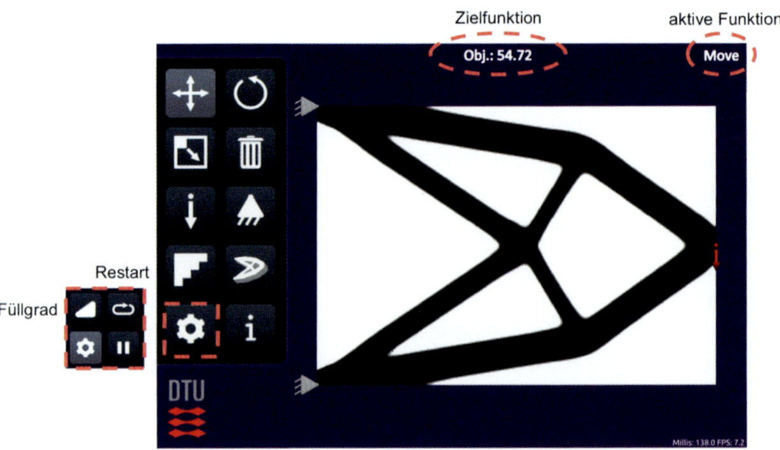

Bild 8.26 *One-Screen-Bedienoberfläche der TopOpt-App*

blendet. In diesem Fall ist die Funktion «Move» aktiv, also die translatorische Verschiebung von Randbedingungen. Zentral in der Mitte des oberen Seitenrandes befindet sich der aktuelle Wert der Zielfunktion, der möglichst klein werden soll. Er quantifiziert die Designvorschläge und ermöglicht so, aus verschiedensten Designvorschlägen den mechanisch sinnvollsten auszuwählen.

Zwei besonders wichtige Funktionen befinden sich hinter dem Zahnradsymbol, dem «Konfigurationsmenu». Neben der Einstellung des Füllgrades kann hier ein Restart durchgeführt werden. In diesem Fall wird der bisherige Optimierungsprozess zurückgesetzt und mit einer einheitlichen Materialverteilung die Strukturoptimierung neu gestartet. Dies sollte am Ende einer Designfindung immer nochmals durchgeführt werden, um zu überprüfen, ob man sich in einem lokalen Minimum befindet. Beispielsweise werden in Bild 8.27 die zusätzlichen Lagerstellen im Teilbild b) erst in die Struktur integriert, wenn ein Restart durchgeführt wird, wodurch sich die Zielfunktion von 8,5 deutlich auf 2,5 reduziert.

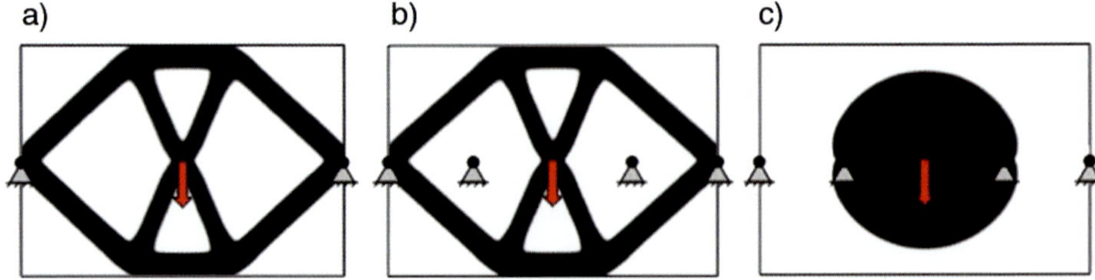

Bild 8.27 *Optimierungshistorie lässt den Designvorschlag (a) in einer suboptimalen Lösung verharren. Zusätzliche Lager (b) werden erst nach einem Restart in die Struktur (c) eingebunden.*

9 Kraftkegelmethode (KKM)

9.1 Motivation und Grundgedanke

Die Kraftkegelmethode stellt ein Denkwerkzeug dar, mit dem computerfrei kraftflussgünstige Bauteilstrukturen gefunden werden können. Bisher wurden verschiedene Topologieverfahren und -programme, teilweise auch sehr detailliert, eingeführt. Dies sind aber nur Vehikel, um ein Bauteil kraftflussgünstig zu gestalten. Diese automatisierten Programme unterstützen den Anwender nicht dabei, den Kraftfluss zu verstehen und so die Lösung nachvollziehen zu können.

Ein Verständnis des Kraftflusses hilft,

- die immer komplexeren, dafür aber auch genaueren Topologieoptimierungsprogramme auf Plausibilität zu überprüfen;
- ein Verständnis für Leichtbau-Strukturen zu entwickeln (Didaktik);
- in der sehr frühen Phase der Produktentwicklung. Es wird wenig Input und Aufwand benötigt und trotzdem können schon qualitative Aussagen für ein sinnvolles Bauteillayout gegeben werden, z.B. in welchen Strukturbereichen Durchbrüche bzw. Mannlöcher ohne große Steifigkeitsverluste eingebracht werden können, wo sinnvolle Lagerpunkte sind usw.

Der Grundgedanke der Kraftkegelmethode ist, dass vor einem Kraftangriffspunkt die Belastung druck- und dahinter zugdominiert ist und der hauptbelastete Bereich jeweils einem 90°-Kegel entspricht. Im zweidimensionalen Schnitt, oder einer ebenen Betrachtung, sind dies gleichschenklige Dreiecke mit einem Öffnungswinkel von 90°, die im Folgenden aber auch als Kegel bezeichnet werden. Die Wirkung einer Einzelkraft in einer unendlich großen elastischen Platte kann analytisch berechnet werden. Die Verteilung der Radialspannungen ist in Bild 9.1 veranschaulicht; dort sind Zugspannungen gelb, Druckspannungen blau und die Größe und Richtung der Spannung mittels der Pfeilrichtung und -Länge dargestellt. In der Überlagerung mit entsprechenden Kraftkegeln wird deutlich, dass der Großteil der Spannungen innerhalb der beiden 90°-Schenkel der beiden Kraftkegel wirkt [55, S. 136].

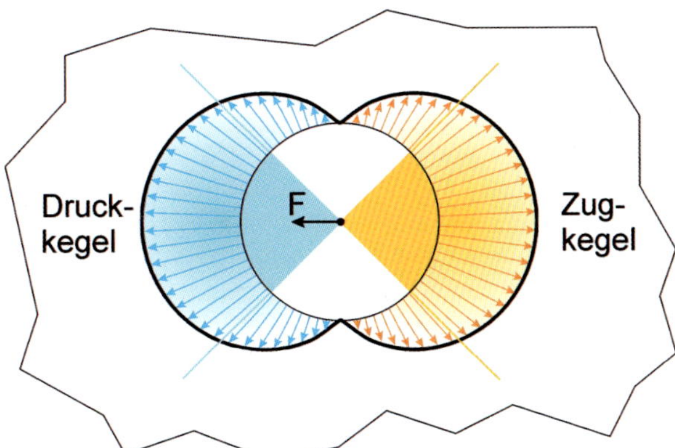

Bild 9.1 *Radialspannungsverteilung um eine Einzellast F mit überlagerten gleichschenkligen 90°-Dreiecken (blauer Druckkegel und gelber Zugkegel) visualisiert die Kraftverteilung entsprechend der Kraftkegelmethode* (Mattheck *[55, S. 136])*

9.2 Begriffe der Kraftkegelmethode

Neben den schon bekannten Begriffen der Strukturoptimierung, wie Designraum, restricted area usw., die natürlich auch bei der KKM gelten, gibt es noch die folgenden Begriffe und Definitionen.

- Kraftkegel: Hauptbelaster, kegelförmiger Bereich vor und hinter einer Last
- Lagerebene: Eine Gerade durch die Lager entspricht der Lagerebene.
- Wirklinie der Kraft: Die Richtung der Kraft
- Höhe *H*: Kürzester Abstand vom Kraftangriffspunkt zur Lagerebene
- Lagerabstand *L*: Abstand der Lager
- Primärpunkt: Schnittpunkt unterschiedlicher Kraftkegel
- Kraftangriffspunkt: Die Kraft soll am Pfeilende, also gegenüber der Pfeilspitze, in die Kraft-Kegelstruktur eingeleitet werden.

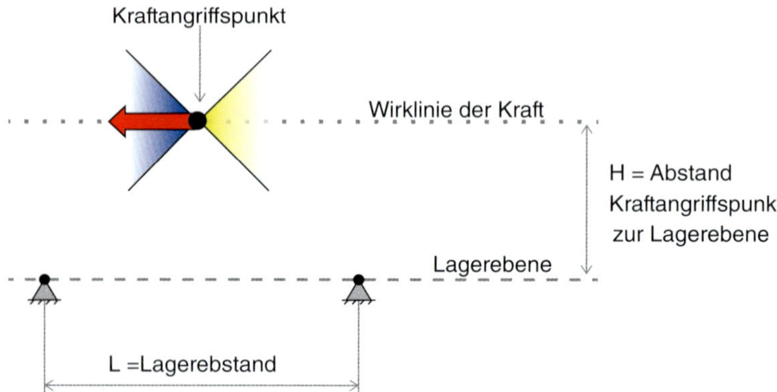

Bild 9.2 *Begriffe der Kraftkegelmethode mit einem blauen Druck- und einem gelben Zugkegel*

9.3 Drei Varianten der Kraftkegelmethode

Auf Basis der Zug- und Druck-Kraftkegel und von Erkenntnissen aus Untersuchungen zum Kraftfluss hat Prof. C. Mattheck für drei verschiedene Einsatzbereiche ein grafisches Vorgehen entwickelt (siehe Bild 9.3):

a) Wirklinie der Kraft ist senkrecht zur Lagerebene.
b) Wirklinie der Kraft ist parallel zur Lagerebene.
c) Wirklinie der Kraft ist parallel zur Lagerebene und der Kraftangriffspunkt ist deutlich größer als der Abstand der Lager zueinander. Dies gilt ab einem Verhältnis $H / L > 1{,}5$.

Wiederholung Kraftfluss

Der Kraftfluss ist bestrebt, einen Kräfteausgleich herzustellen. Dies erreicht er entweder mittels gleich großer, aber entgegengerichteter Reaktionskräfte an den Lagern oder der Kraftfluss ist in sich selber geschlossen, wie bei einer Schraubenverbindung (siehe Kapitel 4).

Bei dem Kraftfluss kann folgende Favorisierung mit abnehmender Priorität beobachtet werden:

a) Der direkte und kürzeste Weg zur Lagerung. Hierbei möglichst die Wirklinie der Kraft beibehalten (es entsteht kein Moment) und den belasteten Bereich verbreitern. So entstehen die Zug- und Druckkegel.
b) Liegt die Lagerung nicht auf der Wirklinie der Kraft, wird bis zu einer Abweichung des Kraftflusses von 45° der direkte und damit kürzeste Weg gewählt.
c) Ist die Abweichung der Lagerstelle von der Wirklinie der Kraft größer als 45°, wird eine Hilfskonstruktion gewählt, die nicht mehr der kürzesten Verbindung zur Lagerung entspricht.
d) Ist es durch geometrische Restriktionen nicht möglich, solch eine Hilfskonstruktion zu bilden, gibt es auch Abweichungen von der Wirklinie größer als 45°.
e) Kann der Kraftfluss nicht geschlossen werden bzw. in die Lager fließen, entsteht ein dynamisches System.

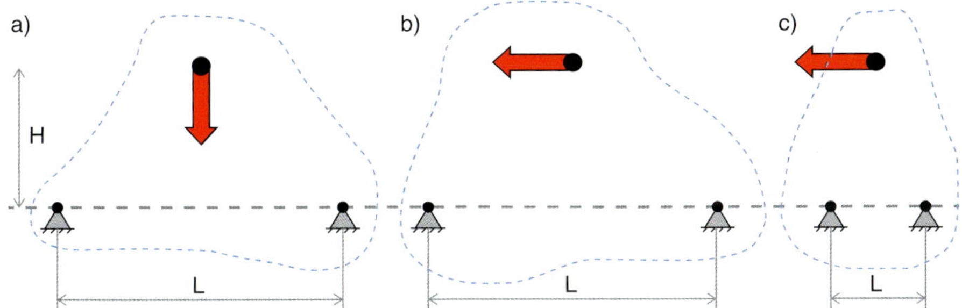

Bild 9.3 *Darstellung der drei unterschiedlichen Einsatzbereiche der KKM*
a) Wirklinie der Kraft ist senkrecht zu der Lagerebene, b) Wirklinie ist parallel zu der Lagerebene und als Unterdifferenzierung ist, c) die Wirklinie der Kraft parallel zur Lagerebene und der Kraftangriffspunkt deutlich größer als der Abstand der Lager zueinander.

9.3.1 Allgemeine Vorgehensweise

Von der Favorisierung des Kraftflusses ausgehend, lässt sich eine allgemeine Vorgehensweise ableiten, um Kraftkegelstrukturen zu konstruieren.

1. Aus den Randbedingungen werden die Last- und Lagerbedingungen wie auch Bauraumrestriktionen ermittelt.
2. Die Richtungen der Lagerkräfte werden rein qualitativ bestimmt.
3. Die Zug- und Druck-Kraftkegel werden an der Kraft und den Lagern vorzeichenrichtig eingezeichnet.
4. Fallunterscheidung:
   a) Kann die Kraft mit einer maximalen Abweichung von 45° zu ihrer Wirklinie in ein Lager fließen, bilden sich direkte Streben.
   b) Im anderen Fall bilden sich Hilfskonstruktionen aus. Schneiden sich unterschiedliche Kraftkegel rechtwinklig, werden diese Schnittpunkte markiert. Dies sind sogenannte Primärpunkte; sie dienen als Verbindungsknoten von Streben. Zugewandte Primärpunkte werden miteinander verbunden.
   c) Stößt der Kraftkegel an eine Bauraumgrenze, folgt er dieser und bildet an dem Knick einen Primärpunkt mit einer aussteifenden Strebe aus.

5. Zum Schluss die Zeichnung bereinigen und die Streben je nach Belastungsart als Seile oder Druckstützen visualisieren.

Im Anschluss folgt bei Bedarf noch die rechnerische Dimensionierung der Druckstützen und Zugseile.

9.3.2 Variante 1: Wirklinie der Kraft ist senkrecht zur Lagerebene

Ist die Wirklinie der Kraft senkrecht zur Lagerebene orientiert, kann mit den fünf Schritten der allgemeinen Vorgehensweise eine Kraftkegelstruktur konstruiert werden. In Bild 9.4 wird dies für einen Dreipunktbiegeträger durchgeführt.

Ist die Kraft senkrecht zur Lagerebene, können im Schritt zwei die Lagerkräfte auch rechnerisch bestimmt werden, wenn Sie nicht direkt erkannt werden. Hierbei wird mit Hilfe eines beliebigen kompakten Körpers und der «Summation der Kräfte und Momente» die Richtung der Lagerkräfte berechnet. Eigentlich handelt es sich bei zwei Festlagern um eine unbestimmte Lagerung; da die Kraft jedoch nur senkrecht zur Lagerebene wirkt, hat dies keinen Einfluss auf die Rechnung.

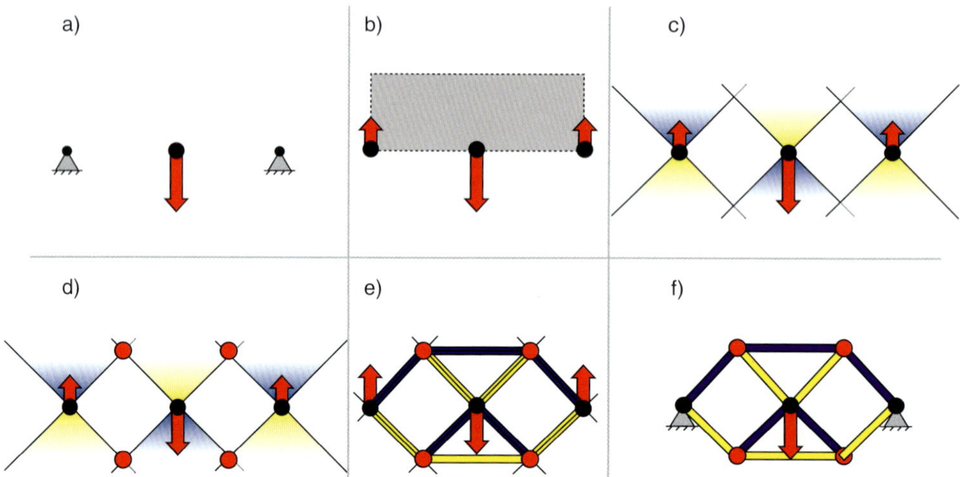

Bild 9.4 *KKM-Vorgehensweise Variante 1*
a) Last- und Lagerbedingungen festlegen, b) Richtung der Lagerkräfte bestimmen, c) Kraftkegel der Kraft und der Lagerkräfte einzeichnen, d) Primärpunkte bei Schnitt unterschiedlicher Kraftkegel setzen, e) Verbindung zwischen zugewandten Primärpunkten herstellen; das führt zu f) der fertigen Leichtbau-Struktur (nach MATTHECK [57, S. 232; 30, S. 40]).

Mit diesen fünf Schritten der KKM wird auf beiden Seiten der Lagerebene eine Struktur konstruiert. Da aber das Ziel gilt, mit möglichst wenig Material eine Struktur zu erzeugen, wird bei nicht symmetrischen Fällen von den beiden Konstruktionen der lastferne Strukturbereich weggelassen (Bild 9.5). Der lastnahe Bereich weist kürzere Streben auf und ist bei gleicher Querschnittsdimensionierung damit nicht nur leichter, sondern auch die steifere Konstruktion. Also bei mehreren sinnvollen Strukturen jeweils nur die kleinste eigenständige Struktur verwenden.

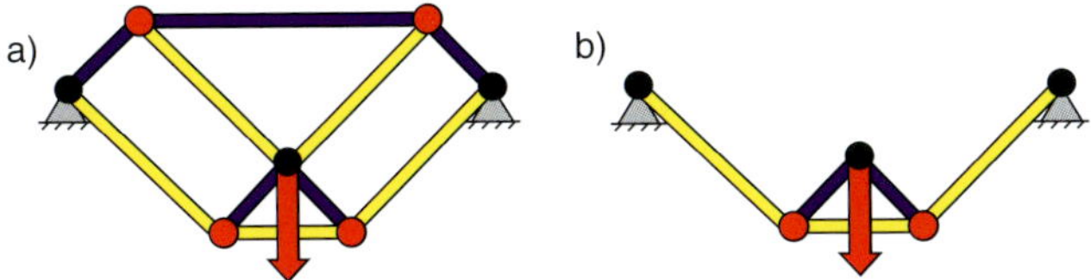

Bild 9.5 *Darstellung der kompletten Struktur*
a) Liegen lastferne Strukturbereiche vor, können diese auch weggelassen werden (b).

Der Einfluss des Kraftangriffspunktes auf die sich ausbildende Struktur ist am Beispiel einer mittigen Vertikalkraft in Bild 9.6 zu sehen. Zusätzlich zeigt auch dieser Überblick, dass die lastfernen Strukturbereiche weggelassen werden.

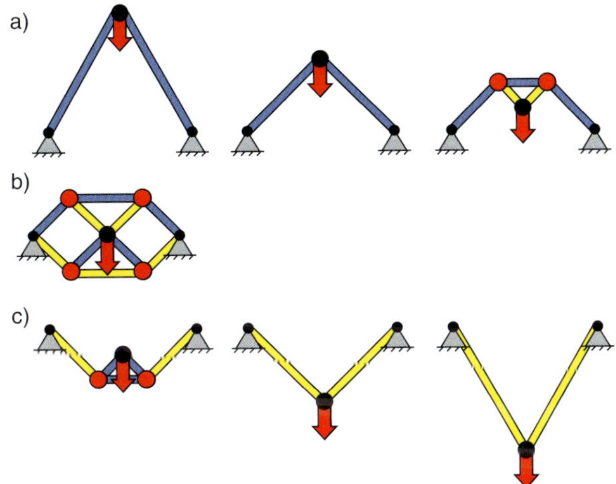

Bild 9.6 *Übersichtsdarstellung des Einflusses der Position des Kraftangriffspunktes auf die sich ausbildende Struktur am Beispiel einer mittigen Vertikalkraft*
a) Kraftangriffspunkt oberhalb der Lagerebene, b) Kraftangriffspunkt in der Lagerebene, c) Kraftangriffspunkt unterhalb der Lagerebene
(Mattheck [57, S. 239])

9.3.3 Variante 2: Wirklinie der Kraft ist parallel zur Lagerebene

Ist die Wirklinie der Kraft parallel zur Lagerebene orientiert, kann ebenso mit den fünf Schritten der allgemeinen Vorgehensweise eine Kraftkegelstruktur konstruiert werden. Die Richtungen der Lagerkräfte lassen sich bei Variante 2 – die Wirklinie der Kraft ist parallel zur Lagerebene – nicht mehr über das mechanische Gleichgewicht mit den Bedingungen «die Summe aller Kräfte und Momente muss gleich null sein» berechnen, aber einfach herleiten. Hier gilt:

MERKSATZ

Ist die Kraft innerhalb des direkten Kegels und es bilden sich also direkte Streben, dann wirkt die größte Komponente der resultierenden Lagerkräfte kraftparallel und somit sind die Kraftkegel horizontal ausgerichtet. Befindet sich der Kraftangriffspunkt außerhalb, überwiegt die Biegung, und die größte Komponente der resultierenden Lagerkräfte steht senkrecht zur Kraft und in diese Richtung sind auch die Kraftkegel ausgerichtet (Bild 9.7).

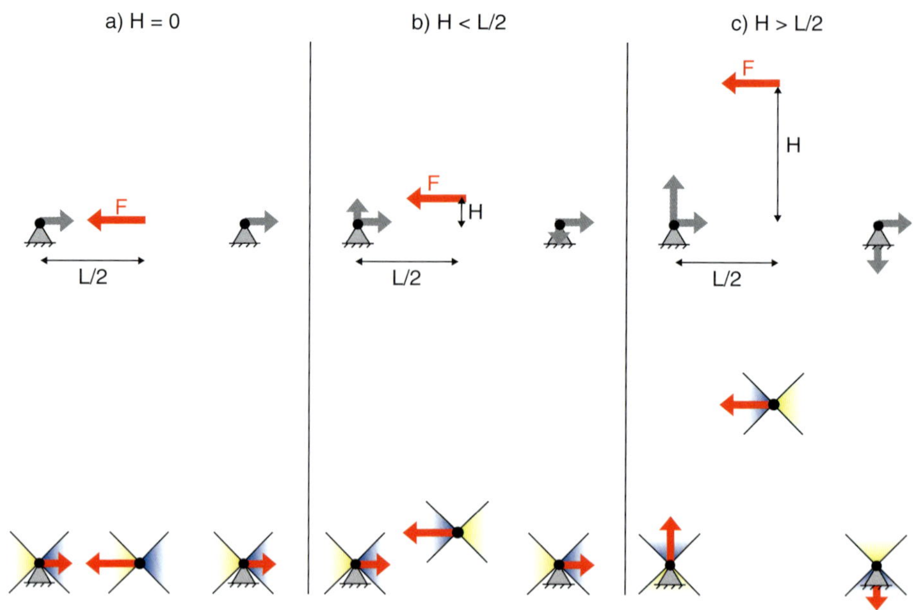

Bild 9.7 *Darstellung der Lagerkräfte (obere Reihe) und der davon abgeleitete Kraftkegel (untere Reihe) in Abhängigkeit verschiedener Kraftangriffspunkte*
a) Kraftangriffspunkt in der Lagerebene, b) Kraftangriffspunkt bei $H < L/2$, c) Kraftangriffspunkt bei $H < L/2$

Die KKM-Variante 2 wird am Beispiel des Kragträgers in Bild 9.8 vorgeführt. Die Kraft wirkt an einem Kraftangriffspunkt, der weiter als L/2 von der Lagerebene entfernt ist. Da die Kraft nicht direkt in die Lager fließen kann – sonst müsste sie von ihrer Wirklinie um mehr als 45° abweichen –, werden Hilfskonstruktionen gebildet. Des Weiteren überwiegt nun die Biegebelastung, weshalb die Kraftkegel der Lagerkräfte senkrecht zur Wirklinie der Kraft orientiert sind.

Der Einfluss des Kraftangriffspunktes auf die sich ausbildende Struktur ist am Beispiel einer mittigen Horizontalkraft in Bild 9.9 zu sehen. Die drei Strukturen in Teilbild a) befinden sich im direkten Kraftkegel, d.h., die Lager-Kraftkegel sind horizontal orientiert und es bilden sich direkte Streben. Die Struktur in Teilbild b) kann mit den beiden Vorgehensweisen ermittelt werden. Und in Teilbild c) ist der Kraftangriffspunkt außerhalb des direkten Kraftkegels, weshalb Hilfskonstruktionen sich bilden und die Kraftkegel der Lagerkräfte horizontal orientiert werden. Zusätzlich zeigt dieser Überblick, dass auch bei Variante 2 die lastfernen Strukturbereiche weggelassen werden.

9.3.4 Variante 3: Wirklinie der Kraft ist parallel zur Lagerebene und Lagerabstand ist geringer als die Höhe des Kraftangriffspunktes

Die dritte Variante der KKM wird verwendet, wenn die Wirklinie der Kraft parallel zur Lagerebene orientiert ist und der Kraftangriffspunkt deutlich größer ist als der Abstand der Lager zueinander. Dies gilt ab einem Verhältnis $H/L > 1{,}5$ [57, S. 249], siehe Bild 9.10. In diesem Fall führt Variante 2

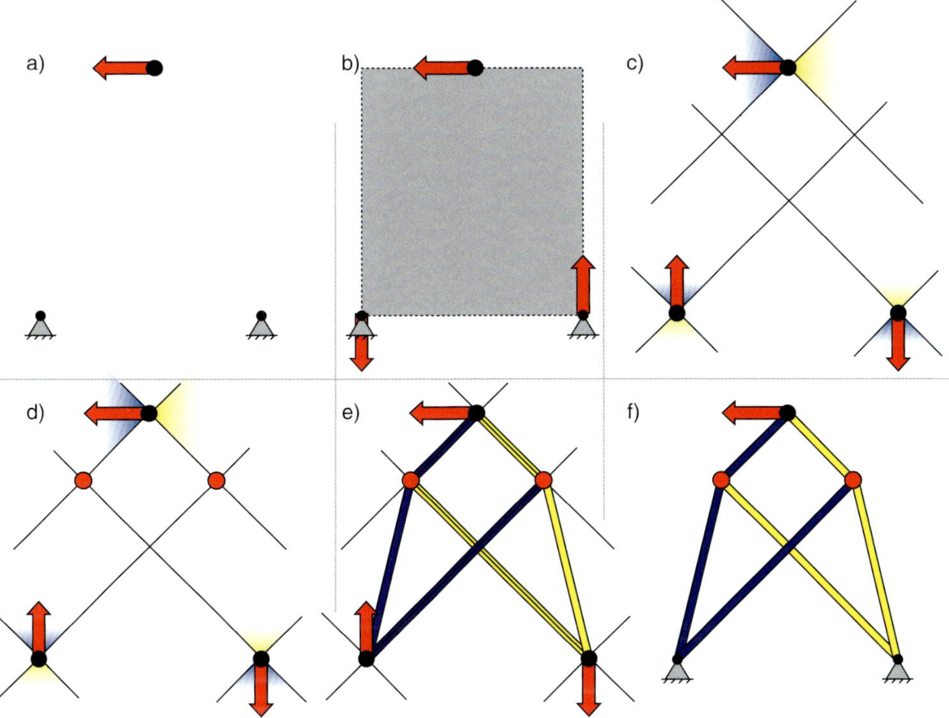

Bild 9.8 *KKM-Vorgehensweise Variante 2*
a) Last- und Lagerbedingungen festlegen, b) Richtung der Lagerkräfte bestimmen, c) Kraftkegel der Kraft und der Lagerkräfte einzeichnen, d) Primärpunkte bei Schnitt unterschiedlicher Kraftkegel setzen, e) Verbindung zwischen zugewandten Primärpunkten herstellen; das führt zu, f) fertige Leichtbau-Struktur

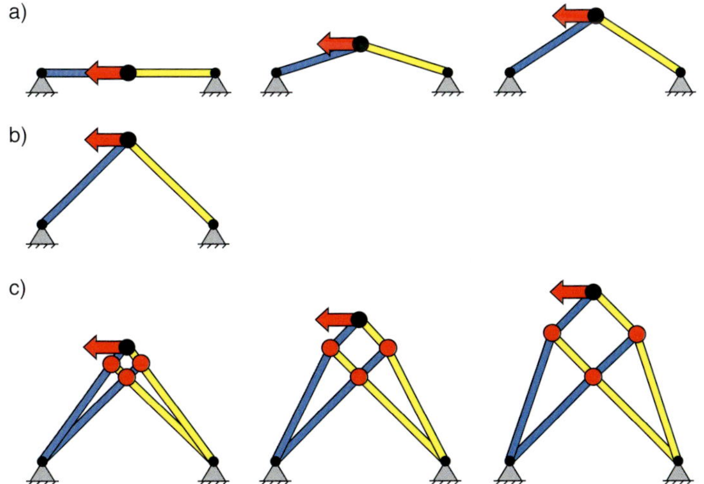

Bild 9.9 *Übersichtsdarstellung des Einflusses der Position des Kraftangriffspunktes auf die sich ausbildende Struktur am Beispiel einer mittigen Horizontalkraft*
a) Kraftangriffspunkt $H < L/2$, b) Grenzfall der Kraftangriffspunkte bei $H = L/2$, c) Kraftangriffspunkt $H > L/2$ (MATTHECK [57, S. 243])

mit der allgemeinen Vorgehensweise mit ihren fünf Schritten zu Strukturen, bei denen die Kraftflussumlenkung in den äußeren Streben größer als 45° ist.

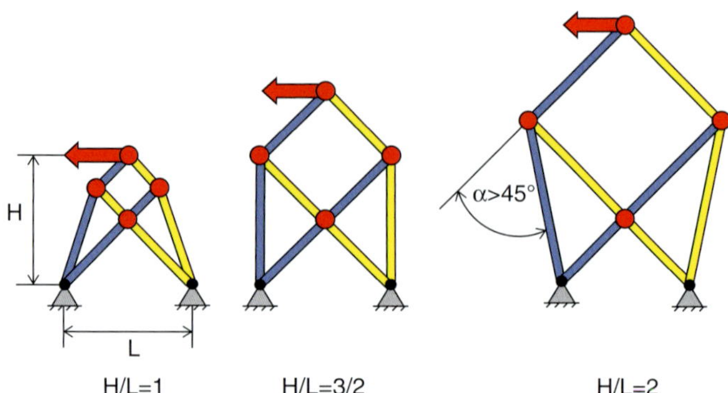

Bild 9.10 *Übersichtsdarstellung des Einflusses der Position des Kraftangriffspunktes auf die sich ausbildende Struktur bei einer mittigen Horizontalkraft, wenn H / L besonders groß wird. Größere Verhältnisse als H / L = 1,5 führen zu äußeren Streben, bei denen die Kraftflussumlenkung größer als 45° ist.* (Mattheck [57, S. 249])

Ist die Höhe des Kraftangriffspunktes deutlich größer als der Lagerabstand, entspricht dies oft einer Querkraft, die in eine Welle eingeleitet wird. Damit ist der Kreis die Lagerung und alle Punkte des Kreises wirken somit wie Festlager, weshalb er auch als Lagerkreis bezeichnet wird. Dies ist die KKM-Variante 3, die bei Mattheck [57, S. 249] und Haller [30] auch als Torsionsanker bezeichnet wird. In Bild 9.11 wird die Konstruktion vorgestellt.

Nicht nur bei der Lagerung unterscheidet sich die KKM-Variante 3, sondern sie wird im Unterschied zu den beiden ersten Varianten auch mit einer anderen Vorgehensweise erstellt. So treffen die inneren Streben der KKM-Konstruktion bei der KKM-Variante 3 immer im 45°-Winkel auf den Lagerkreis.

Der Lagerkreis hat einen Radius R und als Konstruktionshilfe kann ein zusätzlicher innerer Kreis mit einem Radius $R_K = R$ / Wurzel 2 verwendet werden. Der Hilfskreis ermöglicht es, mittels Tangenten eine einfache Kraftkegelkonstruktion zu erzeugen, da eine Linie, die den inneren Hilfskreis tangential berührt, den Lagerkreis im Winkel von 45° schneidet.

Auf der Lagerseite ist der nähestgelegene Punkt des Lagerkreises zu der Kraft der erste Lagerpunkt. Am Lagerpunkt – wie auch bisher an der Last – werden Zug- und Druck-Kraftkegel eingezeichnet. Die beiden Kraftkegel schneiden sich rechtwinklig und an diesen Schnittpunkten befinden sich die ersten beiden Primärpunkte.

Die Kraftkegelränder der angreifenden Kraft sind der erste Teil der äußeren Kraftkegelkonstruktion. Die innere Konstruktion setzt sich aus 45°-Streben zusammen. Die Anzahl und damit der Abstand der 45°-Streben zueinander sind frei wählbar. Bei unendlicher Anzahl von 45°-Streben ergibt sich die Kreisevolvente und mit abnehmender Tangentenzahl erhält man eine schlankere Kraftkegelkonstruktion [57, S. 246]. Die Länge der nächsten, inneren Strebe und damit der zweite Primärpunkt sind dadurch festgelegt, dass eine orthogonale Linie auf der zweiten Strebe genau den Primärpunkt der ersten Strebe schneidet. Diese Vorgehensweise wird nun so oft durchgeführt, bis ein Primärpunkt den Lagerkreis schneidet oder mit ihm zusammenfällt. Zum Schluss wird die Zeichnung bereinigt und die Streben werden je nach Belastungsart als Seile oder Druckstützen visualisiert.

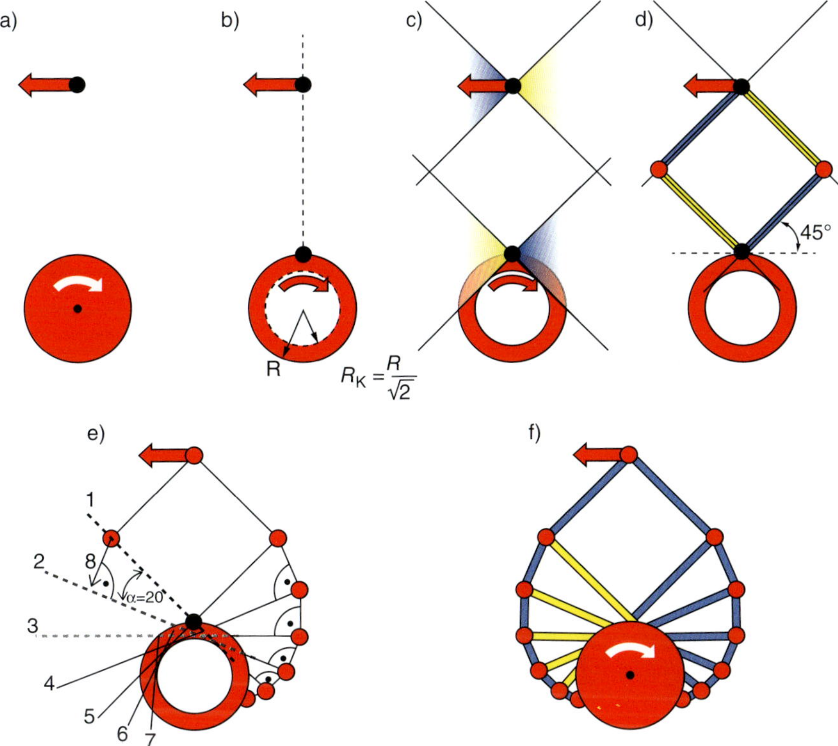

Bild 9.11 *KKM-Vorgehensweise bei Variante 3* (nach MATTHECK [57, S. 246])

Vorgehensweise bei KKM-Variante 3 (Bild 9.11):

1. Last- und Lagerbedingungen ermittelt (a)
2. Lagerpunkt bestimmen (b)
3. Konstruktionskreis in den Lagerkreis einzeichnen (b)
4. Kraftkegel an der Kraft und an dem Lagerpunkt einzeichnen (c)
5. Schnittpunkte der Kraftkegel als Primärpunkte markieren (d)
6. 45°-Streben am Lagerkreis einzeichnen (von der Last weg mit frei wählbarem Winkel) (e)
7. Senkrechte Verbindung vom Primärpunkt zu der nächsten Strebe ergibt den nächsten Primärpunkt und die äußere Strebe (e)
8. Zum Schluss die Zeichnung bereinigen und die Streben je nach Belastungsart als Seile oder Druckstützen visualisieren (f)

Nachdem die KKM-Variante 2 bei Verhältnissen von $H / L > 1{,}5$ zu ungünstigen Konstruktionen geführt hat (siehe Bild 9.10), wird nun in Bild 9.12 bei denselben H/L-Verhältnissen die KKM-Variante 3 angewendet. Hierbei zeigt sich, dass die KKM-Variante 3 nicht bei kleineren Verhältnissen als $H/L < 1{,}5$ angewendet werden kann, da der ursprüngliche Lagerabstand L gar nicht erreicht wird. Bei größeren Verhältnissen führt diese Vorgehensweise jedoch zu kraftflussgünstigen Strukturvorschlägen.

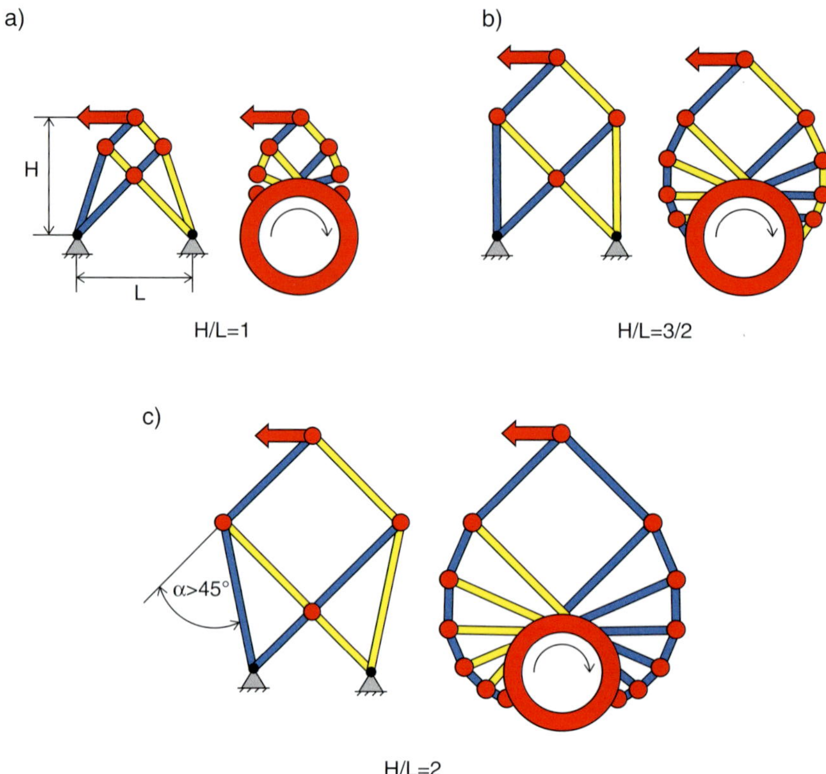

Bild 9.12 *Vom Verhältnis H / L hängt ab, ob KKM-Variante 2 oder Variante 3 besser geeignet ist. Variante 2 bis H / L<1,5 und Variante 3 ab H / L>1,5 angewendet* (Mattheck [57, S. 249]).

9.4 Weitere Anmerkungen und Hinweise

9.4.1 Änderung der Kraftwirklinie führt zu mindestens zwei Streben

Kann die Kraft nicht direkt in das Lager fließen und muss von ihrer Wirklinie abgelenkt werden, dann bilden sich mindestens zwei Streben. Analytisch lässt es sich damit begründen, dass die Summe der Kräfte und Momente gleich null sein muss. Plausibel lässt es sich damit erklären, dass eine Richtungsänderung bei einem Zugseil, also ein Knick, nur dann bestehen bleibt, wenn der Knick mit einer Druckstütze abgestützt wird. Ohne Drückstütze würde sich das Seil bei Belastung wieder gerade ziehen. Oder eine Druckstütze mit Knick würde an dieser Stelle ausknicken, wenn die Druckstütze an dieser Knickstelle nicht mit einem Zugseil verspannt wäre. D.h., wenn die Kraft auf der Wirklinie bleibt, dann bildet sich auch nur eine Strebe aus und nicht zwei, auch wenn ein Primärpunkt vorhanden ist. Für eine Änderung der Wirklinie wird jedoch eine zweite Strebe benötigt.

Dies gilt auch für Richtungsänderungen aufgrund von Bauraumrestriktionen. Anstatt die Bauraumgrenze zu überschreiten, knickt die Strebe an dieser Stelle ab und verläuft an der Bauraumgrenze weiter. Der Knick muss dann natürlich wieder mit einer zweiten Strebe ausgesteift werden. Ein weiteres Beispiel sind einwertige Lager, die Lasten nur in einer vorgegebenen Richtung aufnehmen. Wird die Kraft nicht in dieser Richtung eingeleitet, muss sich eine weitere Strebe ausbilden.

9.4.2 Einfluss der Kraftflussumlenkung auf das Volumen der Struktur

Eine 3-Punkt-Biegebelastung führt zu der schon bekannten KKM-Struktur mit einer Hilfskonstruktion (Bild 9.13a). Der obere Druckbogen ändert mit Hilfe von zwei Zugstreben an den beiden Primärpunkten seine Orientierung um 45°. Wird der Kraftfluss nun mithilfe von mehr Zugstreben weicher umgelenkt (b) bis d), hat dies Einfluss auf die Stabkräfte, die dadurch geringer werden. Mit den Stabkräften sinken auch das Volumen und damit die Masse der gesamten Struktur. Das Volumen sinkt, je mehr Zugstreben verwendet werden, bis man schließlich mit einem bereichsweisen unendlich feinen Netz aus Zug-Druckstäben eine knickfreie Umlenkung erreicht und damit bei den Michell-Strukturen landet. Die Michell-Strukturen sind aus mechanischer Sicht das Optimum, jedoch sind diese theoretischen Formen nicht fertigbar. Damit sinkt mit zunehmender Strukturkomplexität das Gewicht bei steigendem Fertigungsaufwand [57, S. 234; 30, S. 97; 58, S. 214].

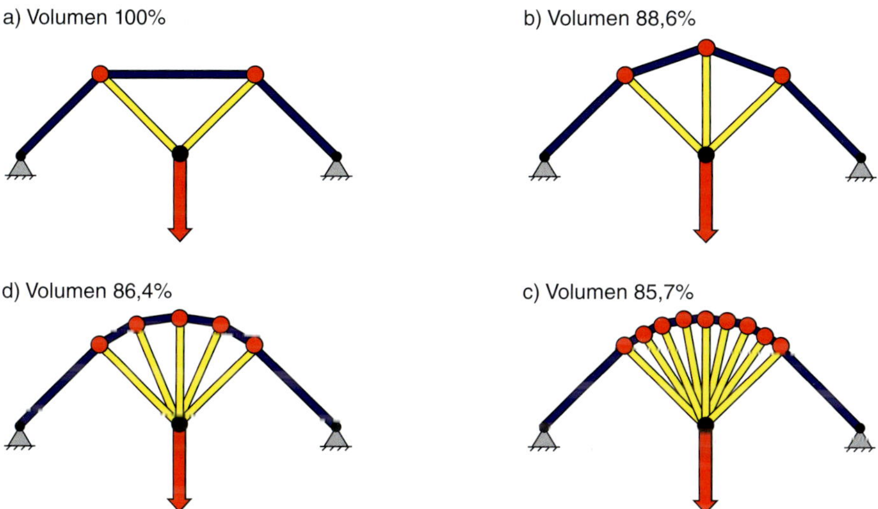

Bild 9.13 *Einfluss der Kraftflussumlenkung auf das Volumen*
a) KKM-Konstruktion Variante 1, b) und c) Variationen der KKM-Konstruktion, d) Michell-Struktur
(nach [58, S. 214])

9.4.3 Dimensionierung der Streben

Bei den KKM-Strukturen, wie auch bei den Michell-Strukturen, gibt es zunächst bis auf die Farbgebung keinen Unterschied zwischen Zug- und Druckstreben. Erst wenn der Strebenquerschnitt ausdimensioniert wird, wird nach der jeweiligen Belastungsart unterschieden. Die Zugstreben werden so ausgelegt, dass sie mit der zulässigen Zugfestigkeit beansprucht werden. Im Unterschied dazu wird der Querschnitt der Druckstreben auf die zulässige Druckfestigkeit und zusätzlich auch gegen das Knicken ausgelegt. Die Knickabfrage greift meist bei langen Druckstreben, weshalb diese Streben breiter als vergleichbare Zugstreben sind.

Exemplarisch zeigt Bild 9.14 drei verschiedene Strukturen, die für gleiche Randbedingungen (a) konstruiert und ausgelegt sind. Die erste Struktur (b) ist eine V-Stütze mit 70°-Streben und damit einer größeren Kraftflussumlenkung als 45°. Die beiden anderen Strukturen sind beide mit der KKM entwickelt worden. Die Struktur c) ist die Standardkonstruktion der KKM-Variante 1, und bei der Struktur d) ist als Variante der obere Druckbogen kraftflussfreundlicher gestaltet. Bei allen drei Modellen kommt jeweils gleich viel Material zum Einsatz.

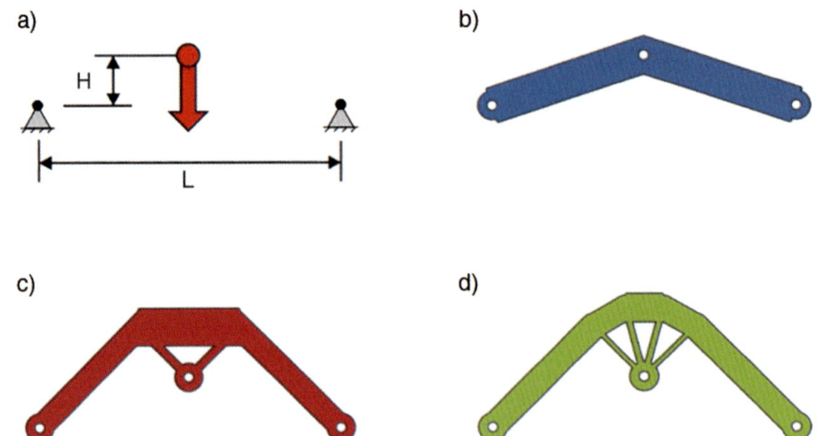

Bild 9.14 *Drei konzeptionell unterschiedliche Strukturen sind für (a) identische Randbedingungen ausdimensioniert: b) direkte 70°-Streben, c) KKM-Variante 1 und d) Variation der KKM-Variante 1* [30, S. 99]

Visuell lässt sich nun schon anhand der Strebendicke die Belastungsart erkennen. Die experimentell ermittelten Daten in Tabelle 9.1 bezüglich Belastbarkeit und Steifigkeit bestätigen die Aussagen aus den vorhergehenden Abschnitten, dass eine weiche Kraftflussumlenkung zu einer geringer belasteten Struktur führt und Kraftflussumlenkungen größer 45° möglichst vermieden werden sollten.

Tabelle 9.1 *Experimentell ermittelte Belastbarkeit und Steifigkeit der drei Strukturen aus Bild 9.14* [30, S. 99]

	Belastbarkeit	Steifigkeit
70°-Streben (b)	100%	100%
KKM-Variante 1 (c)	237%	274%
Variation der KKM-Variante 1 (d)	250%	310%

9.5 Zusammenfassung und Übungen zur KKM

Die drei vorgestellten Varianten der KKM eröffnen einen Einstieg in die grafische Strukturfindung und ermöglichen es, dass schon bei vielen Randbedingungen die KKM angewendet werden können. Weitere Informationen zu einem Einsatz der KKM, wie z.B. bei nicht symmetrischer Belastung, Linienlasten, 3D-Strukturen und viele mehr, finden sich bei Mattheck [57; 55] und Haller [30]. Der Charme der Methode sind ihre Einfachheit und Plausibilität, aber nichtsdestotrotz muss die Kraftkegelmethode gelernt und geübt werden, weshalb sich folgende Übungen anschließen.

Als Übung soll für die Randbedingungen in Bild 9.15 jeweils mit der Kraftkegelmethode eine Struktur konstruiert werden, die die Kraft mit den Lagern verbindet. Die Kraft soll am Pfeilende, also gegenüber der Pfeilspitze, in die Kraftkegelstruktur eingeleitet werden, und die gestrichelte Linie gibt den Designraum vor. Zum Schluss sollen die Zeichnung bereinigt und die Streben je nach Belastungsart als Seile oder Druckstützen visualisiert werden. Zur Überprüfung sind die Lösungen zu den sechs Übungen in Bild 9.16 eingezeichnet.

INFOCLICK

KKM-Übungen zum Selberzeichnen finden Sie hier oder auch auf unserer Internet-Seite im **InfoClick**: Datei «KKM-Übungsblatt.pdf»

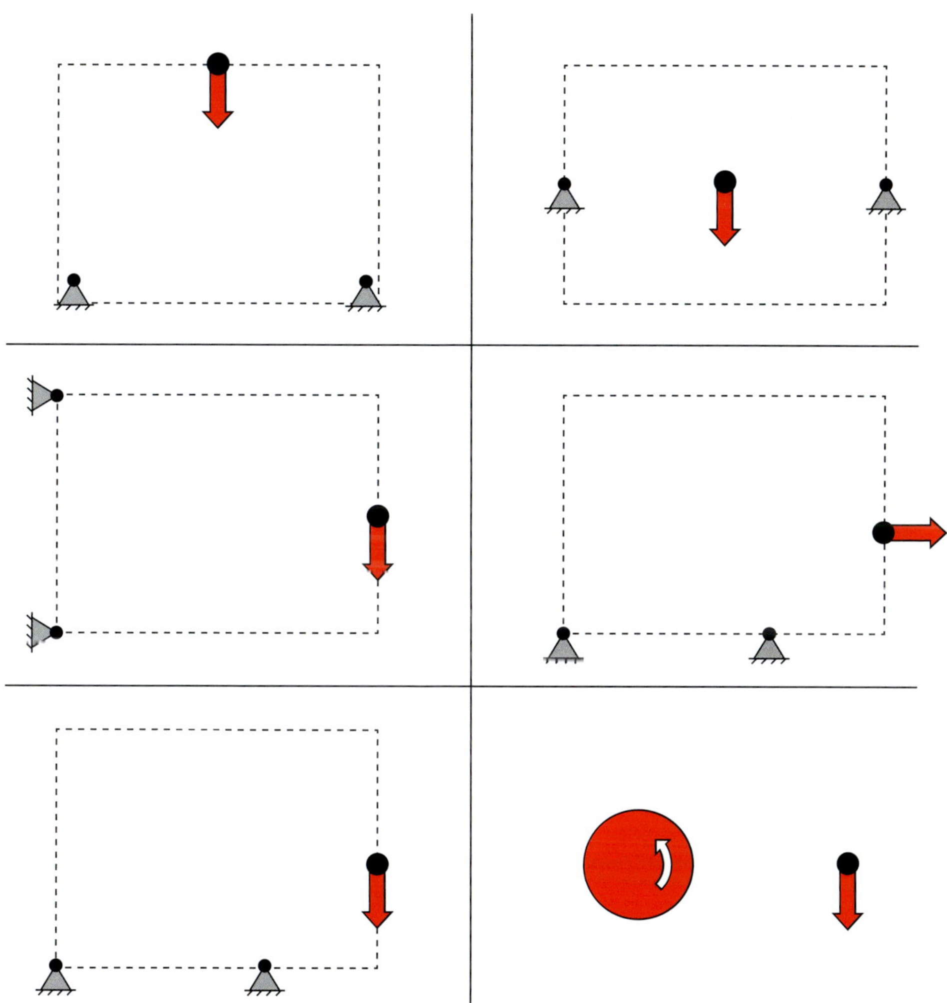

Bild 9.15 *Sechs Übungen zur Kraftkegelmethode*

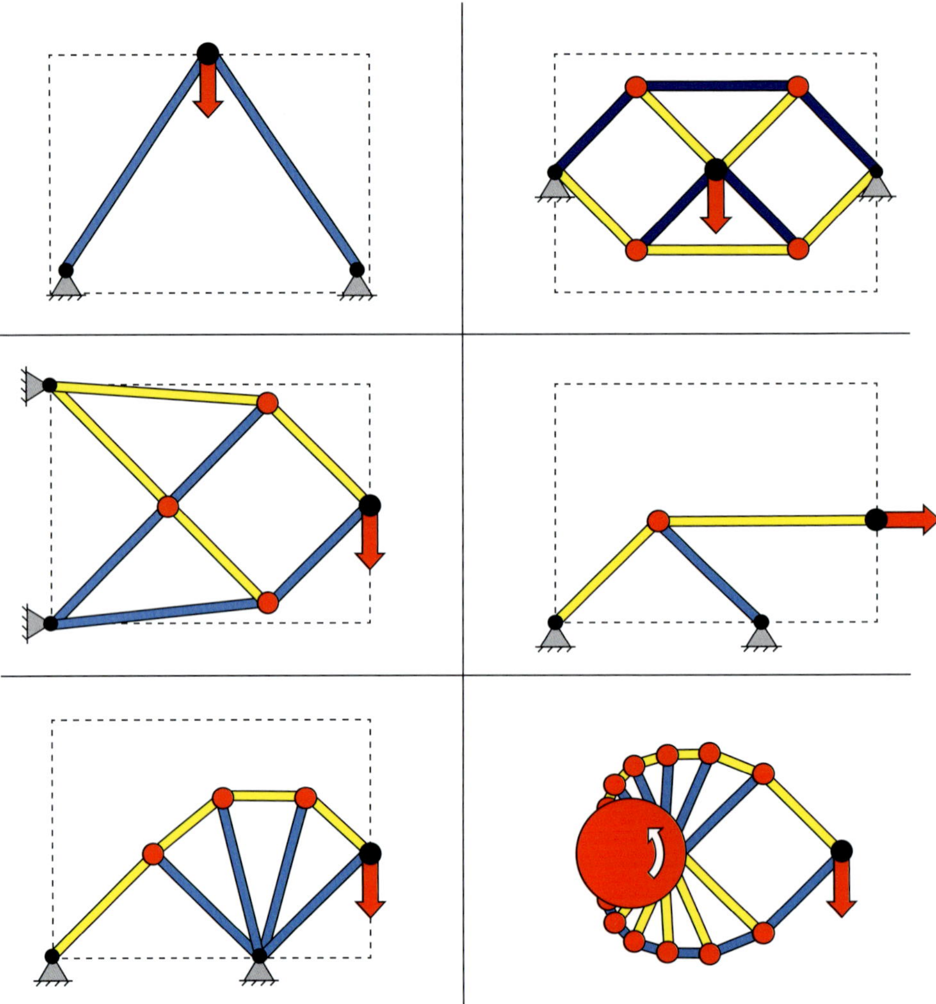

Bild 9.16 *Lösungen zu den sechs Übungen zu der Kraftkegelmethode*

10 Formoptimierung

10.1 Was ist eine Form und wann ist eine Form gut gestaltet?

Als Form wird allgemein die äußere Gestalt eines Objektes bezeichnet und damit sucht die Formoptimierung die optimale «äußere» Form, um eine Funktion zu realisieren. Hierzu wird die Form geändert, sie wird umgewandelt (neudeutsch: *gemorphed*) und so der Funktion angepasst. Jedoch können im Unterschied zu der Topologieoptimierung keine neuen «Löcher» in der Struktur entstehen. Natürlich kann die Gestalt der Form je nach Aufgabe bzw. Ziel unterschiedlich ausfallen, z.B. bei einem Zimmermannsnagel und einer Reißzwecke oder die Reifen bei einem Traktor und einem Rennrad. Dasselbe gilt natürlich auch in der Biologie. So sind z.B. die Ohren von Tieren in den arktischen Regionen – im Unterschied zu ihren Verwandten in wärmeren Gefilden – zusätzlich zum Hören auf geringen Wärmeverlust hin optimiert, weshalb die Ohrmuscheln fast gänzlich verschwunden sind.

In der Industrie wird für viele Funktionen eine Formoptimierung durchgeführt. Z.B. werden in einer Gießerei die Gussformen für den Gussprozess optimiert, um bestimmte Werkstoffeigenschaften zu erreichen. In der Strukturoptimierung wird unter Formoptimierung meist die Reduzierung von Kerbspannung gemeint und diese Kerbformoptimierung wird in diesem Kapitel tiefergehend behandelt.

Alles, was den Kraftfluss beeinflusst, wie Kerben, Bohrungen, Richtungsänderungen und vieles mehr, führt zu lokalen Spannungsüberhöhungen, den sogenannten Kerbspannungen. Diese Spannungskonzentrationen sind bei der Bauteilauslegung ganz entscheidend, da sie die Dimensionierung des Bauteils vorgeben und meist auch ein mögliches Versagen einleiten. Die Kerbspannungen sind damit oft Ursache von spektakulärem Versagen, aber auch von den kleinen alltäglichen Katastrophen, wie ein abgebrochener Wohnungsschlüssel. Gerade bei spröden Werkstoffen oder zyklischen Belastungen limitiert die Kerbspannung die Festigkeit. D.h., das gesamte Bauteil muss größer dimensioniert werden, wird dadurch schwerer und teurer.

Eine strukturmechanisch günstige Form zeichnet sich dadurch aus, dass sie keine lokalen hoch belasteten Bereiche, aber auch keine Bereiche aufweist, die niedrig oder gar nicht belastet sind.

MERKSATZ
Eine modifizierte Kerbform hat nahezu keinen Einfluss auf die Steifigkeit und das Gewicht eines Bauteils, aber sie beeinflusst maßgeblich die Spannungsüberhöhung im Bereich der Kerbe.

10.1.1 Technisches Beispiel für eine strukturmechanisch günstige Form

In der Medizin verwendete Knochenschrauben (Bild 10.1) sind ein technisches Beispiel für eine strukturmechanisch günstige Form. Um einzelne defekte Wirbelkörper zu entlasten, wird mittels Knochenschrauben eine Platte auf den gesunden Wirbel befestigt und damit der defekte Wirbel überbrückt. Versagen die Knochenschrauben, wird der Wirbel nicht mehr richtig entlastet und eine komplikationsbehaftete Nachoperation wird benötigt. Abgebrochene Schrauben, wie die unteren in Bild 10.1, werden meist nicht herausoperiert und bleiben im Knochen. Um das Risiko eines Schraubenversagens zu minimieren, gibt es in der Technik zwei klassische Vorgehensweisen: erstens den Schraubendurchmesser erhöhen und zweitens ein höher belastbares Material zu verwenden – beide können jedoch nicht angewendet werden. Ein größerer Schraubendurchmesser kann aufgrund des geringen Abstandes zu den Nerven im Knochenmark nicht verwendet werden und qualitativ höherwertige Materialien scheiden wegen fehlender Biokompatibilität aus. Im Unterschied dazu führt die Formoptimierung schon mit einer geringen Anpassung des Kerbgrundes zu einer deutlichen Spannungsreduktion und damit zu einer kraftflussgünstigeren Form, die zu einer signifikanten längeren Lebensdauer führt.

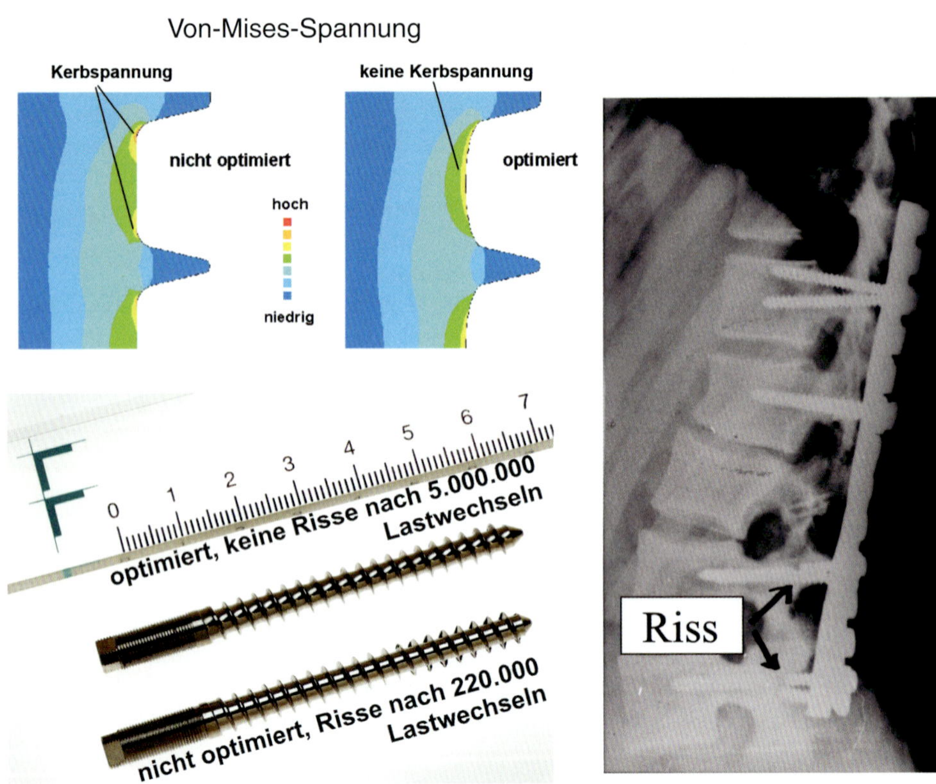

Bild 10.1 *Formoptimierung führt bei Knochenschrauben zu einer Kerbspannungsreduktion und damit zu einer signifikant längeren Lebensdauer* (Mattheck [49, S. 262])

10.1.2 Biologische Beispiele für kraftflussgerecht geformte Strukturen

Biologische Organismen setzen sehr effizient ihr Baumaterial ein. Dies führt zu vielen Strukturen, die gleichmäßig belastet sind. D.h., an allen lastabtragenden Strukturelementen ist die Belastung gleich hoch, wodurch es weder Schwachstellen noch unterbelastete Bereiche gibt. Dies entspricht einer «Kette gleich fester Glieder» und diese Gestaltdirektive wird auch «Axiom konstanter Spannung» genannt [57, S. 55]. In Bild 10.2 sind beispielhaft der Querschnitt eines Igelstachels und der Schnitt einer Baumgabelung dargestellt. Viele weitere Strukturen sind in [57; 48] zu finden.

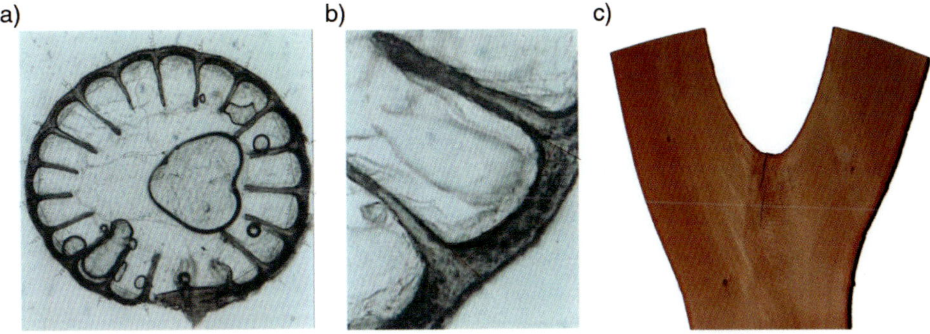

Bild 10.2 Beispiele für biologische Strukturen, die kraftflussgerecht geformt sind
a) Igelstachel, b) Detailaufnahme des Igelstachels, c) Astgabel

10.1.3 Historische Ansätze zur Kerbformoptimierung

Im Zeitraum um den ersten und den zweiten Weltkrieg gab es militärisch motiviert viele Untersuchungen zu dem Thema «Versagen bei Kerben». Hierzu gab es neben den zerstörenden Materialprüfungen verschiedene Methoden, um die lokale Beanspruchung einer Struktur zu bewerten, z.B. Spannungsoptik und Reislacke. 1934 wurde in der Arbeit von R. V. Baud [6] dann zum ersten Mal eine wissenschaftliche Untersuchung zur Kerbformoptimierung veröffentlicht. Im ingenieurtechnischen Alltag wurden diese Methoden jedoch selten angewendet und stattdessen auf einfache Hilfsmittel zurückgegriffen. Alte Maschinenbau-Ingenieure kennen noch die Kerbformoptimierung, bei der die Kreisschablone händisch verschoben wird und so der bekannte Viertelkreis umgangen wird.

Spannungsoptik
In der Spannungsoptik wird durch die Verwendung von polarisiertem Licht die Spannungsverteilung in lichtdurchlässigen Körpern sichtbar gemacht. Auch wenn es eine historische Methode ist, die in der Spannungsbewertung nahezu komplett durch die FEM verdrängt wurde, wird die Spannungsoptik in der Qualitätssicherung noch immer verwendet. Diese visuelle Kontrolle ist zerstörungsfrei, berührungslos und automatisiert mit geringem Aufwand durchzuführen. So können Bauteile aus lichtdurchlässigen Glas- oder Kunststoff nach Spannungszuständen und Fehlern visuell untersucht werden.

Die Spannungsoptik ermittelt Spannungen auf polarisationsoptischem Weg an Bauteilen oder Modellen aus durchsichtigen Kunststoffen. Das zu untersuchende und mechanisch belastete Objekt wird zwischen gekreuzten Polarisationsfiltern aufgestellt. Als Folge erscheinen im durchfallenden Licht durch Doppelbrechung zwei Systeme von Linien (Bild 10.3a). Die «Isochromaten» (Linien gleicher Farbe) sind ein Maß für die Hauptspannungsdifferenz. Die schwarzen Linien nennt man «Isoklinen». Sie hängen von der Richtung der Spannung ab [86, S. 2].

Reißlacke
Eine andere historische Methode zur Beanspruchungsbewertung sind Reißlacke. Mit Reißlacken können schon kleinste Dehnungen durch Risse im Lack sichtbar gemacht werden (Bild 10.3b). Im Unterschied zu der Spannungsoptik wird kein spezielles Material oder Belichtung benötigt,

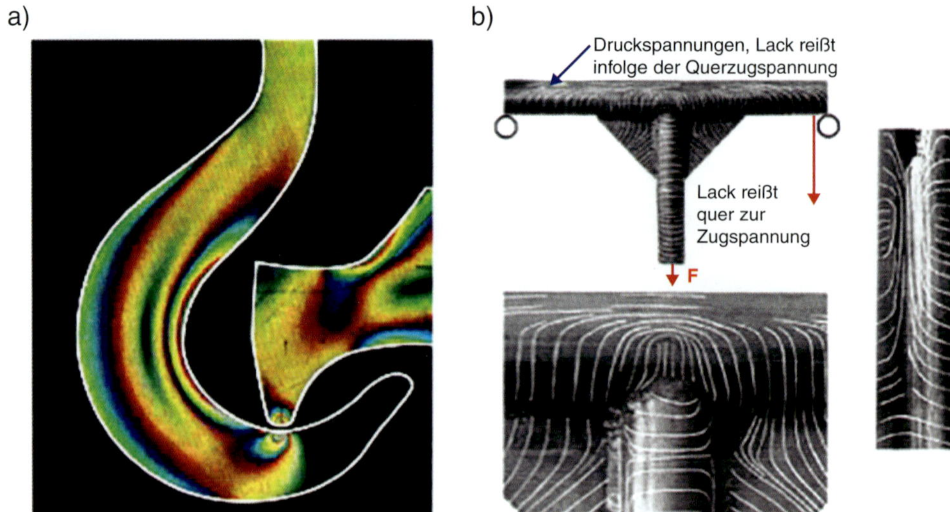

Bild 10.3 *Historische Belastungsbewertung*
a) Spannungsoptik am Beispiel eines Kranhakens (der Umriss ist weiß nachgezeichnet)
b) Reißlack auf einem T-Rohr mit Eckblech [86]

sondern es kann das Originalbauteil verwendet werden, sofern es lackierbar ist. Bei der Lackierung müssen lediglich das Bauteil und der Lack erwärmt verarbeitet werden. Nach dem Abkühlen kann das Bauteil schon belastet und damit die Spannungsuntersuchung durchgeführt werden. Wird das Bauteil und damit auch die Lackierung belastet, reißt der Lack senkrecht zur Zugspannung auf. Das so sichtbar gemachte Dehnungsfeld kann dann ausgewertet werden. Als Ergebnis erhält man die Hauptdehnungsrichtung, die Größenordnungen der größten Hauptdehnung und über die Dichte der Reißlinien die Bereiche mit der größten Spannungskonzentration [86, S. 8].

Baudkurve

Robert Viktor Baud, ein Schweizer Ingenieur, untersuchte die Spannungsverteilung von Viertelkreiskerben bei Querschnittsübergängen. Seine Spannungsbewertung führte er dabei mit der Spannungsoptik durch. Auf der Suche nach einer kraftflussgünstigen Kerbkontur kam er auf die Analogie eines aus einem Behälter auslaufenden Flüssigkeitsstrahls (Bild 10.4). Für eine ideale, reibungsfreie Flüssigkeit, die aus einem Gefäß mit rechteckigem Schlitz ausströmt, hatten Lamb und Rayleigh [6] eine analytische Gleichung entwickelt. Diese Kontur übertrug R. V. Baud auf seine Spannungsoptik und konnte damit praktisch zeigen, dass diese Kerbform bei Zugbelastung auch eine konstante Randspannung aufweist.

Die für Zugbelastung optimierte Kontur liefert jedoch bei Biegung keine homogene Beanspruchung mehr. R. V. Baud bearbeitete darauf die Kerbkontur mit einer Feile und schaute sich in der Spannungsoptik das Ergebnis an. Iterativ führte er den Prozess aus Spannungsbewertung und Konturmodifikation so lange durch, bis sich auch bei Biegebelastung eine konstante Randfaserspannung einstellte. Diese so experimentell gefundene Kontur ist kleiner und der Kerbkontur für Zugbelastung nicht ähnlich. Da Robert Baud für die Biegekontur im Unterschied zu der bekannten hydraulischen Kontur keine analytische Gleichung hatte, gab er eine Reduktionskurve an.

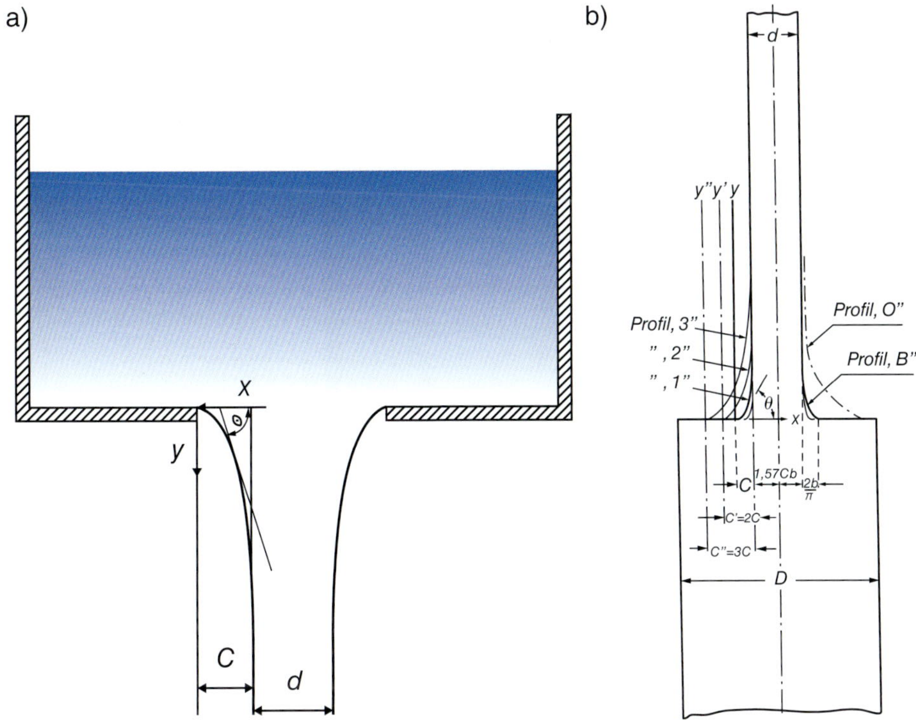

Bild 10.4 *Übertragung der Wasserstrahlform auf Bauteile*
a) Randkontur eines auslaufenden Flüssigkeitsstrahls, dessen Form auf einen Wellenschulterübergang b) übertragen wird [6]

10.2 Genauere Betrachtung der Kerbspannungen

Die Kerbspannung als lokale Spannungsüberhöhung wird mit dem Faktor α_K oder K bezeichnet und entspricht dem Verhältnis der maximalen Kerbspannung zu einer Nennspannung. Für die Nennspannung kann die Brutto- oder die Nettospannung verwendet werden. Die Bruttospannung entspricht der Spannung, die in einem nicht gekerbten Bauteil wirkt. Bei dem Beispiel der Lochplatte aus Bild 10.5 wäre dies die Spannung, die weit vom Loch entfernt herrscht. Die Nettospannung ist immer höher als die Bruttospannung, da diese mittels der reduzierten Querschnittsfläche im gekerbten Bereich berechnet wird. Da die Kerben aber meist klein im Verhältnis zur Bauteilabmessungen sind, wird in der Regel die Bruttospannung verwendet. [65, S. 6]

Um die Kerbspannungen zu reduzieren, ist es sinnvoll, Kerbspannungen zunächst phänomenologisch zu beschreiben. Die Spannungserhöhung an Kerben und die elastische Verformung der Kerbkontur können als Wirkung einer überlagerten Biegespannung beschrieben werden [52, S. 70]. Zur Veranschaulichung werden bei einer Lochplatte gedanklich Zugseile entlang des Kraftflusses um das Loch gelegt (Bild 10.6a). Wird nun die Platte mit Zug belastet, werden die Seile mehr oder weniger gerade gezogen und damit gegenüber ihrer ursprünglichen Gestalt gestreckt. Diese Verformung führt zu Querzugspannungen in Richtung des Loches. Da das Material der Lochplatte jedoch steif ist, führt dieses «Geradebiegen» der beiden Strukturbereiche zu Biegespannungen (Bild 10.6b). Diese Biegespannungen wirken auf der Lochseite als Zugspannung und

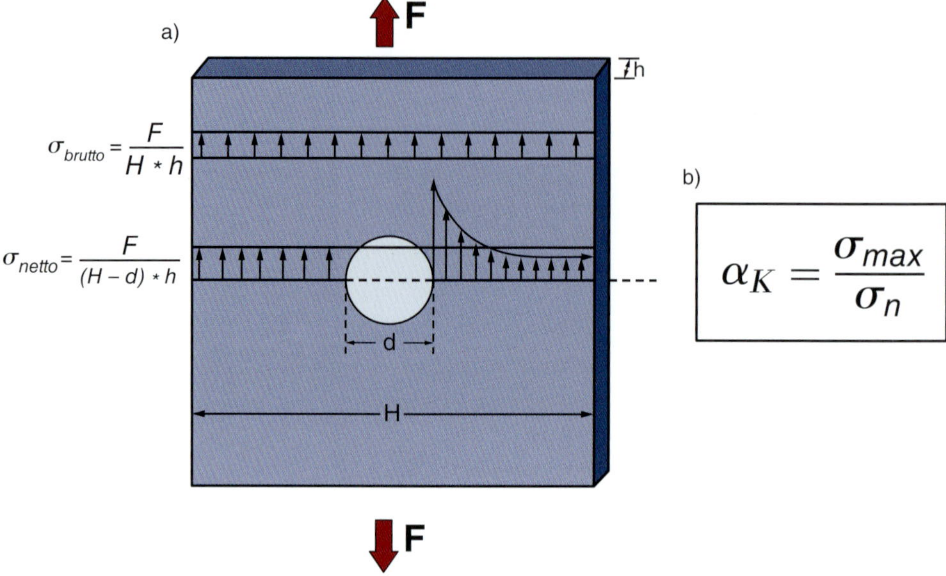

Bild 10.5 *Darstellung von Kerbspannung*
a) Aufsicht auf eine zugbelastete Lochplatte mit den visualisierten Spannungen, b) Berechnung der Kerbformzahl α_K

auf der Plattenaußenseite als Druckspannung. Durch diese überlagerte Biegespannung mit ihrem nichtlinearen Spannungsverlauf kommt es bei einer elastischen Verformung zu Zugspannungsspitzen an den Lochrändern. Diese Spannungsspitzen sind die allgemein bekannten Kerbspannungen. In Teilbild c) wird an einer Lochplatte die überlagerung von Nennspannung und Biegespannung qualitativ dargestellt. An der Lochseite erhöht sich aufgrund des Zuganteils der Biegespannung die Gesamtzugspannung, während an der Plattenaußenseite aufgrund des Druckanteils der Biegespannung sich die Gesamtzugspannung leicht reduziert. Damit bilden die Biegespannungsspitzen mit der überlagerten Nennspannung die Kerbspannung.

Neben der geometrischen Kerbform gibt es je nach Belastungsart und den Materialeigenschaften noch weitere Einflussfaktoren auf die Höhe und den Verlauf der Kerbspannung. An einer Welle z.B. führen Zugbelastungen zu den höchsten Kerbspannungen, danach folgt die Biegung und die Torsion weist die geringsten Spannungsüberhöhungen auf. Die Materialeigenschaften werden exemplarisch an einer Lochplatte beschrieben, bei der der Lochdurchmesser klein im Verhältnis zu den Plattenabmaßen ist. Ein isotropes Material führt zu einer Spannungsüberhöhung um den Faktor Drei. Bei einem FVK-UD-Gelege (Faserverbundkunststoff Unidirektional-Gelege), das faserparallel belastet wird, weist die Kerbspannung etwa den Faktor Zwei auf. Wird dieses UD-Gelege fasersenkrecht belastet, führt dies zu einer ca. neunfachen Spannungsüberhöhung.

Heutzutage wird die Kerbspannung in der Regel mit der FEM bestimmt, oder sie wird aus Tabellen und Diagrammen in Nachschlagewerken, wie «Peterson's Stress Concentrations Factors» [65] ermittelt.

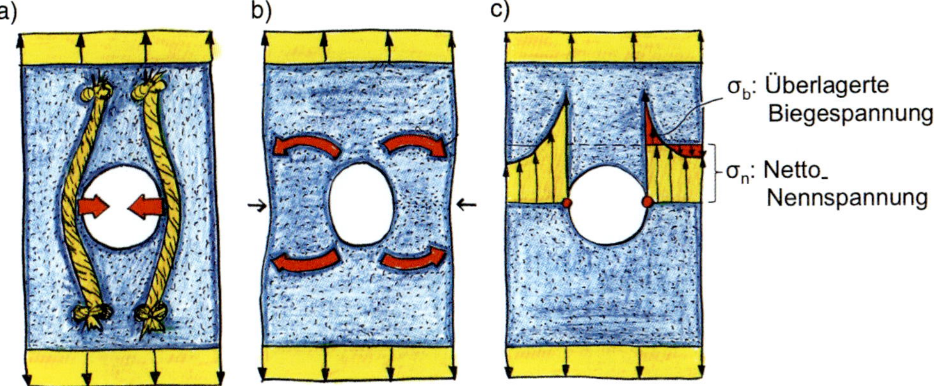

Bild 10.6 Die Spannungssituation an einer Lochplatte zeigt, dass die Kerbspannung als überlagerte Biegespannung betrachtet werden kann
a) Lochplatte mit gedachten Seilen, b) Zug erzeugt Biegespannung, c) Überlagerung von Zug- und Biegespannung (MATTHECK [52, S. 70])

10.3 Was ist eine strukturmechanisch günstige Kerbkontur?

Ein guter Querschnittsübergang hat nahezu keine Spannungsüberhöhung, die Kerbformzahl geht also gegen $\alpha_K = 1$. Solche Kerbkonturen, also Kerben ohne nennenswerte Kerbspannungen, kommen häufig bei biologischen Strukturen vor.

10.3.1 Grundlagen des Baumwachstums

Das Dickenwachstum der Bäume erfolgt durch das Kambium. Dies ist ein Gewebe, das sich zwischen Holzkörper und Borke befindet und während der jährlichen Wachstumsperiode seine Zellen teilt (Bild 10.7). Nach außen werden Siebelemente (Siebzellen, Siebröhren) abgegeben, die im Wesentlichen den Bast bilden. In diesem Gewebe werden hauptsächlich die in den Blättern synthetisierten Nährstoffe, die Assimilate, transportiert. Abgestorbenes Bastgewebe bildet mit Korkgewebe die Borke. Bast und Borke werden auch als Rinde bezeichnet. Sie schützt den Baum vor Verletzungen, Austrocknung und kann sogar ein guter Feuerschutz sein. Nach innen bildet das Kambium Holzzellen, die das Stammholz ergeben. Der äußere Bereich des Stammes ist das Splintholz, das Wasser und Mineralstoffe transportiert und auch mechanische Stützfunktionen übernimmt. Das Holzgewebe im Bereich des Stammkerns wird als Kernholz bezeichnet, dessen Hauptaufgabe die mechanische Stützfunktion ist, jedoch ist es nicht mehr am Wassertransport beteiligt [87, S. 321]. Alle diese Zellen sind überwiegend parallel zur Stammachse orientiert im Unterschied zu den Zellen der Holzstrahlen. Diese Zellen verlaufen vom Stammzentrum radial nach außen und sind in der Regel senkrecht zu den Jahresringen orientiert. Sie übernehmen neben der radialen Transportfunktion auch eine mechanische Funktion, indem sie den Stamm radial verspannen und einem Delaminieren der Jahresringe aufeinander entgegenwirken.

Je nach Wachstumsphase unterscheiden sich die gebildeten Holzzellen. Im Frühjahr wird vor allem großes, zellulosereiches Zellgewebe mit weiten Gefäßen gebildet, dessen Hauptaufgabe der Transport von Wasser und Mineralien ist. Im Spätjahr ist das Zellgewebe jedoch kleiner,

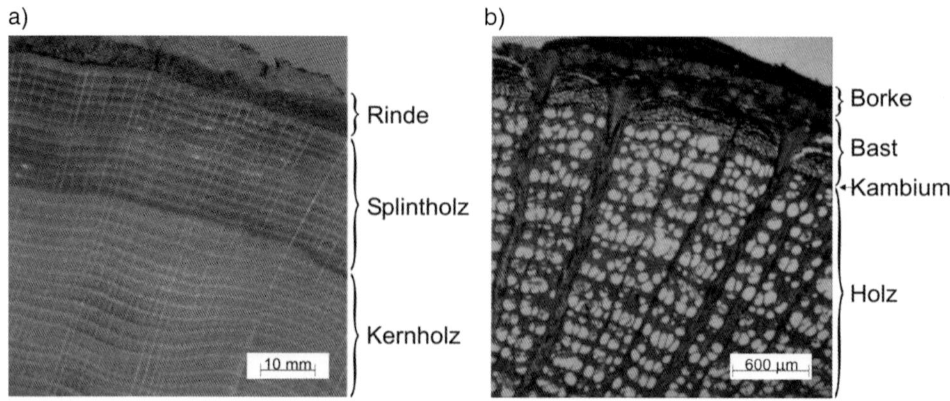

Bild 10.7 *Querschnitte durch Holz*
a) Übersicht, b) Vergrößerung [Foto: K. H. Weber]

ligninreicher und dickwandiger und damit besonders für Stützfunktionen des Stammes ausgelegt [64, S. 186]. Diese abwechselnden Früh- und Spätholzschichten bilden gemeinsam das typische Muster der Jahresringe, das an einem radialen Sägeschnitt gut zu erkennen ist, wie in Bild 10.7 dargestellt [72, S. 15].

Lastadaptives Wachstum des Holzes

Bäume wachsen lastadaptiv. Das bedeutet, dass der Holzzuwachs auch mechanisch stimuliert ist und dadurch Material vermehrt an den Stellen angelagert wird, wo hohe Spannungen wirksam sind. Die mechanische Stimulans kann neben der Quantität auch die Qualität des neu gebildeten Holzes beeinflussen. Durch die Anpassung der Form und des Materials an die wirkenden Belastungen wird eine homogene Spannungsverteilung angestrebt. Ein Sicherheitsfaktor von etwa Vier ermöglicht das Abfangen temporärer Belastungsspitzen [51, S. 44]. Die homogene Spannungsverteilung wird auch als «Axiom konstanter Spannung» bezeichnet [49, S. 48].

Bild 10.8 zeigt an einem Wurzelquerschnitt den Einfluss der Belastung auf die weiteren Holzzuwächse. Als Beispiel eignet sich Wurzelholz besonders, da Wurzeln kein Reaktionsholz bilden. Es wird jeweils von einem runden Wurzelquerschnitt ausgegangen und die Belastung geändert: Eine konstante Zugspannung (a) führt zu radial gleichen Zuwächsen; damit ändert sich die Kreisform der Wurzel nicht. Eine Biegespannung (b) führt zu einer neutralen Faser in der Wurzelmitte und zu hoch belasteten Randbereichen. Dies führt zu Zuwächsen an den oberen und unteren Wurzelrändern, wodurch eine achtförmige Form entsteht. Einer Überlagerung von Zug (a) und Biegung (b) führt im Fall (c) nur oben zu Zuwächsen und damit zu einem ovalisierten Querschnitt. Das lastadaptive Wachstum visualisiert und protokolliert damit über die Querschnittsform die Belastung [72, S. 16].

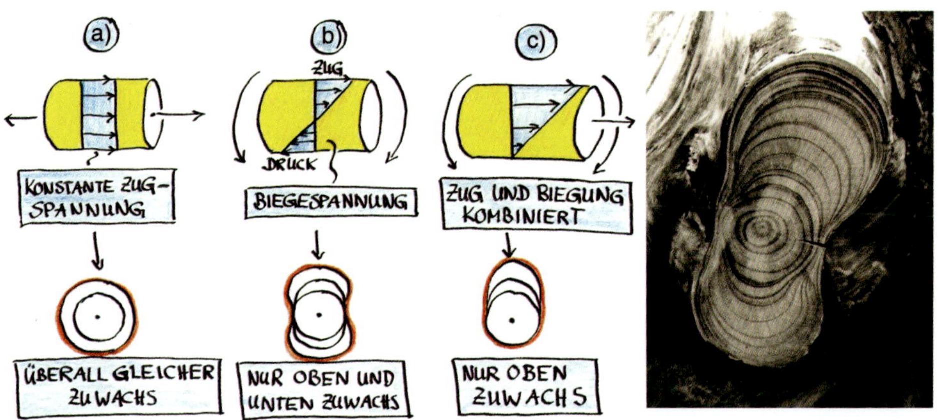

Bild 10.8 *Darstellung des Holzwachstums an einer Wurzel*
abc) Ausgehend von einem runden Querschnitt wird im Bereich hoher Spannungen mehr Holz gebildet. Das Foto zeigt eine «Biegewurzel» (Mattheck [51, S. 44; 50, S. 64]).

10.4 Methoden zur Kerbformoptimierung

Eine kraftflussgünstige Kerbform kann auf unterschiedlichen Wegen ermittelt werden:

- durch Optimierungsprogramme, z.B. ALTAIR-Optistruct. Diese Programme funktionieren sehr robust, sind in der Regel kostenpflichtig und für den Benutzer meist eine Black box. Weitere Programme zur Formoptimierung sind in Tabelle 7.2 in Abschnitt 7.4 gelistet.
- Optimierung durch Verformung ist die Selbstoptimierung einer Kerbe bei Zugbelastung.
- Die **C**omputer-**A**ided-**O**ptimization(CAO)-Methode, die nach dem Vorbild des Baumwachstums entstanden ist.
- Die Methode der **Z**ug**d**rei**e**cke (ZDE) ist die «brutale» Vereinfachung der CAO-Methode. Mit Zeichendreieck und Zirkel und wenig Anwendungsvorgabe können mit dieser zeichnerischen Vorgehensweise kraftflussgünstige Konturen erstellt werden. Dies ist eine Vorgehensweise nach der klassischen 80/20-Regel, die zwar nicht zu der strukturmechanisch optimalen Kontur führt, aber mit minimalem Aufwand eine sehr gute Kontur liefert.

10.5 Formoptimierung durch Zugdeformation

Wird eine Kerbe durch Zugbelastung verformt, findet eine Selbstoptimierung der Kerbkontur statt. Die Kerbe wird hierbei in Richtung des Kraftflusses in die Länge gezogen, wodurch die Kerbform hinsichtlich des Kraftlusses gutmütiger wird. Beispielsweise verformt sich eine zylindrische Bohrung in einer Platte bei Zugbelastung zu einer Ellipse. Hierdurch sinkt die Kerbformzahl von $\alpha\_K = 3$ auf unter drei, abhängig von der Längung der Ellipse. Neben den elastischen Verformungen führt bei duktilen Werkstoffen die plastische Verformung zu einer zusätzlichen und auch bleibenden Konturänderung. Das Fließen der höchstbelasteten Bereiche verteilt die Belastung auf einen größeren Bereich, was die Spannungsspitzen zusätzlich abmildert. Bei einem ideal elastisch-plastischen Materialverhalten kann der Werkstoff maximal mit der Spannung der

Streckgrenze belastet werden. Ist die äußere Belastung höher, bildet sich eine plastische Zone und die Nachbarbereiche werden stärker belastet. Somit sinkt mit zunehmender Verformung der Kerbspannungsfaktor und es findet eine Homogenisierung des Spannungsverlaufes statt [57, S. 121].

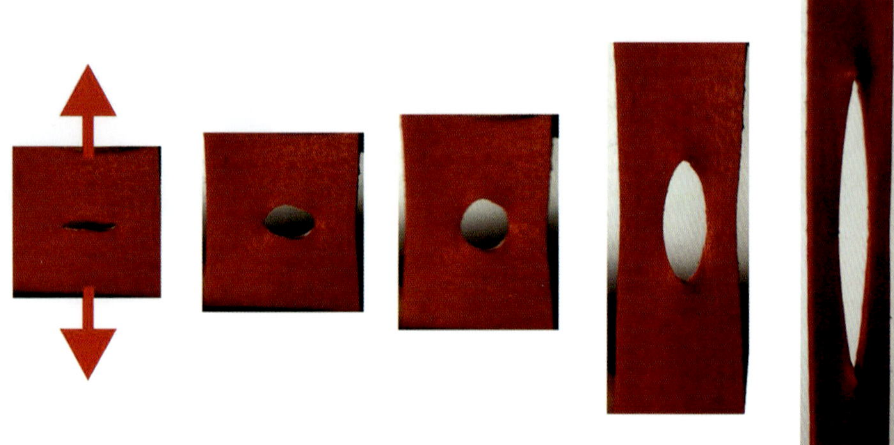

Bild 10.9 *Verformung eines senkrechten Schlitzes in einem Gummiband bei ansteigender Zugbelastung* (Mattheck [57, S. 125])

Eine Formoptimierung durch Zugdeformation kann auf unterschiedliche Arten durchgeführt werden. Wie in Bild 10.9 gezeigt, kann z.B. an Gummibändern oder -platten die verformte Kerbkontur experimentell ermittelt werden. Mit der FEM kann auf zwei unterschiedliche Arten eine Zugdeformation erzeugt werden. Zum einen führt eine plastische nichtlineare FEM-Rechnung zu der plastischen Kerbverformung. Oder die verformte Kontur einer elastischen FEM-Rechnung wird auf die unbelastete Kontur übertragen, wobei die Spannungen natürlich nicht übertragen werden.

In Bild 10.10 werden drei Balkenschultern mit unterschiedlichen Kerbformen verglichen. Die höchste Kerbspannung von 2,59 findet sich an der Balkenschulter mit Viertelkreiskerbe. Die Zugdreieckskontur und die Kerbe, die ausgehend von der Viertelkreiskerbe mittels Zugdeformation gefunden wurde, haben denselben radialen Bauraum wie die Viertelkreiskerbe, sind aber in axialer Richtung länger. Wird die Zugdeformationskerbe so lange gezogen, bis sie dieselbe Spannungsüberhöhung wie die Zugdreieckskontur aufweist, ist sie axial länger als die ZDE-Kontur. Beide Konturen weisen eine Spannungsüberhöhung von 1,33 auf, was verglichen mit der Viertelkreiskerbe fast einer Halbierung der Maximalspannung entspricht.

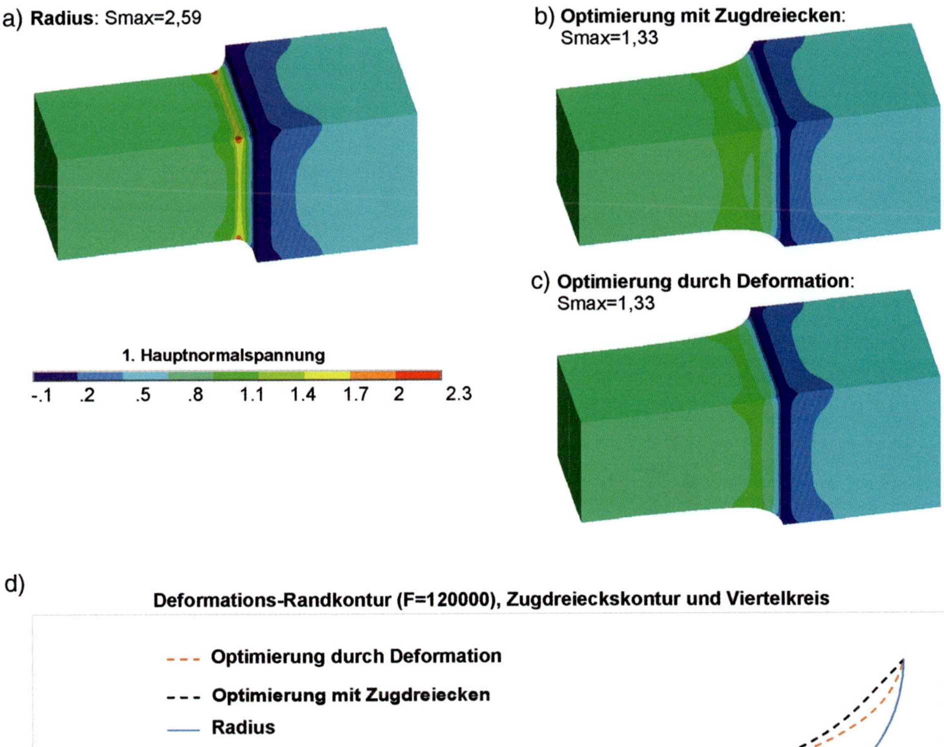

Bild 10.10 *Kerbgestaltung einer Balkenschulter mittels*
a) Viertelkreis, b) Zugdreiecksmethode, c) Zugdeformation, d) Darstellung der drei Kerbkonturen
(MATTHECK [57, S. 137])

10.6 Computer-Aided-Optimization-Methode (CAO)

Das lastadaptive Wachstum der Bäume wurde auf ein technisch anwendbares Verfahren, die Computer-Aided-Optimization-Methode (CAO), übertragen. Diese Methode minimiert die Spannungsüberhöhungen durch Materialzu- oder -abnahme an den Bauteilrändern.

10.6.1 Umsetzung des lastadaptiven Holzwachstums mittels einer adaptiven FEM-Struktur

Im ersten Schritt der Optimierung wird ein FEM-Modell mit Materialkennwerten und Randbedingungen (Einspannungen, Belastungen, vorgegebenen Verschiebungen usw.) erzeugt. Zusätzlich zu einem normalen FEM-Modell wird an Oberflächen von Bereichen, die Veränderungen erfahren sollen, eine dünne Schicht finiter Elemente als Wachstumsschicht definiert. Die nachfolgende FEM-Spannungsanalyse liefert für das Ausgangsdesign die Verteilung der Spannungen. Die Spannungswerte σ_i an den Knoten i der Wachstumsschicht werden, in Abhängigkeit von einer vom Benutzer vorgegebenen globalen Referenzspannung σ_{ref} und des Skalierungsfaktors A, formal in eine fiktive Temperatur T_i umgewandelt:

$$T_i = A[\sigma_i - \sigma_{ref}]$$

Als Referenzspannung wird die Spannung verwendet, die später auf der Bauteiloberfläche wirken soll. Bereiche, die niedriger belastet sind, schrumpfen; Bereiche, die höher belastet sind, wachsen.

Der Skalierungsfaktor A beeinflusst die Wachstumsgeschwindigkeit und kann in jeder Iteration händisch angepasst werden. Einen passenden Wert ermittelt man über einfaches Ausprobieren. Um das Optimierungsziel mit möglichst wenigen Iterationen zu erreichen, wird am Anfang der Optimierung ein höherer Skalierungsfaktor gewählt. Im Laufe der Optimierung ist es sinnvoll, den Skalierungsfaktor immer weiter zu verkleinern, damit die Kerbform nicht übermäßig groß wird.

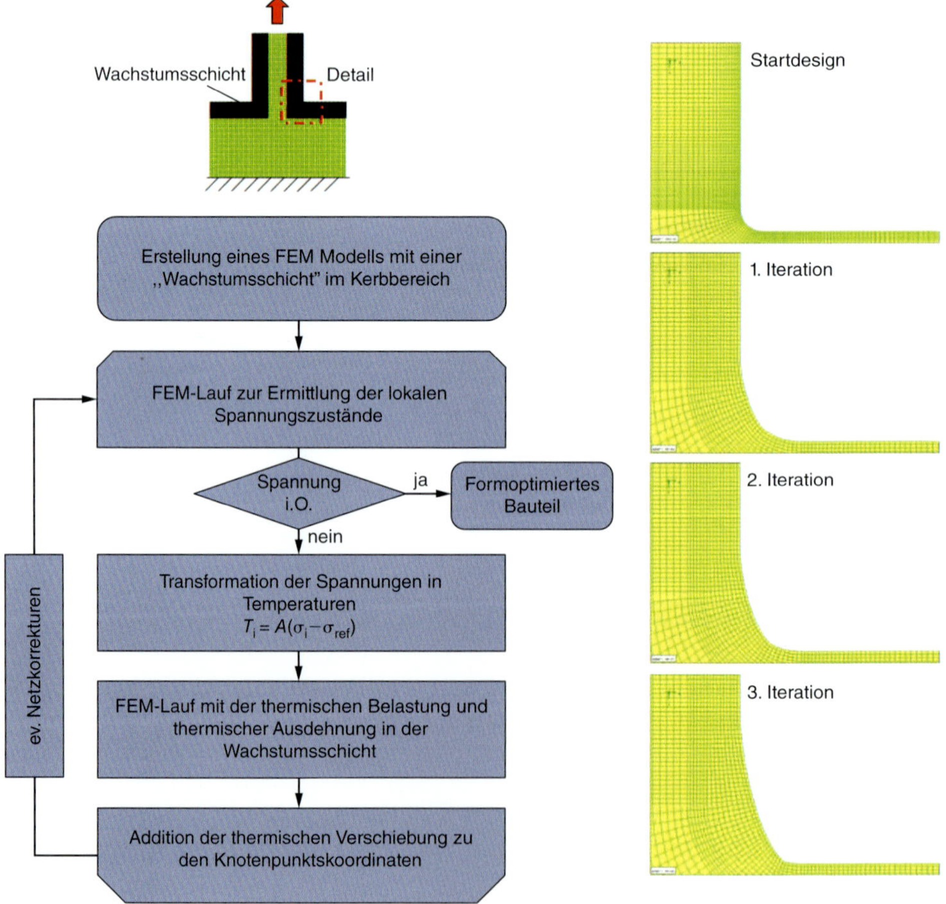

Bild 10.11 *CAO-Ablaufdiagramm (links) und als Beispiel die Kerbformänderung einer Wellenschulter nach verschiedenen Iterationen (rechts)*

Für eine zweite FEM-Analyse wird den Elementen der Wachstumsschicht ein thermischer Ausdehnungskoeffizient $\alpha > 0$ und ein anderer Elastizitätsmodul zugewiesen. Der neue Elastizitätsmodul beträgt etwa $^1/_{400}$ des Wertes des umgebenden Materials und gewährleistet, dass die

Verformungen auf die Wachstumsschicht beschränkt bleiben und etwa senkrecht zu der freien Oberfläche erfolgen. Diese Analyse ist frei von mechanischen Lasten, so dass ausschließlich die vorgegebene Temperaturverteilung zu Verformungen (Wachstum oder Schrumpfung) der Wachstumsschicht führt. Zuletzt werden die thermischen Verschiebungen der Knoten, die sich in der Wachstumsschicht befinden, zu den ursprünglichen Knotenkoordinaten addiert und eventuell notwendige Netzkorrekturen durchgeführt. Nach einer erneuten Spannungsberechnung mit den ursprünglichen Materialkennwerten und Randbedingungen kann das Ergebnis beurteilt werden. Befinden sich auf der Oberfläche der modifizierten Geometrie noch immer kritische Spannungskonzentrationen, so wird die oben beschriebene Vorgehensweise wiederholt. In der Regel ist nach zwei bis fünf Iterationen ein ausreichend homogener Spannungszustand erreicht.

Bild 10.12 zeigt die Auswirkung einer Gestaltoptimierung nach der CAO-Methode auf die Spannungsverteilung in einer Baumgabel. Nach Vorgabe eines Designvorschlages (mit Spannungsüberhöhungen an einer Kreiskerbe) und der äußeren Last wächst die Geometrie in einen Zustand nahezu konstanter Spannungsverteilung und zeigt beeindruckende übereinstimmung mit der Kontur des natürlichen Vorbildes [28, S. 50].

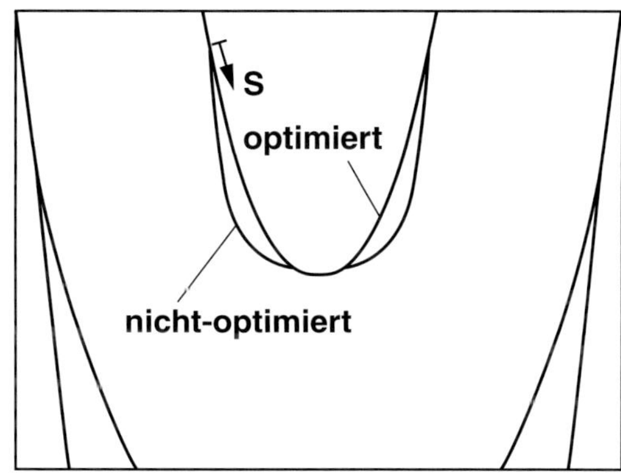

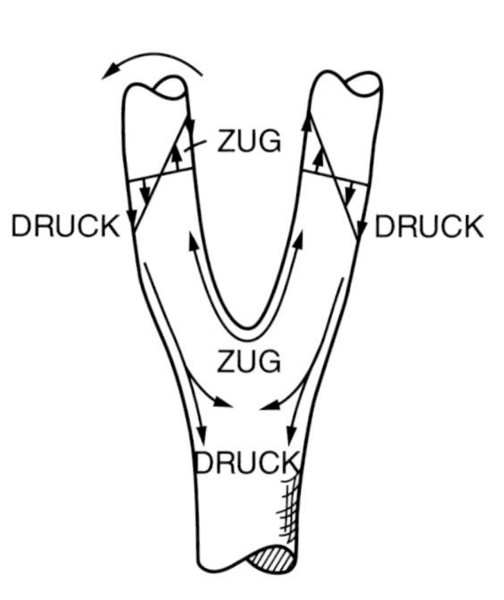

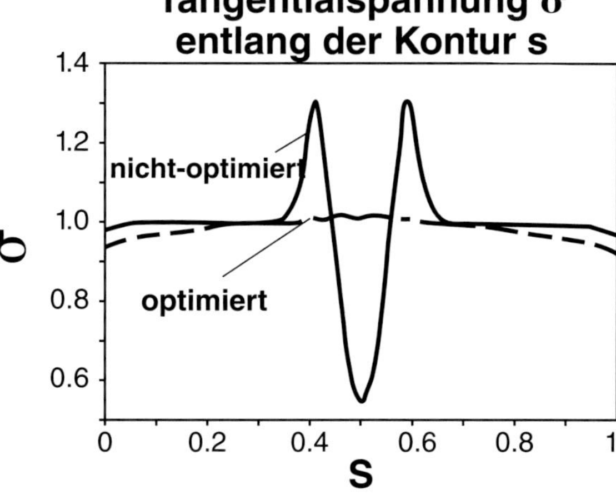

Bild 10.12 *Auswirkung einer Gestaltoptimierung nach der CAO-Methode auf die Spannungsverteilung bei einer Baumgabel* (Mattheck [49, S. 88])

10.7 Methode der Zugdreiecke (ZDE)

Die Methode der Zugdreiecke entspricht einem vereinfachten digitalen Baumwachstum. An hoch belasteten Bereichen, den Kerben, «wächst» das Bauteil senkrecht zur Oberfläche. Hierbei wird die Kerbe mit einem gleichschenkligen Dreieck überbrückt und damit im Kerbgrund Material hinzugefügt (Bild 10.13). Das zusätzliche Material wirkt wie ein Seil, das einen direkteren Kraftfluss und letztlich eine weichere Kraftflussumlenkung ermöglicht.

Ist die Kerbspannung immer noch zu hoch, wächst das Bauteil an der sich neu gebildeten Kerbe wieder senkrecht, was wieder ein gleichschenkliges Dreieck ergibt, nun jedoch mit einem stumpferen Winkel zwischen den beiden Katheten. Dieses Vorgehen wird so lange durchgeführt, bis sich der Ort und die Höhe der Maximalspannung nicht mehr ändern. Zum Schluss werden die eckigen Übergänge zwischen den einzelnen Dreiecken noch verrundet. Dies ist die allgemeine Vorgehensweise der «Methode der Zugdreiecke».

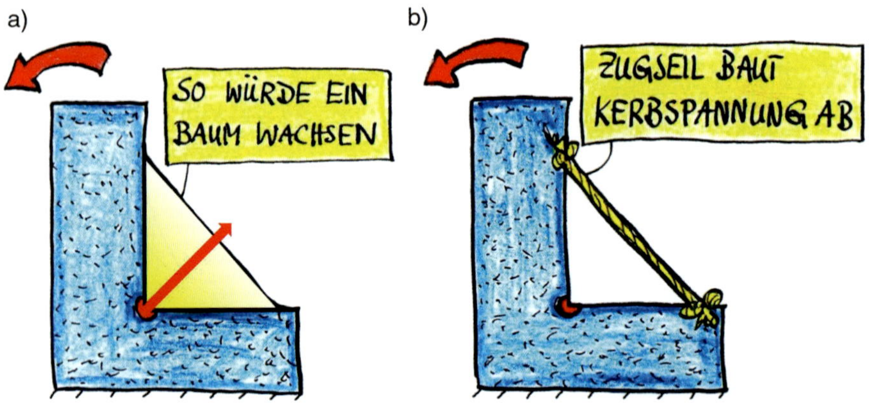

Bild 10.13 *Optimierung einer Winkelstruktur*
a) Materialdreieck entsprechend Baumwachstum entspricht
b) der Überbrückung der Kerbe mit einem Seil (nach Mattheck [53, S. 22])

Die Anwendung der Methode der Zugdreiecke wird exemplarisch bei Standardkerbkonturen dargestellt und hierbei auf Besonderheiten eingegangen:

1. Steifigkeitssprung: axiale Belastung einer Balkenschulter
2. Richtungsänderung:
   - symmetrische zweiachsige Belastung
   - asymmetrische zweiachsige Belastung
3. niedrig belastete Bereiche entfernen
4. an einem Bauteil belastete Bereiche verstärken und niedrig belastete Bereiche entfernen

Eine der Standardkerben tritt bei einer sprunghaften Querschnittsänderung von Wellen und Balken auf. Hierbei entsteht eine sogenannte Wellen- bzw. Balkenschulter (Bild 10.14) mit einer konvexen und einer konkaven Ecke. Die konvexe Ecke ist nahezu nicht belastet und braucht deshalb aus spannungstechnischer Sicht nicht weiter beachtet zu werden. Ganz anders sieht es bei der konkaven Ecke aus. Hier kommt es zu deutlichen Spannungsüberhöhungen und damit zu Kerbspannungen. Aus historischen und fertigungstechnischen Gründen ist die Kerbform in der

Regel als Viertelkreis gestaltet. Ein Viertelkreis als Kerbe ist für den Kraftfluss zwar besser als eine spitze Kerbe, aber meist noch ungünstig und führt deshalb zu unnötig hohen Kerbspannungen.

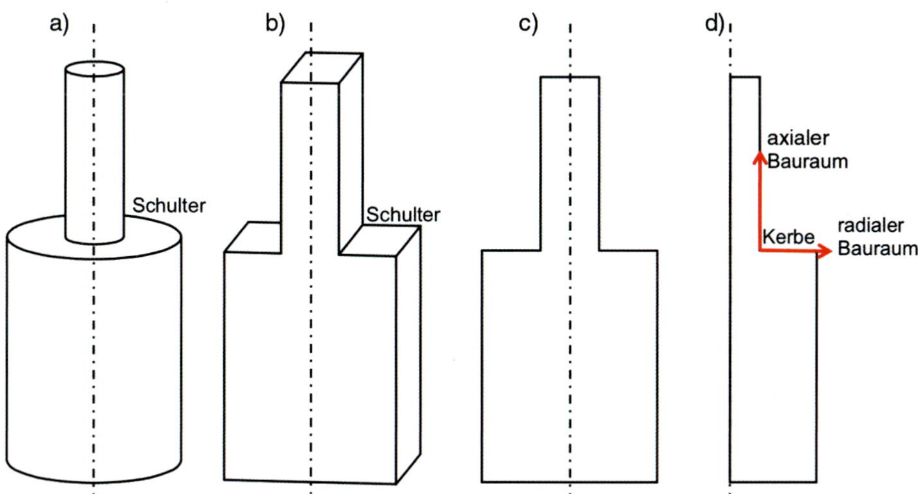

Bild 10.14 *3D-Darstellung*
a) Wellenschulter, b) Balkenschulter, c) 2D-Darstellung der Wellen- und der Balkenschulter und davon, d) eine Symmetriehälfte

10.7.1 Spannungssituation im Kerbgrund einer Balkenschulter

Die Spannungssituation im Kerbgrund einer Balkenschulter kann modellhaft gemäß Bild 10.15 als eine Schubspannungsfolge beschrieben werden. Wird der Balken an den beiden unterschiedlich breiten Enden belastet, ergeben sich in Zugrichtung potenzielle Gleitlinien. Diesen entlang würde sich die belastete Struktur dehnen, wenn es keine Schubspannungen gäbe, wodurch direkt am Querschnittssprung die größten Relativverschiebungen aufträten. Dieses Gleiten wird jedoch durch entgegenwirkende Schubspannungen verhindert, die genau im Kerbgrund ihren maximalen Wert annehmen.

Dem Schubspannungspaar, das in Kerbnähe in Längsrichtung des Balkens verläuft, entspricht ein Schubspannungspaar in Querrichtung. Die Längs- und Querschubspannungen sind vom Betrag her gleich groß (Symmetrie des Spannungstensors). Diese beiden gleich großen Kräftepaare führen zu den Hauptnormalspannungen, die zu den Schubspannungen um ±45° geneigt sind (Bild 10.15). Wenn nun die Wirkung der um 45° geneigten Zugspannung in der Kerbe vermindert werden soll, dann bietet es sich an, in dieser Richtung Material als wirkende Zugentlastung anzulagern. Hierdurch entsteht ein gleichschenkliges Dreieck, das das erste Zugdreieck ist [74].

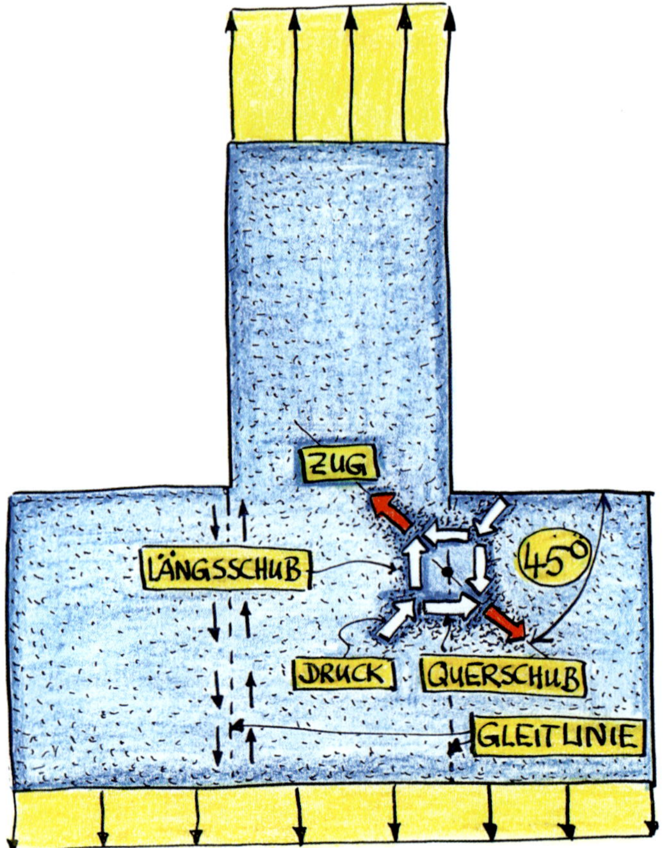

Bild 10.15 *Modellhafte Darstellung der Spannungssituation im Kerbgrund einer Balkenschulter* (Mattheck [52, S. 101])

10.7.2 Zugdreiecksmethode bei einer Balkenschulter

Die in Längsrichtung gezogene Balkenschulter in Bild 10.16 weist an der Kerbe des Querschnittssprungs, also der Ecke des Balkenabsatzes, eine Spannungsüberhöhung auf. Diese Kerbe A wird durch ein Zugdreieck überbrückt und somit die Kerbspannung reduziert. Die neu entstandene Ecke B, die zwischen dem Zugdreieck und der schmalen Balkenflanke entsteht, führt allerdings zu einer neuen, wenn auch geringeren Spannungsüberhöhung. Diese Kerbspannung wird analog durch ein zweites gleichschenkliges Zugdreieck überbrückt. Das zweite Zugdreieck geht von der Mitte des ersten Zugdreiecks aus, wodurch die halbe Basis des ersten Zugdreiecks die Schenkellänge des zweiten Zugdreiecks ist. Die Basis des zweiten Zugdreiecks bildet mit dem dünnen Balkenabschnitt wieder eine Kerbe C. Diese Kerbe kann wieder analog mit einem Zugdreieck überbrückt werden. Weitere Dreiecke sind nicht nötig, da mit mehr als drei Zugdreiecken sich die Maximalspannung in der Regel nicht weiter reduziert lässt (siehe Abschnitt 10.7.7).

Durch das sukzessive Überbrücken von Kerben mit Zugdreiecken entsteht eine linearisierte Kerbkontur, die noch stumpfe Knicke aufweist. Diese Knicke führen zu kleineren lokalen Spannungserhöhungen, die durch Verrundung der Knicke weiter reduziert werden können. Dies kann einfach mit der CAD-Funktion «Kanten verrunden» umgesetzt werden. Es gibt noch weitere

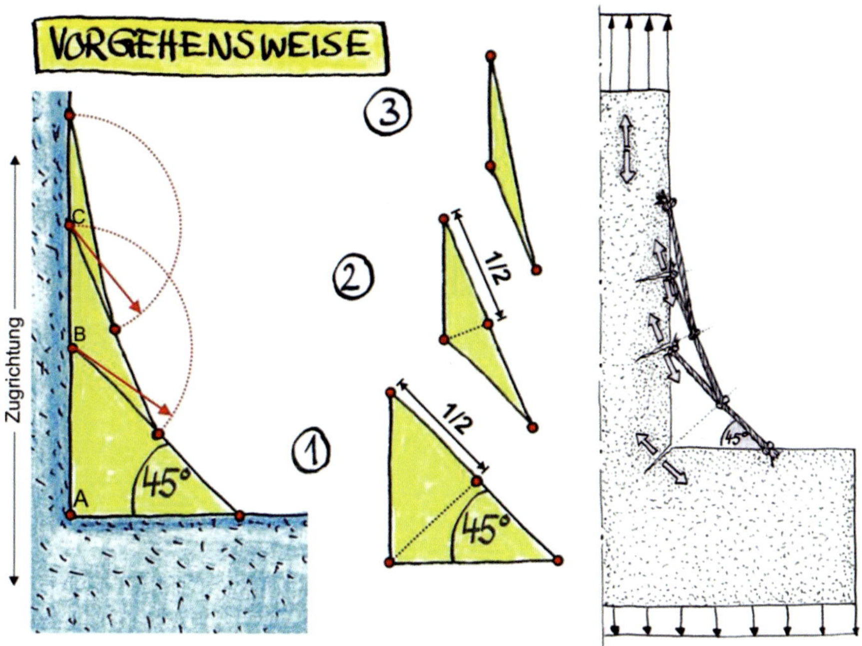

Bild 10.16 *Kerbformoptimierung mit der Methode der Zugdreiecke. Links die Konstruktion der Kerbkontur mit Zugdreiecken. In der Mitte die drei aufeinander folgenden gleichschenkligen Dreiecke und rechts die symbolische Darstellung der Zugdreieckskonstruktion mit überbrückenden Seilen an den hochbelasteten und versagenskritischen Stellen* (Mattheck [53, S. 23]).

Vorgehensweisen, die in Abschnitt 10.7.7 beschrieben werden. Tendenziell zeigen die Verrundungsverfahren untereinander keine großen Ergebnisunterschiede, da die Zugdreieckskontur an sich schon einen hohen kerbspannungsminimierenden Effekt aufweist.

Mit der Modellvorstellung der Balkenschulter mit dem Schubviereck (siehe Bild 10.15) erhält man auch die 45°-Orientierung des ersten Zugdreiecks und einen Hinweis über die Verrundung der Zugdreieckskontur. Die Kraftflusslinien sind weit oberhalb und unterhalb der Querschnittsverbreiterung parallel zur Balkenachse. An der Kerbe ist der Kraftfluss nun um 45° geneigt, weshalb für den Kraftfluss alle Ecken in Richtung des dünnen Balkenabschnitts konkave Ecken und am breiten Balken konvexe Ecken sind. Die konkaven Ecken hindern den direkten Kraftfluss, weshalb Spannungsspitzen entstehen, bei denen es sich um Kerbspannungen handelt. Die Ecken müssen ausgerundet werden, was die Spannung nochmals reduziert. Die unterste Ecke hat nahezu keinen Einfluss auf den Kraftfluss, jedoch stellen konkave spitze Ecken immer eine numerische Singularität dar, weshalb bei FEM-Analysen mit feiner Elementierung eine lokale Spannungsüberhöhung an der Ecke berechnet wird. Um dies zu vermeiden, sollten Ecken in hoch belasteten Bereichen immer mit einem kleinen Radius verrundet werden.

In Bild 10.17 wird eine mit Kreisbögen verrundete Zugdreieckskerbe c) und eine entsprechende Viertelkreiskerbe a) dargestellt. Beide Kerbformen sind für den Vergleich so gewählt, dass sie in radiale Richtung gleich groß sind. In axialer Richtung ist die Zugdreieckskontur größer. Die Spannungsanalyse der beiden Strukturen zeigt im Bereich der Kerbe deutliche Unterschiede. Bei der Zugdreieckskerbe verteilt sich die Spannung auf einen größeren Konturbereich und führt mit einem $\alpha_K = 1{,}3$ im Vergleich mit der Kreiskerbe $\alpha_K = 1{,}8$ zu einer deutlich geringeren Maximalspannung.

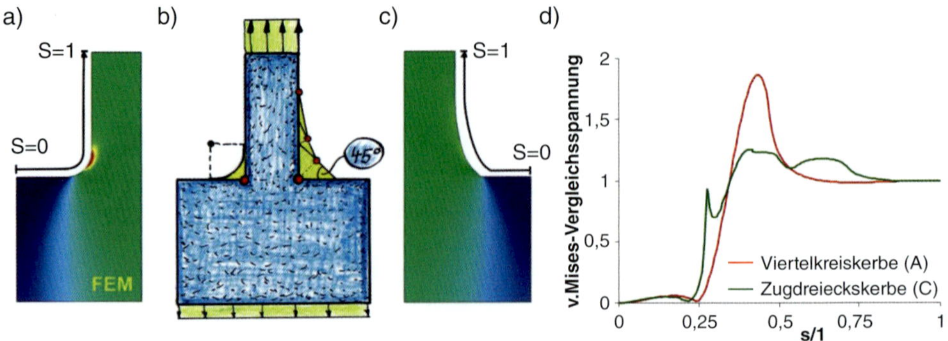

Bild 10.17 *Spannungsvergleich zwischen einer a) Viertelkreis- und c) einer Zugdreieckskerbe an einer Balkenschulter und d) jeweils der Spannungsverlauf entlang der Kerbkontur* [72, S. 24]

Richtige Orientierung der Zugdreiecke

Ganz nach dem Leichtbau-Motto «Jede Optimierung ist eine Spezialisierung» wirkt die positive Eigenschaft der Zugdreiecke natürlich nur, wenn die Zugdreieckskontur richtig orientiert ist. Im Unterschied dazu führt eine falsch orientierte Zugdreieckskontur zu einer deutlichen Spannungszunahme am ersten Dreieck. Richtig orientiert ist die Zugdreieckskontur, wenn die lange Seite in Hauptlastrichtung zeigt.

10.7.3 Zweiachsige Belastung

Bisher wurden einachsige Querschnittsverbreiterungen betrachtet, d. h., die Kraftflusslinien sind nach der Störstelle wieder parallel zu ihrer Ausrichtung vor der Störstelle. Bei einer Richtungsänderung des Kraftflusses spricht man auch von zweiachsiger Belastung. In diesem Fall sind die Kraftflusslinien nach der Störstelle nicht mehr parallel zu ihrer Richtung vor der Störstelle.

Richtungsänderung des Kraftflusses bei einem geknickten Träger

Bei einem Träger mit einem Knick ändert der Kraftfluss seine Richtung, weshalb es sich hier um eine zweiachsige Belastung handelt. Zusätzlich führt schon ein kleiner Knick dazu, dass der Träger maßgeblich mit Biegung belastet wird, auch wenn eine Zugkraft angreift. Der Knick wirkt zusätzlich auch als Kerbe und führt zu einer Spannungsüberhöhung, deren Höhe von dem Knickwinkel und der Kerbform abhängig ist. Mit Zunahme des Knickwinkels steigt die Kerbspannung genauso wie bei einem kleineren Kerbradius. Ausgehend von den beiden Enden des Trägers ändert der Kraftfluss im Bereich der Störstelle seine Richtung so lange, bis die Kraftflusslinien am Knick stetig ineinander übergehen. Da der von den beiden Enden gestartete Kraftfluss seine Richtung möglichst um nicht mehr als 45° ändern möchte, führt dies zu einem Gesamtwinkel von 90°. Aus diesem Grund wird eine Fallunterscheidung durchgeführt, ob der Knickwinkel kleiner oder größer als 90° ist, und eine davon abhängige Zugdreieckskonstruktion verwendet. In Bild 10.18 sind verschiedene Knickwinkel und ihre zugehörigen Kerböffnungswinkel dargestellt. Z.B. beträgt bei a) der gesamte Knickwinkel 60° und damit der Kerböffnungswinkel 120°. In der Regel ist es einfacher, den Kerböffnungswinkel anstatt des Knickwinkels zu bestimmen, weshalb die weitere Beschreibung sich auf den Kerböffnungswinkel bezieht.

Vorgehensweise der Methode der Zugdreiecke bei zweiachsiger Belastung:

1. Die Winkelhalbierende wird zuerst als Hilfslinie eingezeichnet.
2. Auf der Hilfslinie wird der zur Verfügung stehende Bauraum mit einem Stern markiert.

3a. Fallunterscheidung: Kerböffnungswinkel ist größer als 90° (Bild 10.18d).
Auf Höhe des Sterns wird eine Linie senkrecht von der Hilfsgeraden zum Schenkel des Trägers gezeichnet. Diese Linie bildet mit den weiteren entstandenen Linienabschnitten auf der Hilfsgeraden und der Trägerkante das erste Zugdreieck. In Bild 10.18d ist es orange eingefärbt. Weitere Zugdreiecke in Richtung des Trägerendes werden nach der bekannten Vorgehensweise aus Abschnitt 10.7 konstruiert.
Auf der anderen Seite der Hilfsgerade wird analog der zweite Teil der Kerbform ausgebildet.

3b. Fallunterscheidung: Kerböffnungswinkel ist kleiner als 90° (Bild 10.18e).
Im Unterschied zu der ersten Vorgehensweise wird nun vom Stern das Lot auf den Träger gefällt. Diese Linie entspricht einem Wellenschulterabschnitt, auf dem die aus Abschnitt 10.7 bekannte Vorgehensweise zur Konstruktion der Zugdreiecke angewendet werden kann.
Auf der anderen Seite der Hilfsgerade wird analog der zweite Teil der Kerbform ausgebildet.

4. Am Ende werden die verbliebenen stumpfen Ecken verrundet.

An der Stelle, an der sich die beiden Zugdreieckskonturen berühren, bildet sich eine Ecke, die verrundet werden muss. Beträgt die Richtungsänderung genau 90° wie bei der Struktur in Bild 10.19, dann liegen die Hypotenusen der beiden ersten Zugdreiecke auf einer Geraden, was ein zusätzliches Verrunden natürlich hinfällig macht.

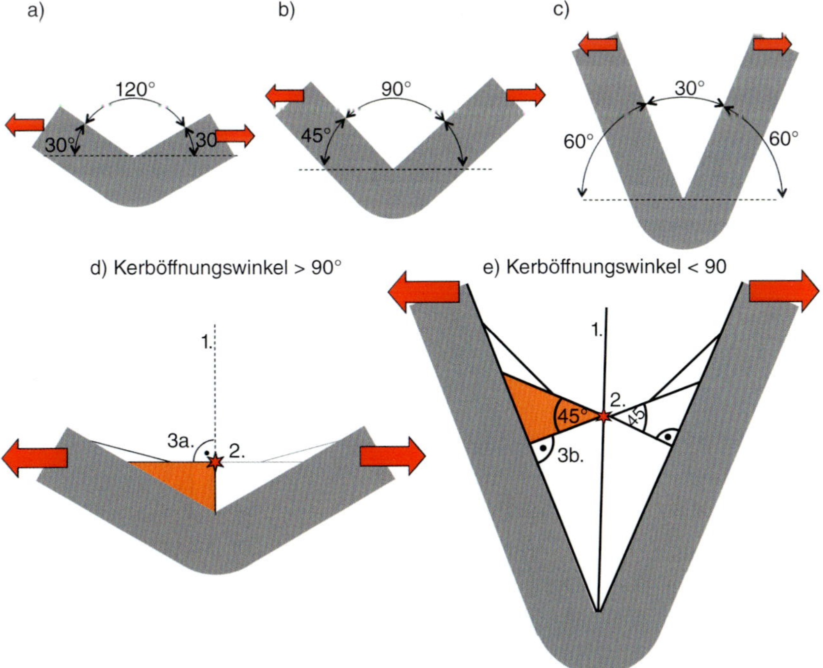

Bild 10.18 *Anwendung der Methode der Zugdreiecke bei zweiachsiger Belastung*
a), b), c) Abgeknickte Stäbe mit unterschiedlichen Winkeln
d) Vorgehensweise zur Festlegung des ersten Zugdreiecks bei Kerböffnungswinkel größer 90°
e) Vorgehensweise bei Kerböffnungswinkel kleiner 90°: 1. Winkelhalbierende, 2. Stern legt Bauraum fest, 3. senkrechtes Lot führt zum ersten orangenen Zugdreieck

Richtungsänderung des Kraftflusses bei unterschiedlicher Belastungshöhe

Wirken auf Strukturen unterschiedlich großen Lasten, wird die ZDE-Kontur asymmetrisch gestaltet. Der einzige Unterschied zu der eben beschriebenen Vorgehensweise ist, dass die Hilfslinie nicht automatisch der Winkelhalbierenden entspricht. Stattdessen teilt die Hilfslinie den Winkel dem Belastungsverhältnis entsprechend auf, wodurch die Zugdreieckskontur lastgerecht angepasst wird.

Beispielsweise bei einer Struktur mit einem Öffnungswinkel von 75° und einem Belastungsverhältnis von 2 : 1 wird der Hilfswinkel im Verhältnis 2 : 1 eingezeichnet, was einem Winkel von 50° : 25° entspricht.

Am Beispiel eines 90°-Winkels wird in Bild 10.19 der Einfluss unterschiedlicher Belastungen auf die Ausbildung der Zugdreieckskontur gezeigt. Die Bildfolge zeigt den Übergang a) einer horizontalen einachsigen Zugdreieckskontur über d) eine zweiachsige Kontur auf g) eine vertikale einachsige Zugdreieckskontur. Die Pfeile zeigen die Höhe und die Richtung der wirkenden Belastung an.

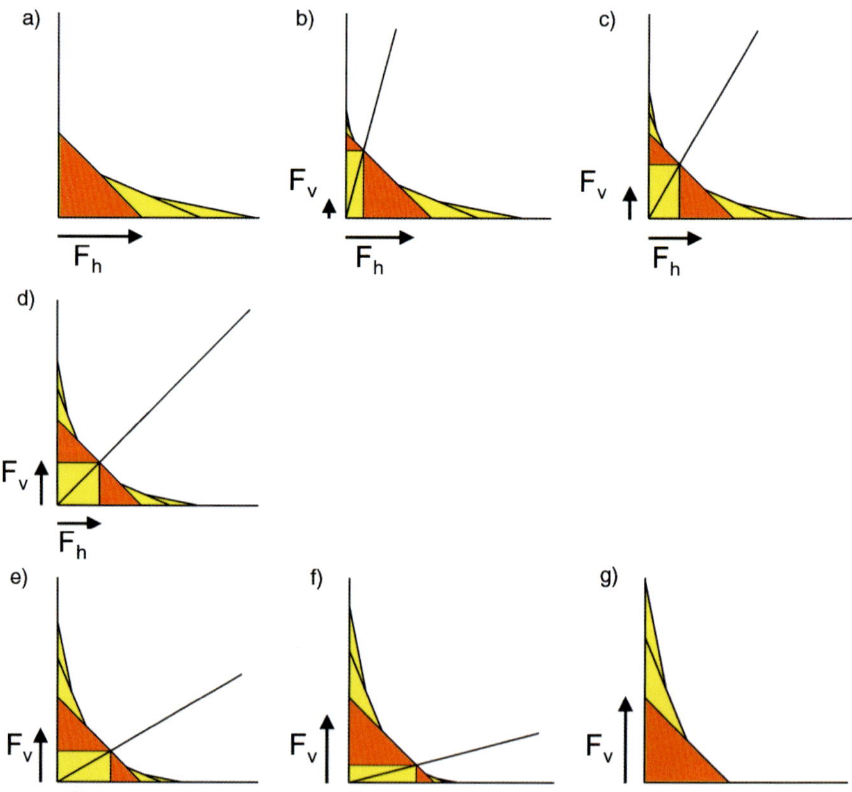

Bild 10.19 *Konstruktion der Zugdreiecke bei zweiachsiger Belastung. Der Bauraum wird winkelmäßig entsprechend dem Belastungsverhältnis bzw. dem Spannungsverhältnis aufgeteilt. Dadurch werden die Zugdreieckskonturen bei beiden Schenkeln lastgerecht eingepasst* (nach Mattheck [55, S. 76]).
a) einachsige Belastung: F_h, $F_v = 0$, b) zweiachsige Belastung: $F_h >> F_v$, c) zweiachsige Belastung: $F_h > F_v$, d) zweiachsige gleiche Belastung: $F_h = F_v$, e) zweiachsige Belastung: $F_h < F_v$, f) zweiachsige Belastung: $F_h << F_v$, g) einachsige Belastung: F_v, $F_h = 0$

10.7.4 Anwendungsbeispiel Winkelstruktur

Eine Winkelstruktur wird aus einer ebenen Platte gefertigt (Bild 10.20). Die Platte besteht aus einem isotropen Material und hat eine Dicke von 5 mm. Alle weiteren Maße sind in Bild 10.20 in der Einheit Millimeter angegeben. Der Winkel wird später mit einer horizontalen Kraft *F* belastet und seine Form soll für diese Anwendung kerbspannungsoptimiert werden. Hierbei stellen sich folgende Fragen:

- An welchen Stellen treten Kerbspannungen auf?
- Handelt es sich hierbei um eine einachsige oder zweiachsige Belastung?
- Und als letzte Aufgabe sollen die Zugdreiecke eingezeichnet werden.

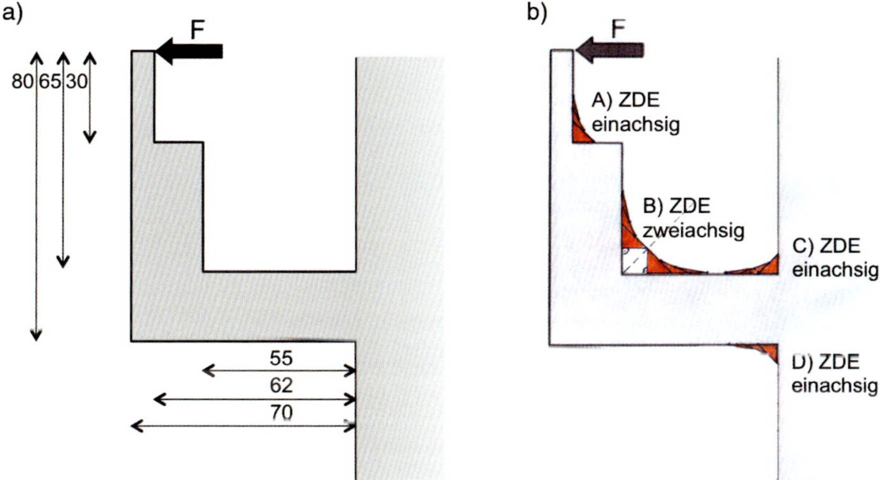

Bild 10.20 *Anwendungsbeispiel der Zugdreiecksmethode bei 1- und 2-achsigen belasteten Kerben a) Ausgangsstruktur, b) ZDE-optimierte Form*

10.7.5 Schrumpf-ZDE

Mit den Zugdreiecken wurden bisher konkave Ecken kraftflussgünstiger gestaltet, indem Material angefügt wird, was zu einem kraftflussgünstigeren Design führt. Das bedeutet aber auch, dass die Strukturbereiche, die außerhalb der Zugdreieckskontur liegen, also fern der Bauteilmittellinie, strukturmechanisch nicht sehr relevant sind und damit entfernt werden können. Somit können mit derselben Methode auch unterbelastete Strukturbereiche identifiziert werden, an denen nicht benötigtes Material entfernt werden kann, was gleichsam einem Schrumpfvorgang entspricht.

In der FEM Analyse zeigt sich an der Kerbkontur eine qualitative Spannungsverteilung, die dem gespiegelten Spannungsverlauf der Wachstums-ZDE-Kontur entspricht (Bild 10.21). So sind die noch nicht verrundeten Knicke der ZDE nun konvex und damit nicht kritisch, da die lokalen Spannungszustände absinken. Natürlich können die Knicke noch ausgerundet werden, was aber aus Spannungsgründen nicht nötig ist.

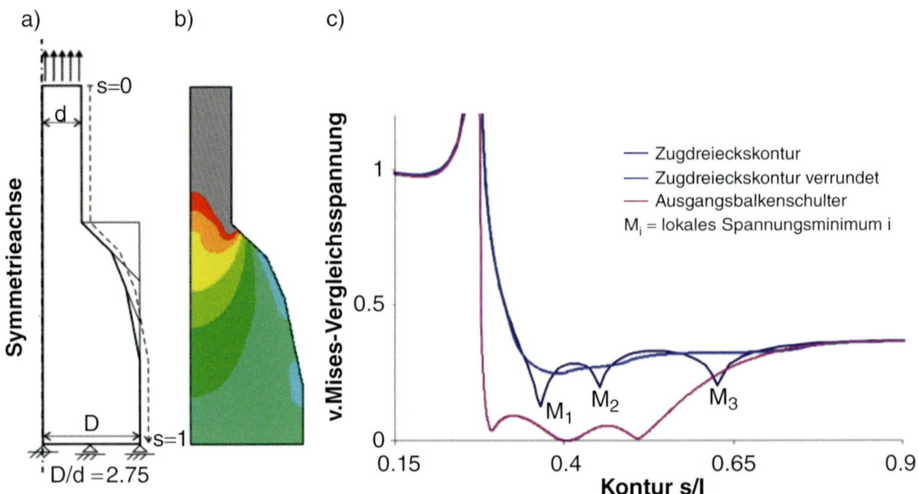

Bild 10.21 *Anwendung der Methode der Zugdreiecke, um niedrig belastete Bereiche zu identifizieren und diese dann zu entfernen*
a) Konstruktion der ZDE, b) Spannungsverlauf und c) FEM [72, S. 70]

10.7.6 Wachsen und Schrumpfen

Mit der Methode der Zugdreiecke können in benachbarten Strukturbereichen sowohl Kerbspannungen reduziert als auch unterbelastete Strukturbereiche identifiziert und damit letztendlich entfernt werden (Bild 10.22). Wachsen und Schrumpfen stören sich nicht gegenseitig, sondern harmonieren miteinander. Hierbei ist jedoch zu beachten, dass bei der Schrumpf-ZDE-Kontur das erste Dreieck der Wachstums-ZDE-Kontur hinzuzählt, beim Wachsen jedoch nicht.

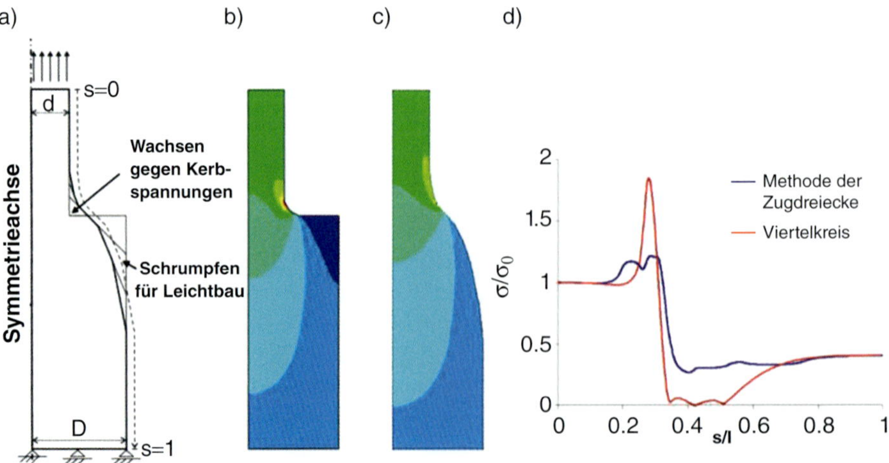

Bild 10.22 *Anwendung der Methode der Zugdreiecke bei gleichzeitigem Wachsen und Schrumpfen*
a) Konstruktion der ZDE, b) FEM-Darstellung der Ausgangsstruktur, c) FEM-Darstellung der optimierten Struktur, d) Spannungsverlauf im Diagramm [72, S. 87]

Nun kann auch die Winkelstruktur aus Abschnitt 10.7.4 noch modifiziert werden, indem niedrig belastete Strukturbereiche mit der ZDE-Methode identifiziert und entfernt werden.

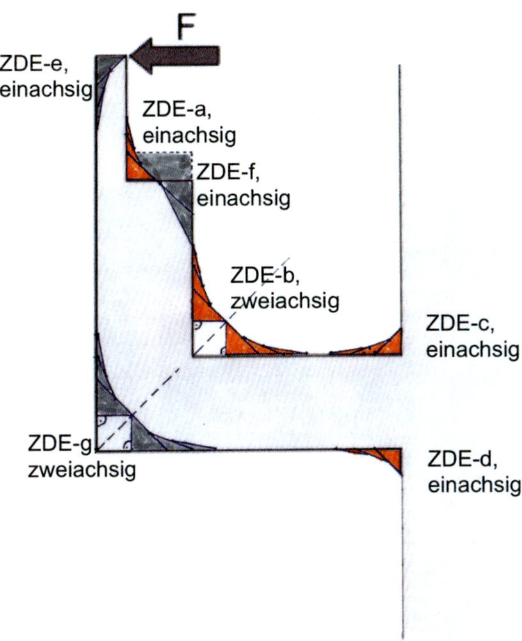

Bild 10.23 *Anwendungsbeispiel der Zugdreiecksmethode für Schrumpfen und Wachsen bei 1- und 2-achsig belasteten Kerben*

10.7.7 Vertiefendes Zugdreiecks-Know-how

Mit dem bis hierher vermittelten Wissen können die ZDE schon erfolgreich zur Kerbspannungsreduktion eingesetzt werden. Abschließend sollten die ZDE aber immer mittels einer FEM-Analyse oder experimentell überprüft werden. Für Zugdreiecksspezialisten folgen nun vertiefende Informationen zu den Zugdreiecken:

- Anzahl der Dreiecke,
- Verrundungsarten,
- Wie groß soll die ZDE-Kontur gewählt werden?,
- Zugdreiecke bei Winkeln größer 90°,
- Einfluss der Geometrie und der Belastungsart.

Anzahl der Dreiecke

Eine Zugdreieckskontur mit drei Dreiecken ist ausreichend, mehr Dreiecke führen in der Regel zu keiner weiteren relevanten Spannungsreduktion, aber zu einer längeren Kerbkontur. Die höchste Spannung befindet sich am Übergang vom ersten auf das zweite Dreieck, am Ort K2 in Bild 10.24. Da ein viertes Dreieck diesen Bereich geometrisch nicht mehr verändert und die Kerbspannung bei K3-2 niedriger ist als bei K2, haben mehr als drei Dreiecke nahezu keinen Einfluss auf die Maximalspannung der Kerbkontur. Deshalb lohnt es sich bei geringem axialen Bauraum, eher das dritte Dreieck wegzulassen und das zweite maximal zu verrunden als eine kleinere Standard-ZDE-Kontur zu verwenden.

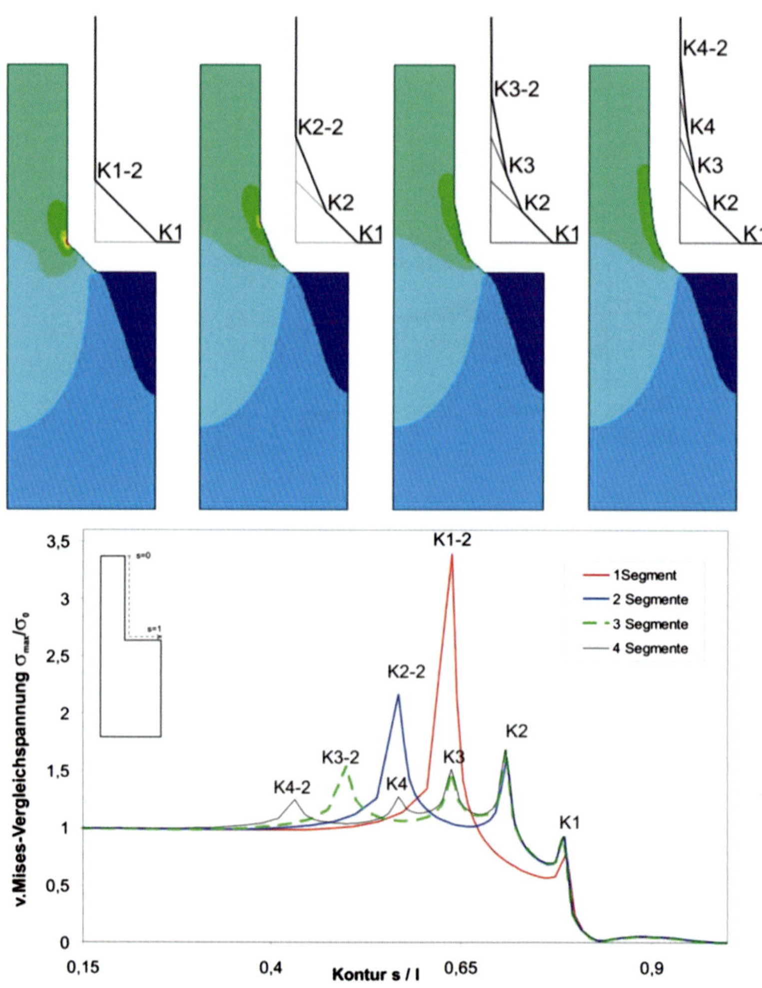

Bild 10.24 *Überbrückung der 90°-Kerbe einer Balkenschulter mit der Methode der Zugdreiecke mit 1, 2, 3 und 4 Segmenten und dem zugehörigen Spannungsdiagramm* [72, S. 51]

Verrunden der Zugdreiecke

Die Ecken zwischen den einzelnen Zugdreiecken führen noch zu Spannungsspitzen, die sich jedoch durch geringe Konturmodifikationen reduzieren lassen. Die Verrundung bezieht sich jedoch nicht auf den untersten Knick K1, bei dem das erste Zugdreieck in die niedriger belastete Wellenschulter unter 45° eintaucht. Dieser Knick wird nur mit einem sehr kleinen Radius verrundet – Stichwort Werkzeug-Verrundung –, ansonsten würden an dieser geometrischen Singularität Spannungsspitzen berechnet, deren Höhe von der Netzfeinheit und nicht nur von der Geometrie abhängig sind [82].

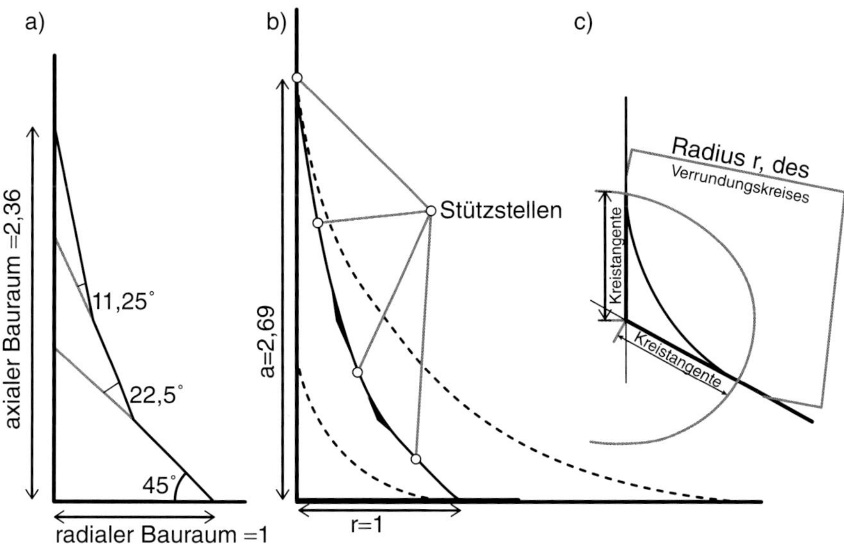

Bild 10.25 *ZDE-Verrundung*
a) unverrundete ZDE-Kontur, b) verrundete ZDE-Kontur im Größenvergleich mit den beiden Viertelkreiskerben, c) konventionelle Verrundung mit Kreisbögen

Die Kerbformen der verrundeten Zugdreieckskonturen werden mit zwei unterschiedlich großen Viertelkreiskerben in den Bildern 10.25 und 10.26 verglichen. Es gibt viele Verrundungsmöglichkeiten; zwei naheliegende sind eine Verrundung mit Kreisbögen oder einem Spline. Viele weitere Möglichkeiten werden in dem Konstruktionspraxis-Artikel [56] untersucht und bewertet. Wird die Verrundung mit Hilfe von Stützstellen in der Linienmitte durchgeführt, wird an den Ecken K2, K3 und K3-2 Material angefügt, wodurch die ZDE-Kontur in axiale Richtung länger wird. Die Stützstellen können nun mit einem Spline verbunden werden, oder es wird konventionell mit Kreisbögen verrundet (siehe Teilbild c).

Der kleine Verrundungsradius entspricht der radialen Ausdehnung der Zugdreieckskontur mit der Länge 1. Diese Kerbkontur führt an einer Beispielbalkenschulter zu einer Spannungsüberhöhung von 1,85. Der Ort der höchsten Spannung befindet sich hier am Übergang des Kreisbogens zur Flanke des dünnen Balkens. Der große Verrundungsradius entspricht der axialen Länge einer verrundeten Zugdreieckskontur aus drei Segmenten, also dem 2,67-fachen des radialen Bauraums. Diese Kerbkontur führt zu einer Spannungsüberhöhung von 1,40 am Übergang des Kreisbogens zur Flanke des dünnen Balkens.

Zusätzlich zu den beiden Viertelkreiskerben sind in Bild 10.26 eine verrundete ZDE-Kontur mit Kreisbögen und eine mit einem Spline gegenübergestellt. Die ZDE-Kontur mit Kreisbögen führt zu einer Spannungsüberhöhung von 1,25 und die Splinekontur zu einer Spannungsüberhöhung von 1,28. Bei beiden ZDE-Konturen befindet sich der Ort der Maximalspannung im Bereich von K2. Damit herrschen bei beiden ZDE-Konturen niedrigere Kerbspannungen als bei den Viertelkreiskerben und im Vergleich mit dem kleineren Radius sind diese Unterschiede sogar sehr deutlich ausgeprägt. Die beiden verrundeten ZDE-Konturen sind jedoch sehr ähnlich. Auch hier zeigt sich die gutmütige Form der ZDE, bei denen die Art des Verrundens keinen großen Einfluss auf die Spannungsüberhöhung hat, aber besser als die beiden Viertelkreiskerben ist.

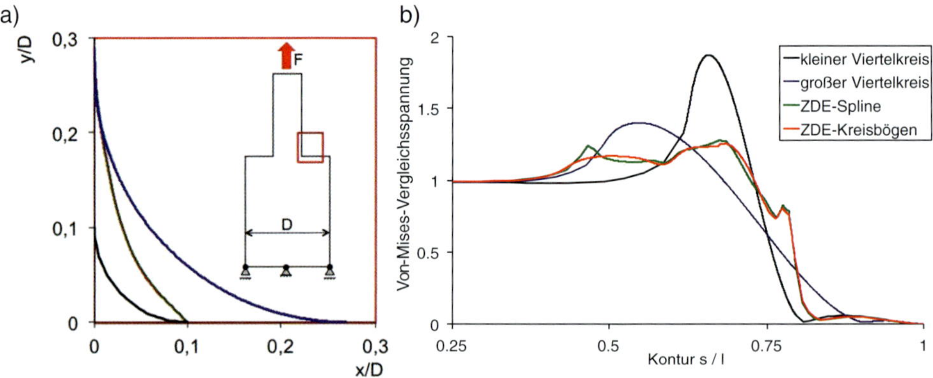

Bild 10.26 *Vergleich verschiedener Kerben an einer Balkenschulter*
a) Kerbform und b) Spannungsüberhöhung

Wie groß soll die ZDE-Kontur ausgeführt werden?

Die Frage, wie groß die Zugdreieckskontur gestaltet werden soll, ist allgemein mit «so groß wie möglich» einfach beantwortet. Eine Parameterstudie mit einer zunehmend größer werdenden ZDE-Kontur bestätigt diese Aussage, jedoch zeigt sich auch, dass ab einer bestimmten Größe eine weitere Vergrößerung nur noch vernachlässigbare Verbesserungen bringt. Des Weiteren zeigt sich, dass die sinnvolle maximale Größe der Zugdreieckskontur von der Belastung und der Geometrie abhängt [55, S. 62]. Entspricht die radiale Zugdreiecksgröße 40 % der radialen Balkenschulter, gibt es keine wesentlichen Spannungsreduktionen mehr. In der Technik ist jedoch meist schon durch die Funktion eine maximale Größe vorgegeben (Restriktion), die kleiner als die sinnvolle maximale ZDE-Größe ist und damit gilt wieder die allgemeine Aussage, die ZDE-Kontur so groß wie möglich zu wählen.

Neben einer Parameterstudie kann auch mittels der Kraftflussanalogie eine maximal sinnvolle ZDE-Größe ermittelt werden. An einem Balkenabsatz, wie in Bild 10.27 gezeigt, wird die Schrumpf-ZDE-Kontur immer auf die gesamte Breite der Balkenschulter skaliert. Die Größe der Wachstums-ZDE-Kontur ist variabel, hat jedoch aufgrund ihrer Konstruktion eine theoretische Größenlimitierung von 50 % der Balkenschulter. Da eine kraftflussgünstige Kontur nur durch eine Verrundung erreicht wird, erhält man eine maximale Größe der Wachstumszugdreiecke bei 40 % der Balkenschulter.

Kerbformoptimierung bei Winkeln größer 90°

Balkenschultern mit einem Öffnungswinkel größer 90° können auch mit der Methode der Zugdreiecke kraftflussfreundlich gestaltet werden (Bild 10.28). Jedoch ist es nun nicht mehr möglich, in den Kerbgrund ein rechtwinkliges, gleichschenkliges Dreieck zu legen. Die jeweilige Anpassung der Konstruktionsvorschrift hängt von der Winkeldifferenz zur rechtwinkligen Balkenschulter ab. Bei kleinen Winkelunterschieden von ein paar Grad kann die Zugdreieckskontur verzerrt werden oder die Zugdreieckskontur wird axial leicht verschoben und dadurch das rechtwinklige erste Dreieck beibehalten. Beide Vorgehensweisen sind möglich, da die Zugdreieckskontur eine «gutmütige» Form ist. Bei stumpferen Balkenschultern, also ab ca. 100°, muss die Methode der Zugdreiecke modifiziert werden. Hierzu wird der Kerbgrund mit einem gleichschenkligen Dreieck als erstes Zugdreieck überbrückt, wobei der Scheitelwinkel identisch zum Öffnungswinkel der Balkenschulter ist. Die anderen Zugdreiecke werden wie bekannt

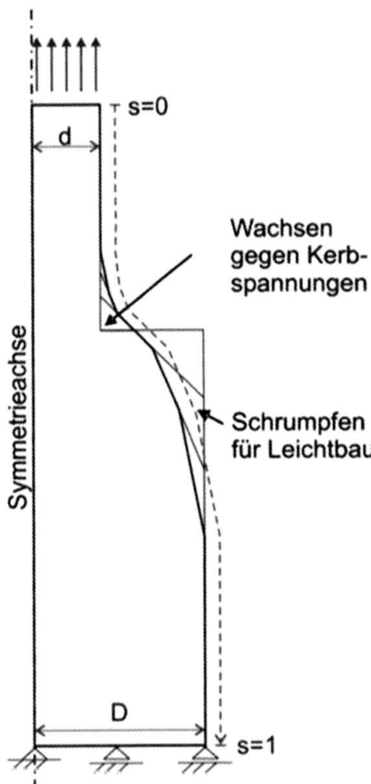

Bild 10.27 *Mit Hilfe des Kraftflusses wird die sinnvolle Größe des ersten Zugdreiecks der Wachstums-ZDE ermittelt.*

konstruiert. Bei einer 90°-Balkenschulter tritt ein sehr ähnlicher Fall beim 2. Zugdreieck auf, das einen Kerbwinkel von 135° mittels eines gleichschenkligen Dreiecks mit einem 135°-Scheitelwinkel überbrückt.

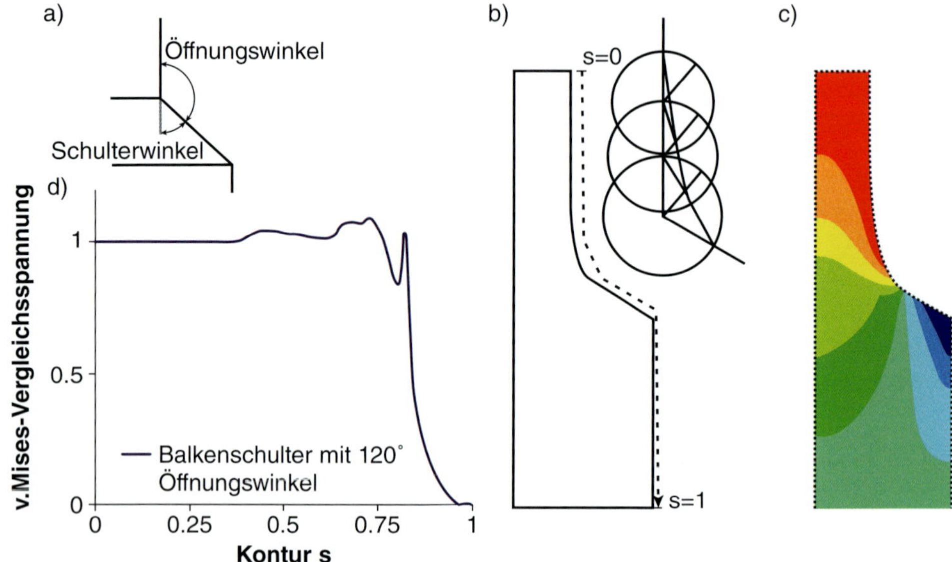

Bild 10.28 *Kerbformgestaltung mittels der Methode der Zugdreiecke bei einem Öffnungswinkel von 120° a) nichtoptimierte Form, b) optimierte Form, c) FEM, d) Spannungsverlauf* [72, S. 62]

11 Dimensionierungs-, Sizing- oder Parameteroptimierung

Im Produktentwicklungsprozess kommt Sizing eher später zum Einsatz, wenn die Bauteilkonstruktion schon einigermaßen auskonvergiert ist. In diesem Stadium sind die meisten Bauteilmerkmale schon festgelegt, wie z.B. Bohrungen oder Rippen, und nur die genaue Dimensionierung, also beispielsweise der Bohrungsdurchmesser und die Rippenhöhe müssen noch festgelegt werden. Aus diesem Grund werden diese Strukturmerkmale im CAD-System oft nicht absolut, sondern parametrisch angelegt, weshalb dieses Vorgehen neben den schon erwähnten Begriffen Dimensionierung und Sizing oft auch als Parameteroptimierung bezeichnet wird.

Sizing ist von den fünf Strukturoptimierungsverfahren das Verfahren mit den meisten Restriktionen, d. h., die Wahrscheinlichkeit, das globale Optimum zu treffen, ist gering. Dafür hat es aber auch die wenigsten Designvariablen, weshalb eine Dimensionierungsoptimierung mit geringem Aufwand und vernachlässigbarem Risiko durchgeführt werden kann, und meist führt Sizing auch zu einer Verbesserung.

11.1 Biologisches Beispiel für Sizing

Der Zoologe D'Arcy Wentworth Thompson wandte die mathematische Transformation auf biologische Strukturen an und zeigte dadurch ihre Verwandtschaft zueinander. Dies beschreibt er in seinem Buch «On Growth and Form» [84], das 1917 veröffentlich wurde und auch als deutsche Auflage unter dem Titel «Über Wachstum und Form» [85] erhältlich ist. Neben der Vorgehensweise enthält es viele Beispiele zur mathematischen Transformation, von denen die transformierten Fische zu den wohl bekanntesten Beispielen gehören (Bild 11.1). Der biologische Transformationsprozess von der einen Tierart zu der anderen hat sehr viele Generationen gedauert, weshalb es sich um eine evolutionäre und nicht lastadaptive Veränderung handelt.

Die Vorgehensweise der Transformation startet immer damit, dass ein Gitter bzw. Netzlinien auf die zu untersuchende Struktur gezeichnet werden. Danach kann dieses Netz und die damit verknüpfte Struktur durch Deformation verändert werden. Eine einfache Veränderung ist die Ausdehnung einer Achse. Wird beispielsweise über einen Kreis ein Gitter mit quadratischen Netzelementen gezeichnet und dieses in einer Achse gestreckt, dann werden die anfänglich quadratischen Netzelemente zu entsprechenden Rechtecken und der Kreis zu einer Ellipse umgewandelt. Weitere in Bild 11.1 dargestellte Deformationen sind: a) die Scherung, b) die nicht gleichförmige Ausdehnung, die radiale Krümmung und c) Spezialtransformationen.

Es wird also immer von einer bestehenden Struktur ausgegangen, weshalb die Bauweise, Topologie und Form schon vorgegeben sind und nur ihre absoluten Dimensionen verändert werden. In der digitalen Bildbearbeitung wird dieses Vorgehen auch verwendet und als *Image Warping* bezeichnet. Die transformierten Fische von D'Arcy W. Thompson sind damit ein biologisches Beispiel für Sizing-Optimierung.

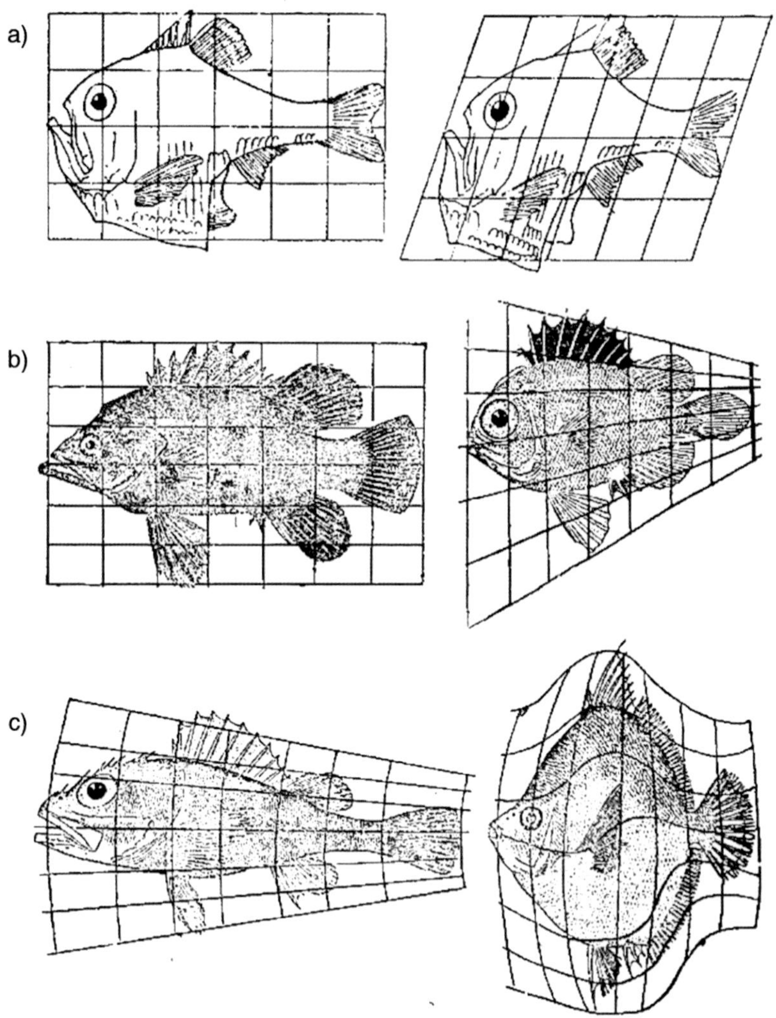

Bild 11.1 *Darstellung von Ähnlichkeiten verschiedener Fischarten zueinander durch verschiedene Transformation* [85, S. 1062]

11.2 Technische Beispiele für Sizing

Ein technisches Beispiel für eine Sizing-Optimierung ist schon in Abschnitt 5.1.3 behandelt worden, die Papierschachtel. An dieser einfachen Optimierungsaufgabe wurde das mathematische Vorgehen gezeigt. Sobald jedoch die Aufgabe etwas anspruchsvoller wird, reicht meist das vorhandene mathematische Wissen nicht mehr für eine Bearbeitung aus. Nun kann entweder die Mathematik aus dem Studium wieder aufgefrischt oder es können Tools verwendet werden, wie Matlab, Mathcad oder auch Excel. Mit Excel bieten sich zwei Vorgehensweisen an, die an den beiden etwas anspruchsvolleren Beispielen (Bild 11.2b) einer Balkonaufhängung mit einem Zugseil und c) einer Schachtel mit zwei unabhängigen Parametern vorgestellt werden.

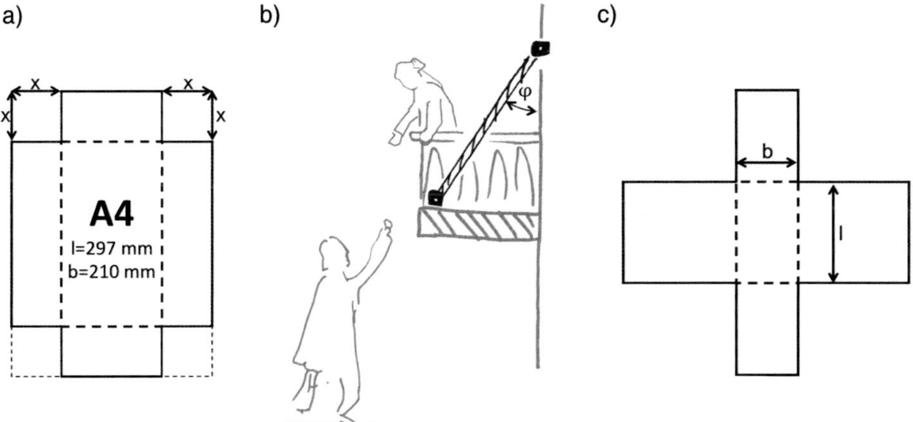

Bild 11.2 *Drei technische Beispiele für die Sizing-Optimierung*
a) Papierschachtel mit dem freien Parameter x, b) Zugseil am Balkon mit dem freien Parameter φ*, c) Papierschachtel mit zwei unabhängigen Parametern b und l*

11.3 Parametervariation in Excel am Beispiel des Zugseils eines Balkons

Die Parametervariation in Excel wird an dem Anwendungsbeispiel der materialgünstigsten Aufhängung von Romeos & Julias Balkon mit einem Zugseil vorgestellt. Romeo und Julia dürften in dem Moment, der in Bild 11.3 festgehalten wird, die Frage egal sein, bei welchem Winkel φ am wenigsten Seil benötigt wird. Nicht so dem Financier des Bauwerks, der an einer günstigen Aufhängung des Balkons interessiert ist. Von dem Winkel φ ist natürlich die Länge des Seils abhängig, aber auch die Seilkraft, die bei einem größeren Winkel ansteigt und ein stärkeres Seil erfordert.

Die materialgünstigste Aufhängung des Balkons ist vom Winkel φ abhängig, weshalb der Winkel gesucht wird, bei dem das Seilvolumen minimal wird. Dies führt zu der Zielfunktion Minimierung des Seilvolumens, die in Bild 11.4 aufgestellt wird.

Solche Aufgaben werden mit Excel häufig tabellenmäßig dadurch gelöst, dass der veränderliche Parameter schrittweise in seinem gültigen Wertebereich variiert wird. Bild 11.5 zeigt das Vorgehen an dem Beispiel der Balkonaufhängung. Teilbild a) zeigt in der normalen Excel-Ansicht die ersten sieben Zeilen eines Tabellenblattes. In der Spalte A ist der Winkel φ, der sich von Zeile zu Zeile um vier Grad erhöht. Sein gültiger Wertebereich liegt zwischen 0° und 90°. In den nächsten Spalten folgen die von dem Winkel abhängigen Größen: die Seilkraft, die Seillänge und schließlich das Seilvolumen. In Teilbild b) werden die in den Excel-Zellen hinterlegen Formeln sichtbar gemacht, indem die Excel Ansichtsoption «Formeln anzeigen» aktiviert wird. Nun ist erkennbar, dass die Seilkraft und Länge jeweils nur von dem Winkel als Variable abhängig sind und das Volumen auf diese beiden Teilergebnisse zurückgreift. Des Weiteren fällt auf, dass bei der Seilkraft und der Seillänge die Formeln aus Bild 11.5 mit «Pi( )/180°» ergänzt wurden. Der Grund dafür ist, dass Excel standardmäßig Winkel als Bogenmaß behandelt und deshalb der Winkel φ in ein entsprechendes Bogenmaß umgerechnet werden muss.

Diese schrittweise Parametervariation zeigt, dass die Balkonaufhängung im Bereich zwischen 40° und 50° das geringste Seilvolumen aufweist. Um ein genaueres Ergebnis zu erhalten, wird dieser Bereich mit einer kleineren Schrittweite von 1° nochmals genauer

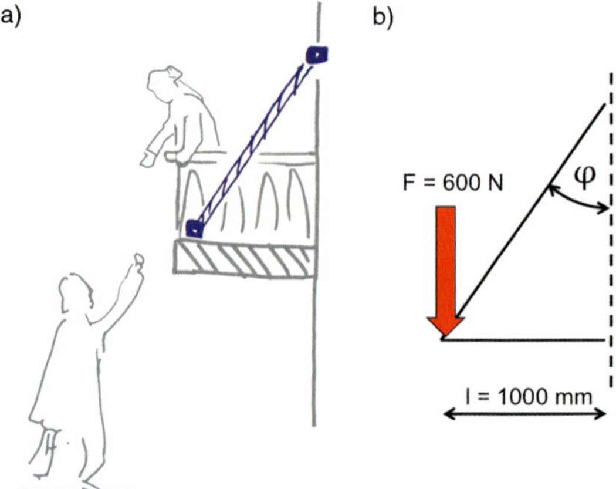

Bild 11.3 *Anwendungsbeispiel Aufhängung eines Balkons*
a) Darstellung eines Balkons, b) Freischnitt des Balkons mit der abstrahierten Belastung

$$V = A \cdot l = \frac{F}{\sigma_{zul}} \cdot l$$

$$V(\varphi) = \frac{\frac{F}{\cos(\varphi)}}{\sigma_{zul}} \cdot \frac{l}{sin(\varphi)}$$

$$V(\varphi) = \frac{\frac{600N}{cos(\varphi)}}{885\,\text{MPa}} \cdot \frac{1000\,\text{mm}}{\sin(\varphi)}$$

Seillänge l

Seilquerschnitt $A = \frac{F}{\sigma_{zul}}$

Winkel φ

Seilkraft $F(\varphi) = \frac{F}{\cos(\varphi)}$

Drahtseil

Zugfestigkeit $R_m = 1770$ MPa

Sicherheitsfaktor $S = 2$

zulässige Spannung $\sigma_{zul} = \frac{R_m}{S}$

Bild 11.4 *Berechnung der Zielfunktion: Minimierung des Seilvolumens in Abhängigkeit des Winkels φ*

untersucht, was zu einem minimalen Seilvolumen bei 45° führt. Eine noch feinere Parametervariation verringert das Seilvolumen nicht weiter, weshalb es sich bei 45° um eine Extremwertstelle handelt. Neben der Bewertung der Zahlenwerte lassen sich die Daten auch grafisch als Schaubild darstellen. In Teilbild c) werden die Seilkraft, Länge und Volumen in dem Winkelbereich von 30° bis 60° in einem Diagramm über dem Winkel aufgetragen. Die Seillänge sinkt und die Seilkraft steigt bei ansteigendem Winkel, und das Volumen als Produkt der beiden Werte wird bei 45° minimal.

a)

	A	B	C	D
1	Seil			
2	Winkel	Kraft	Länge	Volumen
3	[°]	[N]	[mm]	[mm³]
4	0	600,00	#DIV/0!	#DIV/0!
5	4	601,47	14336	9743
6	8	605,90	7185	4919
7	12	613,40	4810	3334

b)

	A	B	C	D
1	Seil			
2	Winkel	Kraft	Länge	Volumen
3	[°]	[N]	[mm]	[mm³]
4	0	=600/COS(A4*PI()/180)	=1000/SIN(A4*PI()/180)	=B4/885*C4
5	4	=600/COS(A5*PI()/180)	=1000/SIN(A5*PI()/180)	=B5/885*C5
6	8	=600/COS(A6*PI()/180)	=1000/SIN(A6*PI()/180)	=B6/885*C6
7	12	=600/COS(A7*PI()/180)	=1000/SIN(A7*PI()/180)	=B7/885*C7

c)

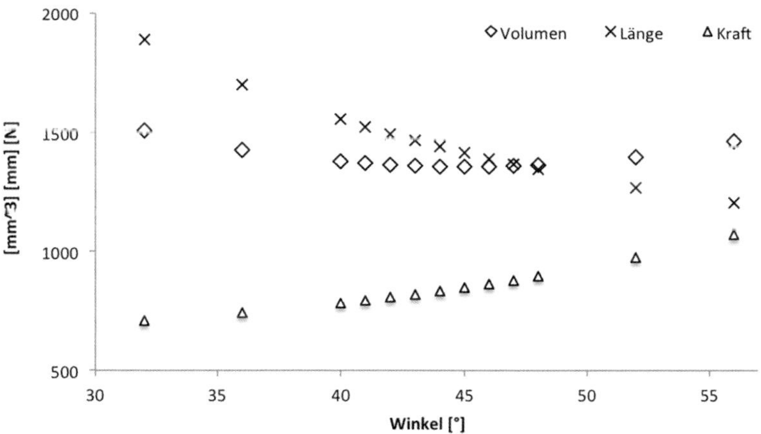

Bild 11.5 *In Excel wird in die Zielfunktion der Winkel φ eingesetzt.*
a) Ausschnitt aus dem Tabellenblatt mit den Werten Winkel, Kraft, Länge und Volumen
b) Formelansicht
c) Darstellung der Werte als Diagramm

11.4 Excel-Solver

Excel hat ein eigenes Optimierungsmodul mit dem Namen Solver, der folgenden Funktionsumfang anbietet:

- Extremwert- (Minima oder Maxima) oder Zielwertsuche einer Funktion
- Anwendung bei linearen und nichtlinearen Ziel- und Nebenbedingungsfunktionen
- Drei verschiedene Lösungsverfahren mit spezifischen Einstellmöglichkeiten
- Ungleichheits- und Gleichheitsrestriktionen

- Variablenschranken
- Auswertemöglichkeiten durch verschiedene Berichte

Der Solver ist ein Zusatz- und Erweiterungsprogramm für Excel, das zu den professionellen Add-Ins gehört. Professionelle Add-Ins werden von eigenständigen Softwarefirmen entwickelt und müssen bis auf wenige Ausnahmen, wie den Solver, käuflich erworben werden. Die Softwarefirma Frontline Systems entwickelt den Solver und auch eine erweitere Version, die als Analytic Solver vertrieben wird.

Lösungsverfahren des Solvers

Der Solver bietet drei verschiedene Lösungsverfahren an: Simplex-LP-Verfahren, GRG-Verfahren und seit Excel 2010 auch ein Verfahren auf Basis von evolutionären Algorithmen. Für lineare Modelle, also Optimierungsaufgaben mit einer Zielfunktion und Nebenbedingungen ersten Grades, bietet sich das Simplex- LP-Verfahren an. Ist die Zielfunktion oder eine der Nebenbedingung nicht mehr linear, z.B. $g(x)<x^2$, dann wird das GRG-Verfahren(*Generalized Reduced Gradient*) verwendet. Damit können auch lineare Optimierungsaufgaben berechnet werden, jedoch wird mehr Rechenzeit als beim Simplex-LP-Verfahren benötigt. Wird das GRG-Verfahren verwendet, dürfen die Funktionen keine Ecken und Sprungstellen aufweisen. Ist dies der Fall, müssen die evolutionären Algorithmen verwendet werden, die für alle Optimierungsprobleme eingesetzt werden können. Im Unterschied zum Simplex-LP- und GRG-Verfahren weist dieses dritte Verfahren aber auch die längste Rechenzeit auf und ist damit nicht so effizient.

Aktivieren des Solvers

Der Solver wird bei der Installation von Excel standardmäßig mitinstalliert. Bevor der Solver aber verwendet werden kann, muss das Add-In aktiviert werden. Hierzu eine Excel-Datei öffnen und

Mac: «Extras/Add-Ins» und Aktivierungshaken bei Solver setzen;
PC: «Datei/Optionen/Add-Ins» und Aktivierungshaken bei Solver setzen.

Anwenden des Solvers

Der Solver kann angewendet werden, wenn die Ziel- und Restriktionsfunktionen algebraisch in einzelnen Excel-Zellen formelmäßig beschrieben und mit den Zellen der variablen Parameter verknüpft sind. Diese Voraussetzungen erfüllt das vorherige Beispiel der Balkonaufhängung, weshalb der Solver anhand des schon bekannten Beispiels vorgestellt wird. Hierzu kann am schon fertigen Excel-Tabellenblatt bzw. sinnvollerweise an einer Kopie weitergearbeitet werden. Eine Zeile reicht aus, weshalb zur Übersicht die anderen Zeilen der Winkeliteration, also Zeile Fünf und die folgenden, gelöscht werden können (Bild 11.6). Nun kann die Optimierung mit ihren sieben Schritten begonnen werden:

1. Aufrufen des Solvers über seine Schaltfläche im Excel-Reiter «Daten» oder über den Menüpunkt Extras / Solver
2. Die Excel-Zelle D4, die die Zielfunktion enthält, als Ziel angeben
3. Die Option aktivieren, dass es sich um eine Minimierungsaufgabe handelt
4. Die Zelle A4 als veränderbare Variable angeben
5. Den unteren und oberen Grenzwert der Variable vorgeben ($0<\varphi<90$)
6. Lösungsmethode auswählen
7. Optimierungsaufgabe lösen

INFOCLICK
Die Excel-Datei mit den Tabellenblättern der Sizing-Optimierung finden Sie auf unserer Internet-Seite im **InfoClick**: Datei «Sizing-Optimierung-mit-Excel.xlsx»

Bei erfolgreicher Lösungssuche werden die Ergebnisse im Excel-Blatt eingefügt. Bei der Balkonaufhängung führt die GRG-Lösungsmethode zu einem Funktionswert von 45° und eine alternative Optimierung mit dem evolutionären Algorithmus als Lösungsmethode führt zu 44,999°. Wie bei allen Optimierungen müssen die Lösungen immer auf Plausibilität untersucht werden und es muss zusätzlich überprüft werden, ob es sich um eine lokale oder um die globale Extremwertstelle handelt. Hierzu werden die mit dem Solver berechneten Werte in die Funktion eingesetzt und in einem zweiten Schritt die Variablenwerte manuell geändert. Zur Beurteilung der Ergebnisse bietet der Solver auch verschiedene Berichte an, die helfen, die erhaltenen Ergebnisse zu bewerten und einzuordnen.

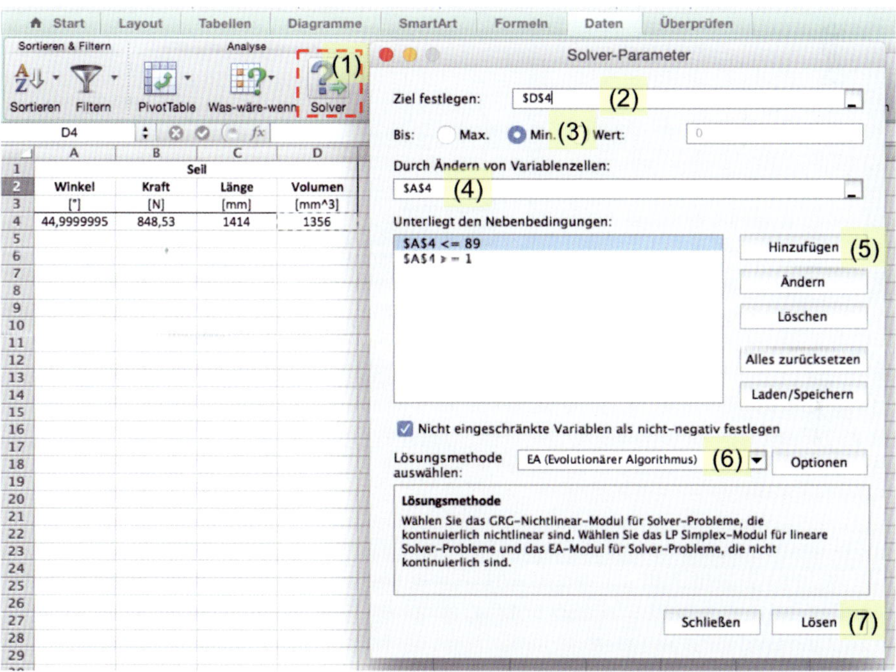

Bild 11.6 *Tabellenblatt der Balkonaufhängung mit dem Eingabefenster des Solvers und den einzelnen Arbeitsschritten 1 bis 7*

Anwendung des Solvers bei mehreren Parametern

Bei Zielfunktionen mit mehr als einem Parameter ändert sich der Gebrauch des Solvers nicht. Exemplarisch wird das Vorgehen an einer offenen Schachtel angewendet, bei der die drei Parameter Breite, Länge und Höhe unabhängig voneinander verändert werden können. Das Volumen der Schachtel soll aber genau einen Liter, also eine Million Kubikmillimeter, betragen, was damit eine Nebenbedingung ist. Als Ziel ist die Dimensionierung der Schachtel gesucht, die mit minimalstem Materialverbrauch ein Volumen von einem Liter aufweist.

Wie bei dem Beispiel der Balkonaufhängung wird die Optimierungsaufgabe zuerst auf ein Excel-Tabellenblatt übertragen. Das sind die drei Parameter, die Funktion des Schachtelvolumens und als Zielfunktion die Schachteloberfläche. Dann kann mit den sieben Schritten die Solver-Optimierung durchgeführt werden. Das Ergebnis ist eine Schachtel mit einer Länge und Breite von je 126 mm und einer Höhe von 63 mm.

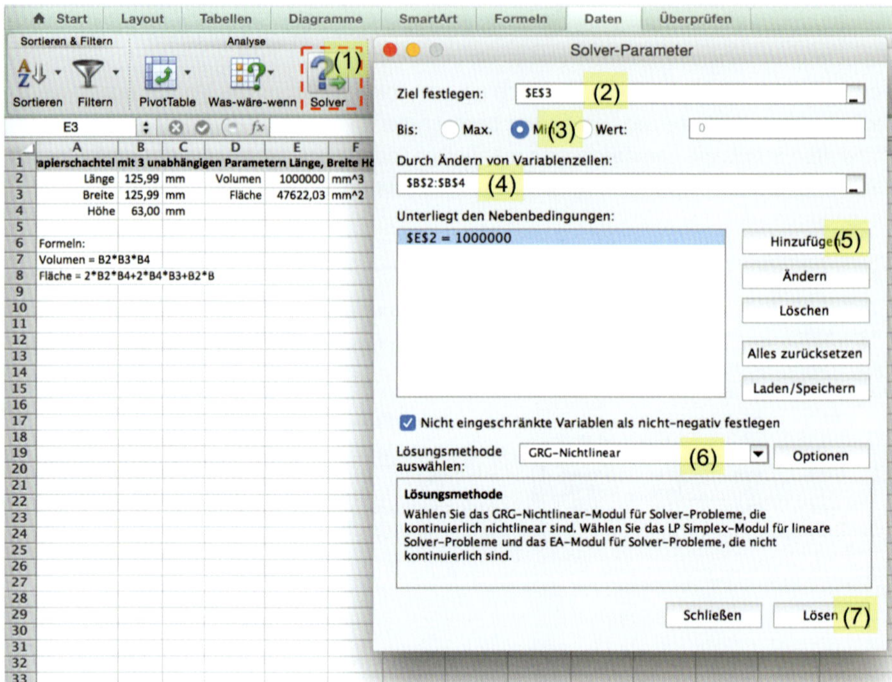

Bild 11.7 *Tabellenblatt zur Bestimmung der Dimensionen einer Papierschachtel mit dem Eingabefenster des Solvers und den einzelnen Arbeitsschritten 1 bis 7*

Bei Zielfunktionen mit mehreren Parametern kann es einen Zustand geben, bei dem es nicht möglich ist, eine Eigenschaft zu verbessern, ohne eine andere Eigenschaft verschlechtern zu müssen. Der Zielwert ändert sich also trotz veränderten Parametern nicht und bleibt konstant. Dieser Zustand wird auch als *Pareto-Optimum* und die Menge aller gültigen Lösungen als *Pareto-Front* bezeichnet. Der Excel-Solver erkennt nicht, dass es sich um ein Pareto-Optimum handelt. Aus diesem Grund kann er auch nicht die Gesamtheit der Lösungen oder einen Hinweis auf eine vorhandene Pareto-Front angeben, sondern gibt nur eine mögliche Lösung aus.

MERKSATZ

Lösungen immer auf Plausibilität überprüfen und ob

- es sich um eine lokale oder globale Extremwertstelle handelt oder
- ein Pareto-Optimum vorliegt.

11.5 FEM-Parameterstudie

In der Strukturoptimierung wird ein Bauteil meist mit der FEM bewertet, d. h., ein Zyklus einer Parameterstudie besteht aus Modellerstellung und Modellbewertung. Jeder untersuchte Parametersatz wird mit seinen bewerteten Eigenschaften wie z.B. Verformung oder maximale Spannung gespeichert und meist tabellarisch dargestellt. Dieses Vorgehen ist in Bild 11.8 als Flussdiagramm veranschaulicht und wird für einen vorgegebenen Wertebereich durchgeführt. Anschließend kann auf Basis der bewerteten Parametersätze die sinnvollste Parameterkombination ausgewählt werden oder es wird eine weitere Parameterstudie mit einem größeren Wertebereich oder mit einer feineren Abstufung durchgeführt.

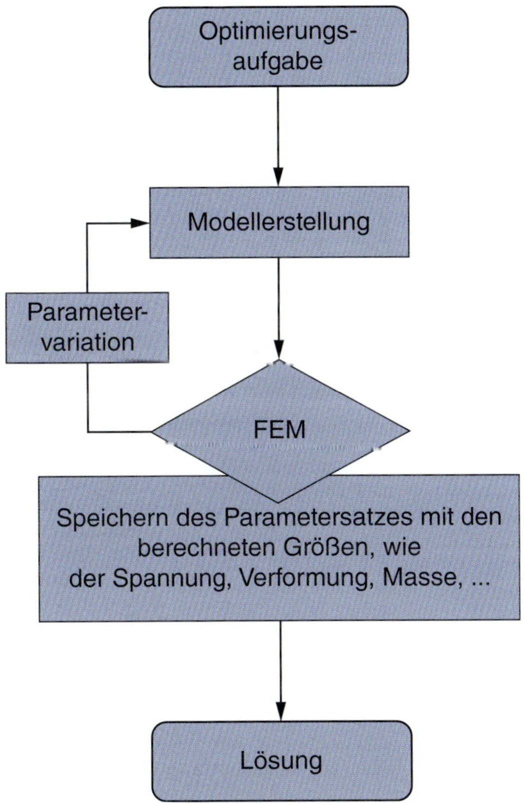

Bild 11.8 *Flussdiagramm einer FEM-Parameterstudie*

Dieses Vorgehen benötigt pro Iteration deutlich mehr Zeit, als wenn eine Funktion analytisch in Excel gelöst werden kann, wie bei den bisherigen Beispielen in den Abschnitten 11.3 und 11.4. Die benötigte Zeit für die Modellerstellung kann zwar mittels eines parametrisierten Modells verkürzt werden, aber mit der anschließenden FEM-Rechnung dauert eine Iteration immer noch deutlich länger als bei rein analytischen Funktionen. Aus diesem Grund empfiehlt es sich, zunächst mit einer groben Parameterstudie den Bereich des Optimums zu lokalisieren und dann mit einer fein abgestuften Parametervariation diesen Bereich genauer zu untersuchen.

Eine Parameterstudie kann mit aktuellen CAE- oder FEM-Programmen mit unterschiedlichen Vorgehensweisen durchgeführt werden. Neben der manuellen Durchführung bieten die meisten Programme teil- oder ganz automatisierte Möglichkeiten an. So kann die Parameterstudie außerhalb des CAE-Programms über die Programmierung eines Scriptes, z.B. mit Phyton, durchgeführt werden, das das CAE-Programm dann jeweils aufruft. Die meisten Programme bieten jedoch von sich aus schon die Möglichkeit an, Parameter automatisiert zu verändern.

11.5.1 ANSYS-Parameter-Variation

Beispielhaft werden zwei Möglichkeiten des FEM-Programms ANSYS vorgestellt, um eine Parameterstudie automatisiert durchzuführen.

Umsetzung mittels ANSYS-Workbench «Parametersatz»

Werden bei der Modellerstellung, dem Preprocessing (A), einzelne geometrische Größen und (B) Ausgabegrößen schon als Parameter definiert, können diese in der ANSYS-Workbench anschließend über «Parametersatz» sehr einfach variiert werden (Bild 11.9). Die einzelnen Werte werden explizit vom Anwender vorgegeben und aufgelistet (C). Wird der Button (D) «Alle Design Points aktualisieren» gedrückt, wird das FEM-Modell für jeden Parameter erstellt und berechnet. Von jedem dieser FEM-Läufe werden die gewünschten Werte wie maximale Verformung, Spannung usw. in einer Liste (C) gespeichert.

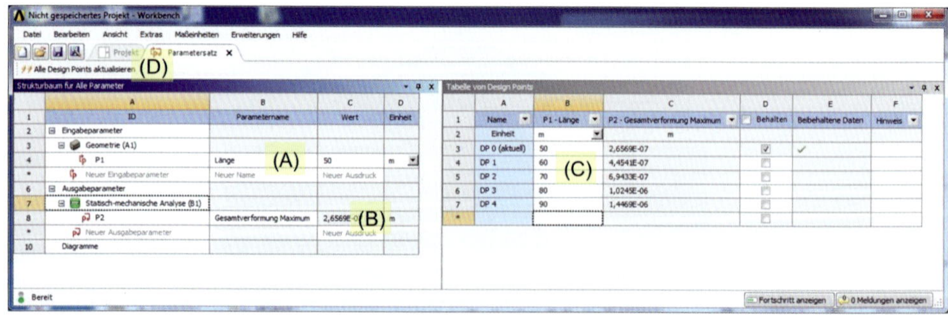

Bild 11.9 *Darstellung des ANSYS-Workbench-Parametersatzes, mit dem einfach Parameterstudien durchgeführt werden können. Erläuterungen A–D im Text*

Umsetzung in ANSYS-Classic per APDL-Skript

Eine zweite ANSYS-programminterne Möglichkeit ist die Erstellung eines APDL-Skriptes. APDL steht für **A**NSYS **P**arametric **D**esign **L**anguage und ist eine ANSYS-interne Skriptsprache, mit der sich neben der Modellerstellung und Berechnung auch eine Parameterstudie programmieren lässt [60]. Als Beispiel ist in Bild 11.10 ein Skript einer Parameterstudie zur Verrundung dargestellt. Für die Übersichtlichkeit sind in dem Skript in Bild 11.10 im Bereich der Modellerstellung und Berechnung einige Zeilen gelöscht und die Zeilen für die Parameterstudie sind farblich hervorgehoben worden. Die Parameterstudie wird durch eine DO-Schleife realisiert, in der zum einen das Modell generiert und berechnet wird und die zusätzlich die berechneten Werte zu dem jeweiligen Parametersatz herausgibt und speichert.

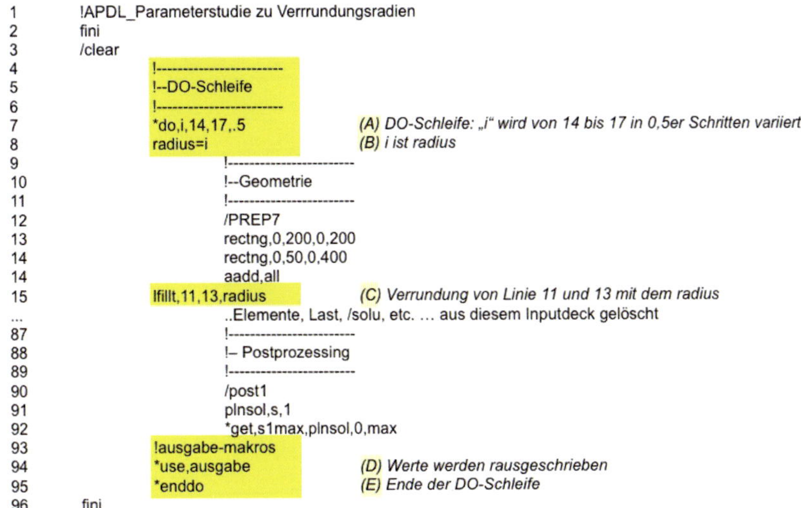

```
!APDL_Parameterstudie zu Verrrundungsradien
fini
/clear
        !------------------------
        !--DO-Schleife
        !------------------------
        *do,i,14,17,.5              (A) DO-Schleife: „i" wird von 14 bis 17 in 0,5er Schritten variiert
        radius=i                    (B) i ist radius
                !------------------------
                !--Geometrie
                !------------------------
                /PREP7
                rectng,0,200,0,200
                rectng,0,50,0,400
                aadd,all
        lfillt,11,13,radius         (C) Verrundung von Linie 11 und 13 mit dem radius
                ..Elemente, Last, /solu, etc. ... aus diesem Inputdeck gelöscht
                !------------------------
                !– Postprozessing
                !------------------------
                /post1
                plnsol,s,1
                *get,s1max,plnsol,0,max
        !ausgabe-makros
        *use,ausgabe                (D) Werte werden rausgeschrieben
        *enddo                      (E) Ende der DO-Schleife
fini
```

Bild 11.10 *Auszüge aus einem ANSYS-APDL-Script, das mit einer DO-Schleife eine Parameterstudie durchführt*

MERKSATZ

Parameterstudien können mit unterschiedlichen Vorgehensweisen durchgeführt werden:

- manuell,
- eigenständiges Programm,
- programminterne Möglichkeiten, Parameter zu variieren.

12 Materialauswahl

12.1 Materialauswahl – Beharren im Bewährten oder risikobereit für neue Werkstoffe?

Die Wahl des Werkstoffes beeinflusst viele Eigenschaften eines Bauteils. Dies gilt besonders auch für das Gewicht und so gehört die Werkstoffsubstitution zu den häufigen Leichtbaumaßnahmen – dies ist der sogenannte Stoffleichtbau.

Aktuell gibt es über 80 000 Ingenieurswerkstoffe alleine auf Basis von Metallen und Kunststoffen und es werden immer mehr. Hierbei das richtige Material auszuwählen, ist aufwendig und birgt die Gefahr, schnell in gewohnte Bahnen zu verfallen. Zusätzlich zu der Menge an Werkstoffen ist die Werkstoffauswahl sehr anspruchsvoll, da sehr viele Werkstoffeigenschaften von den Randbedingungen abhängig sind. Diese erst im System auftretenden Eigenschaften, z.B. die verschiedenen Arten der Korrosion, werden als *Systemeigenschaften* bezeichnet und erschweren zusätzlich die Werkstoffauswahl.

Im klassischen Maschinenbau dominiert meist der Werkstoff Stahl. Die Gründe hierfür sind genauso vielfältig wie vielschichtig, jedoch nicht immer zielführend. Zum einen ist der Werkstoff Stahl historisch stark in den Betrieben verankert und zusätzlich überzeugt er immer noch mit seinen gutmütigen und variablen Eigenschaften. Des Weiteren wurde in den Betrieben über die Jahre Know-how zum Werkstoff selbst, aber auch zu seiner Fertigung aufgebaut. Bei neuen Werkstoffen wäre all dieses nicht mehr vorhanden, und es müssten in der Regel in neue Fertigungstechniken investiert werden. Ein einfacher Test zeigt dieses Dilemma: Wird in der Werkstatt nachgefragt, ob auf der CNC-Fräse für Metalle ein Stück Holz gefräst werden kann, ist die Antwort meist nein. Zwar werden für die Holzbearbeitung Werkzeuge mit einer anderen Schneidgeometrie und höherer Drehzahl benötigt, um ein qualitativ ansprechendes Ergebnis zu erhalten, die Ablehnung hat jedoch andere Gründe. Das größere Problem ist, dass die Holzspäne und der Holzstaub nicht in den Kühlflüssigkeitskreislauf gelangen dürfen und damit eine aufwendige Reinigung der Werkzeugmaschine erfordern. Des Weiteren sind gemischte Holz- und Metallspäne nicht mehr sortenrein und müssen als Sondermüll entsorgt werden.

Ein weiterer Grund gegen einen Materialwechsel sind konservative Kunden, die meist aus den Investitionsgüterbranchen kommen, z.B. die Energieversorger. Wie jedes Unternehmen wollen sie einen Gewinn erwirtschaften und sind damit auf der einen Seite neuen Materialien gegenüber offen, wenn sich dadurch die Wirtschaftlichkeit erhöht. Auf der anderen Seite darf sich jedoch das Risiko eines Ausfalls nicht erhöhen, da Strafzahlungen drohen, wenn der Kunde nicht rechtzeitig seine Ware erhält. Zusätzlich werden in den Investitionsgüterbranchen meist sehr große Investitionen benötigt, die natürlich bedient werden müssen. Das bedeutet für den Einsatz eines neuen Materials, dass die wirtschaftlichen Vorteile, z.B. durch einen höheren Wirkungsgrad, das Risiko eines Ausfalls und die damit fälligen Konventionalstrafen kompensieren müssen. Damit die Risiken nicht zu hoch bewertet werden, wird die Funktionalität häufig an Referenzprojekten demonstriert.

Neben hochtechnologischen Betrieben sind besonders Unternehmen aus dem Consumer-Bereich offener, was einen Einsatz neuer Materialien angeht. Neben der reinen Funktion sind hier Attribute wie «modern» und «angesagt» ein Verkaufsargument. Die Nutzer erster Produktgenerationen sind meist auch fehlertoleranter, weshalb sie auch als «zahlende Tester» bezeichnet werden.

Neben den reinen wirtschaftlichen Zwängen, das bestehende Material durch ein neues zu ersetzen, droht immer die Gefahr, dass ein Mitbewerber diesen Wechsel vollzieht und mit den

Produktvorteilen das eigene, «veraltete» Produkt aus dem Wettbewerb gedrängt wird. Alleine aus diesem Grund lohnt es sich, das Thema alternative Materialen kontinuierlich zu verfolgen, wenn auch nicht zwingend gewechselt werden muss.

12.2 Materialauswahlprozess

Eine Materialauswahl kann mit Hilfe unterschiedlicher Verfahren durchgeführt werden, wobei sich die meisten Auswahlmethoden an der Vorgehensweise von Prof. M. F. Ashby [4] orientieren. Er unterscheidet hierbei drei unterschiedliche Aspekte, die je nach Prozess in mehrere Einzelschritte untergliedert werden:

a) Materialanforderungen
b) Suche des theoretisch bestgeeigneten Materials
c) Einbeziehen der lokalen Anforderungen und Vorgaben

Bei dem Auswahlprozess ist es wichtig, alle Materialien in die Suche miteinzubeziehen und nicht schon vorzuselektieren, um auch wirklich das bestgeeignete Material zu finden. Hierbei sollte der Nutzer sich nicht durch die unüberschaubare Menge verunsichern lassen, weshalb M. F. Ashby die Materialauswahl mit der Arbeitnehmersuche vergleicht. Nachdem das gewünschte Arbeitnehmerprofil erstellt und über eine Annonce beworben wird, melden sich viele Bewerber. Die Anzahl der möglichen Kandidaten wird zunächst mit einfachen Ja-Nein-Kriterien auf ein solches Maß reduziert, dass eine tiefergehende Charakterisierung der verbleibenden Kandidaten durchführbar bleibt. Nun können mit Hilfe von bewertenden und damit aufwendigeren Kriterien die Kandidaten auf die erfolgsversprechenden reduziert werden. Die schlussendliche Auswahl findet aber immer noch auf Basis der finalen Interviews statt.

Der von M. F. Ashby entwickelte Auswahlprozess ist in Bild 12.1 als Flussdiagramm dargestellt. Von den drei beschriebenen Aspekten wird «b) Suche des theoretisch bestgeeigneten Materials» in drei Teilschritte unterteilt, so dass sich der Prozess aus insgesamt fünf Einzelschritten aufbaut: Anforderungsprofil, Screening, Ranking, ganzheitliche Bewertung und lokale Randbedingungen. Nach Abschluss des Auswahlprozesses müssen dann natürlich noch praktische Eignungstests erfolgen, bevor der Werkstoff zum Einsatz kommen kann.

12.2.1 Schritt 1: Anforderungsprofil

Im Anforderungsprofil werden die Eigenschaften des gesuchten Werkstoffes charakterisiert. Ausgehend von der Produktanforderungsliste, können mit Fragen nach der Aufgabe, den Randbedingungen, den freien Variablen und dem Ziel der Komponente Werkstoffanforderungen abgeleitet werden.

- Aufgabe: Was ist die Funktion des Bauteils?
- Randbedingungen: Welche Bedingungen müssen erfüllt werden?
- Freie Variablen: Welche Parameter können verändert werden?
- Ziel: Was soll maximiert oder minimiert werden?

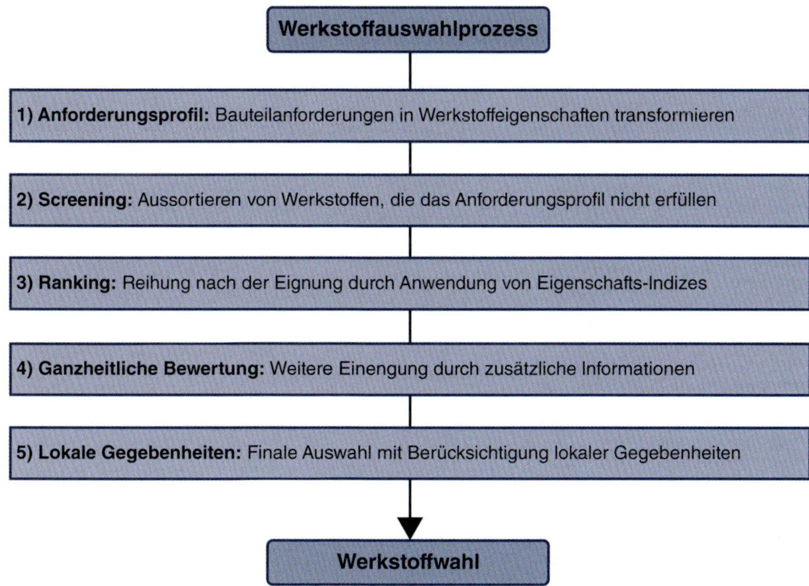

Bild 12.1 *Flussdiagramm der fünf Einzelschritte des Werkstoffauswahlprozesses*

Zur Beschreibung des Anforderungsprofils gibt es sehr viele unterschiedliche Werkstoffeigenschaften, von denen im Maschinenbau die in Bild 12.2 aufgeführten Eigenschaften relevant sind. Die Werkstoffeigenschaften werden in unterschiedlichen Informationsarten angegeben – also zum einen Eigenschaften, die durch ein JA oder NEIN beschrieben werden, wie: der Werkstoff ist elektrisch leitend, lebensmittelecht oder verfügbar. Andere Eigenschaften können mit Zahlen quantitativ beschrieben werden, wie die Steifigkeit, die durch den E-Modul beschrieben wird. Darüber hinaus gibt es natürlich noch weitere Zusatzinformationen, die für die Werkstoffauswahl wichtig sind.

Beim Anforderungsprofil ist zu beachten, dass eine Auswahl des Materials in den nächsten Schritten erleichtert wird, wenn verschiedene Informationsarten von Werkstoffanforderungen gesammelt werden. Und der zweite zu beachtende Punkt ist, dass die Anforderungen sich immer auf den Werkstoff und nicht auf das Produkt beziehen.

12.2.2 Schritt 2: Screening

Der erste Schritt eines Auswahlverfahrens startet mit allen zur Verfügung stehenden Werkstoffen, weshalb zunächst mit einfachen Ja-Nein-Kriterien die Menge der Werkstoffe verkleinert wird. Diese Ausschlusskriterien können das Vorhandensein einer Materialeigenschaft sein, beispielsweise allgemeine Eigenschaften wie die elektrische Leitfähigkeit oder absolute Materialkennwerte, in diesem Fall eine Leitfähigkeit größer als $5 \cdot 10^{-6}$ S/m bei maximaler Betriebstemperatur. Bei den Ausschlusskriterien ist nur zu beachten, dass sie sich auf einen Werkstoffparameter beziehen, z.B. die Dichte, und nicht aus mehreren Parametern zusammengesetzten Eigenschaften, wie das Gewicht, das von der Geometrie und der Dichte abhängig ist. Mit dieser Vorgehensweise werden relativ einfach ungeeignete Kandidaten aussortiert und damit das Feld der potenziellen Kandidaten stark verkleinert.

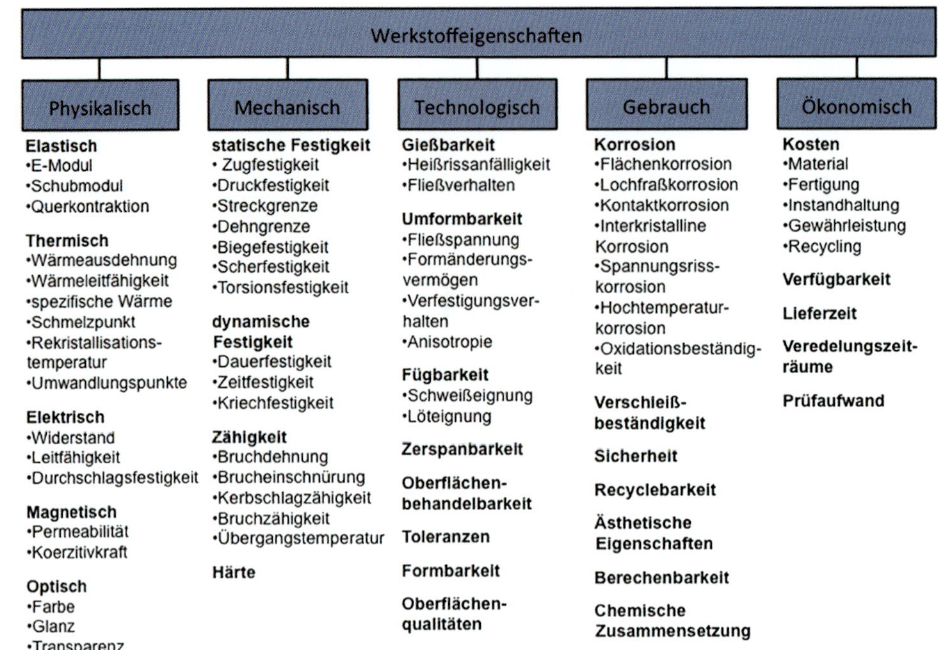

Bild 12.2 *Überblick der für eine Materialauswahl maßgebenden Werkstoffeigenschaften* [nach 69, S. 58]

12.2.3 Schritt 3: Ranking

Der nächste Schritt ist das Ranking, in dem die verbliebenen Werkstoffe nach ihrer Eignung hin absteigend sortiert werden. Die Reihung erfolgt über die Werkstoffindizes, mit denen die Eignung der einzelnen Werkstoffe quantifiziert werden kann. Dazu werden die zu erfüllende Funktion, das Ziel, die Randbedingungen und die freien Variablen mathematisch analysiert. Zuerst wird die zu erfüllende Funktion als Gleichung aufgestellt und auch das Ziel wird als Gleichung formuliert. Danach können die geometrischen freien Variablen eliminiert werden, um so die zu maximierenden bzw. minimierenden werkstoffabhängigen Größen zu identifizieren. Dies sind die Werkstoffindizes.

Das Vorgehen, um Werkstoffindizes zu ermitteln, wird exemplarisch in Bild 12.3 an einem Zugstab vorgestellt. Es besteht aus fünf Schritten und startet mit der Funktion (1) des Bauteils. Die Funktion eines Zugstabes ist es, eine gegebene Last bei einer definierten Verformung zu übertragen. Das Ziel (2) dieser Beispielaufgabe ist es, die Funktion mit einem leichten Stab zu realisieren. Die Funktion (1) und das Ziel (2) werden als Formel beschrieben und können bei aufwendigeren Formeln aus den Standardnachschlagewerken, z.B. Dubbel [9], entnommen werden. In den nächsten beiden Schritten werden die vorgegebenen (3) und die freien Variablen (4) zusammengestellt. Nun kann im letzten Schritt die Funktion (1) nach der freien Geometrievariable aufgelöst werden und diese in die Zielgleichung (2) eingesetzt werden. Die Einträge werden so geordnet, dass alle gegebenen und festgelegten Größen in einer Klammer und alle freien Werkstoffkenngrößen in einer zweiten Klammer (ρ/E) zusammengefasst sind. Diese zweite Klammer der variablen Werkstoffkenngrößen ist der gesuchte Werkstoffindex.

Der Werkstoffindex ist von der Belastung abhängig. Wird der Zugstab aus Bild 12.3 nun mit einer Querkraft belastet, erfährt er eine Biegebelastung. Die Bestimmung des Werkstoffindex wird analog in Bild 12.4 durchgeführt und führt zu (ρ /$E^{1/2}$). In dem Beispiel ist gut zu erkennen, dass die

1) Funktion $u = \frac{Fl}{EA}$ Last F [N] halten bei definierter Verformung u [mm]; mit E-Modul E [GPa], Querschnittsfläche A [mm^2] und Stablänge l [mm]

2) Ziel $m = lb^2\rho$ Leichtbau, also die Masse m [g] minimieren; mit Dichte ρ [g/cm^3], und Kantenliinge b [mm]

3) Beschränkung Länge l, Last F und Verformung u sind vorgegeben

4) Freie Variablen die Breite b und das Material (E und ρ) sind veränderbar

5) Werkstoffindex berechnen Funktion (1) nach der freien Variablen b^2 umstellen und in Ziel (2) für A einsetzen

$$b^2 = \frac{Fl}{Eu} \qquad m = lb^2\rho = l\left(\frac{Fl}{Eu}\right)\rho = l\left(\frac{Fl}{u}\right)\left(\frac{\rho}{E}\right)$$

Ergebnis: $\left(\frac{\rho}{E}\right)$ Der Werkstoffindex ist der veriinderliche Term

Bild 12.3 *Berechnung des Werkstoffindex am Beispiel eines quadratischen Zugstabes*

1) Funktion $u = \frac{F}{3EI}l^3 = \frac{12\,Fl^3}{3Eb^4}$ Last F [N] halten, bei definierter Durchbiegung u [mm]; mit E-Modul E [GPa], Querschnittsfläche A [mm^2] Stablänge l [mm] und Flächenträgheitsmoment I [mm^4]

2) Ziel $m = lb^2\rho$ Leichtbau, also die Masse m [g] minimieren; mit Dichte ρ [g/cm^3] und Kantenlänge b [mm]

3) Beschränkung Länge l, Last F und Durchbiegung u sind vorgegeben

4) Freie Variablen die Breite b und das Material (E und ρ) sind veränderbar

5) Werkstoffindex berechnen Funktion (1) nach der freien Variablen b^2 umstellen und in Ziel (2) für A einsetzen

$$b^2 = \sqrt{\frac{12\,Fl^3}{3Eu}} \quad m = lb^2\rho = l\left(\frac{12\,Fl^3}{3Eu}\right)^{½}\rho = l\pi\left(\frac{12\,Fl^3}{3u}\right)^{½}\left(\frac{\rho}{E^{½}}\right)$$

Ergebnis: $\left(\frac{\rho}{E^{\frac{1}{2}}}\right)$ Der Werkstoffindex ist der veränderliche Term

Bild 12.4 *Berechnung des Werkstoffindex am Beispiel eines quadratischen Biegeträgers*

Masse des Biegestabes umso kleiner wird, je kleiner der Quotient (ρ /E$^{1/2}$) wird. Es wird also nach Werkstoffen mit kleinem Werkstoffindex (ρ/E$^{1/2}$) gesucht. Oder nach einer Invertierung des Quotienten führt ein Werkstoff mit möglichst großem Werkstoffindex (E$^{1/2}$/ρ) zu der leichtesten Stabausführung.

Die Werkstoffindizes üblicher Leichtbaumaterialien sind in Tabelle 12.1 gegenübergestellt. Bei einem Zugstab gilt der spezifische E-Modul (E/ρ), das für alle vier aufgeführten metallisch Werkstoffe noch nahezu gleich ist. Bei Biegebelastung gilt der Quotient (E$^{1/2}$/ρ), womit von den metallischen Werkstoffen Magnesium zu den leichtesten Strukturen führt. Noch leichtere Strukturen werden mit Holz oder FVK erreicht.

Tabelle 12.1 *Vergleich üblicher Leichtbauwerkstoffe anhand der Werkstoffindizes*

Werkstoff	Holz Eiche	UD-CFK*	Magnesium	Alu-Legierung	Titan-Legierung	Stahl
E-Modul [GPa]	16	154	45	70	115	210
Dichte [g/cm^3]	0,7	1,6	1,8	2,7	4,5	7,86
E/ρ [GPa · g/cm^3]	22,9	96	25	26	26	25
$E^{1/2}/\rho$ [GPa · g/cm^3]	5,7	7,8	3,7	3,1	2,28	1,79
$E^{1/3}/\rho$ [GPa · g/cm^3]	3,5	3,4	2	1,5	1,1	0,8

* UD-CFK = Unidirektionaler Lagenaufbau von kohlenstofffaserverstärktem Kunststoff

Grafische Auswahl

Alternativ zu der analytischen Bewertung wie in Tabelle 12.1 kann das Ranking der am besten geeigneten Werkstoffe auch grafisch mit den Werkstoffeigenschaftsdiagrammen erfolgen. In diesen Materialcharts werden Werkstoffkenngrößen wie Dichte, Elastizität, Materialkosten usw. jeweils paarweise in Bezug zueinander gesetzt. In Bild 12.5 ist z.B. der E-Modul über der Dichte aufgetragen. Zu einer besseren Darstellungsübersicht werden nur die einzelnen Werkstofffamilien und Klassen als umhüllende Blase dargestellt. Somit richtet sich die Ausdehnung einer Blase nach der Variabilität der jeweiligen Materialeigenschaft in der jeweiligen Werkstoffklasse.

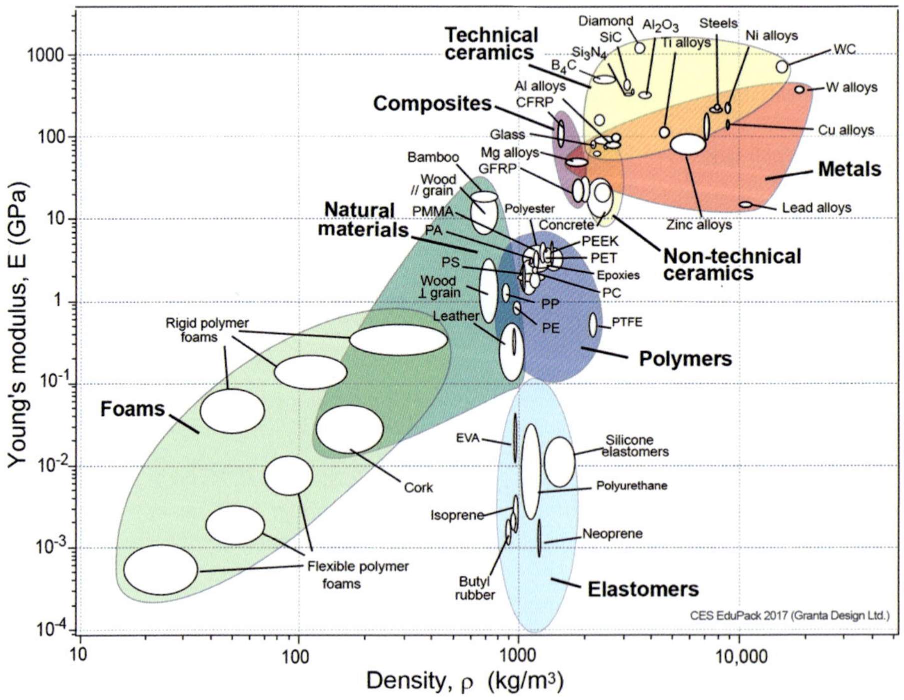

Bild 12.5 *Werkstoffeigenschaftsdiagramm: Steifigkeit zu Dichte* [CES EduPack 2017, Granta Design Ltd.]

Die Diagramme haben einen doppelt logarithmischen Maßstab, was mehrere Vorteile hat. So hilft dies der Übersicht, da die Eigenschaften der Werkstoffe sich um mehrere Größenordnungen unterscheiden können. Zusätzlich kann die grafische Werkstoffauswahl durch gerade Hilfslinien erfolgen. Die Steigung der Hilfslinie ist unmittelbar mit dem Werkstoffindex verknüpft. Meist sind die Hilfsgeraden bzw. die «Guidelines» mit den unterschiedlichen Steigungen in der rechten unteren Ecke des Diagramms schon eingezeichnet.

Meist wird der E-Modul über der Dichte aufgetragen, wie in Bild 12.6a. In dieser Darstellung sind die besten Materialien die, die einen hohen Werkstoffindex aufweisen, z.B. (E/ρ), was der linken oberen Ecke entspricht. Wird die Dichte über dem E-Modul dargestellt, muss der invertierte Werkstoffindex, z.B. (ρ/E), minimiert werden, was der rechten unteren Ecke entspricht (Bild 12.6b).

Ausgehend vom Maximalwert, wird nun die Guideline zu einem schlechteren Verhältnis parallel verschoben. Alle Materialien, die auf einer gemeinsamen Guideline liegen, führen zu gleichen Zielwerten. Bei den Beispielen aus den Bildern 12.3 und 12.4, bei denen das Material mit der geringsten Masse für einen Zug- und einen Biegestab gesucht wird, führen alle Materialien, die auf derselben Guideline liegen, zu einem identischen Stabgewicht. Unterschiedlich ist nun nur noch der jeweilige Stabquerschnitt.

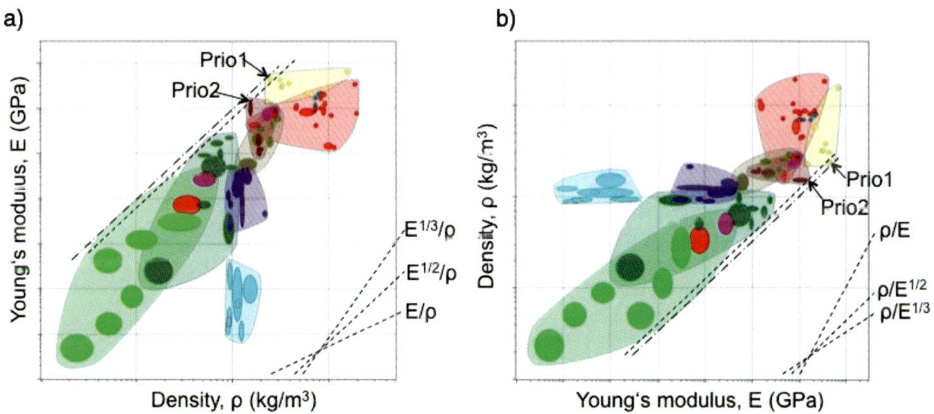

Bild 12.6 *Werkstoffeigenschaftsdiagramm*
a) Steifigkeit zu Dichte, b) Dichte zu Steifigkeit [CES EduPack 2017, Granta Design Ltd.]

Mehrere Ziele und Einfluss der Bauteilgeometrie

Das Ranking ist nicht nur auf eine Zielgröße beschränkt, sondern es können auch mehrere und sogar konkurrierende Zielgrößen gleichzeitig betrachtet werden. Hierbei kann ein graphisches oder ein analytisches Vorgehen angewendet werden. Bei der analytischen Methode können die Werkstoffquotienten auch unterschiedlich gewertet oder normiert werden (siehe [36, S. 177]). Bis hierher wurden Werkstoffe immer mit derselben Geometrie verglichen. Über einen Formfaktor kann zusätzlich auch die unterschiedliche Bauteilform mitbetrachtet werden [36, S. 181].

12.2.4 Schritt 4: Ganzheitliche Bewertung – Portfolio

Nach der quantitativen Reihung mithilfe der Werkstoffindizes können die theoretisch bestgeeigneten Werkstoffe nun umfassender und detaillierter betrachtet werden. Hierzu kann auf Informationen aus Handbüchern, Spezialsoftware, von Experten, WWW und weiteren Quellen zurückgegriffen werden. Aufgrund der stark reduzierten Kandidatenauswahl können nun auch aufwendigere Bewertungsgrößen wie die Lieferbarkeit oder die Verarbeitung untersucht und bewertet werden. Z.B. weist von den metallischen Werkstoffen Magnesium nach den reinen Rankingwerten bezüglich Biegung und Leichtbauanforderungen die besten Werte auf. Magnesium wird jedoch selten eingesetzt, da unter anderem die Umformbarkeit sehr schwierig und aufwendig ist.

Viele Anforderungen können mit dem Auswahlprozess nur grob abgeschätzt werden, da die Wahl des Werkstoffes maßgeblich die Form und Gestaltung des Bauteils beeinflusst. Deshalb können Produktanforderungen, wie z.B. nicht schwerer als 6,8 kg, schlussendlich erst überprüft werden, wenn erste werkstoffgerechte Konstruktionen erstellt sind.

12.2.5 Schritt 5: Bewertung mit lokalen Gegebenheiten

Erst im letzten Schritt werden die lokalen Voraussetzungen und Randbedingungen in den Auswahlprozess miteinbezogen. Nur dann lässt sich eine möglichst objektive Werkstoffauswahl durchführen. Bei vielen metallverarbeitenden KMU würde ohne Auswahlprozess schon am Anfang quasi reflexartig eine Fokussierung auf metallische Werkstoffe stattfinden. Auch wenn diese Firmen dann meist in diesem Teilschritt 5 alle nichtmetallischen Werkstoffe ausselektieren, z.B. aufgrund der fertigungstechnischen Gegebenheiten, ist der Erkenntnisgewinn viel höher und kann sogar die Unternehmensentwicklung beeinflussen.

Führt dieser letzte Schritt zu einer anderen Materialwahl, wird also aufgrund lokaler Randbedingungen ein qualitativ schlechterer Werkstoff ausgewählt. Jedoch ist nun ein Vergleich zu der theoretisch besten Materialwahl möglich und die Nachteile können quantifiziert und bewertet werden. Bei geringen Unterschieden ist es vernachlässigbar, dass nicht das bestgeeignete Material verwendet wird. Sind die Unterschiede aber sehr groß, droht die Gefahr, dass ein Wettbewerber ein leistungsfähigeres Produkt mit dem besser geeigneten Material auf den Markt bringt. Um dies zu vermeiden, sollte neben der Eigenfertigung die Möglichkeit einer Fremdfertigung überprüft werden.

Im Anschluss an diese Materialauswahl muss der ausgewählte Werkstoff hinsichtlich der Systemeigenschaften aber noch umfangreich getestet werden, bevor er zum Einsatz kommen kann.

12.3 Zusammenfassung des Auswahlprozesses

Zusammenfassend werden der Auswahlprozess und die zunehmende Fokussierung auf die bestgeeigneten Werkstoffe in Bild 12.7 visualisiert. Dort ist auch gut zu erkennen, dass im letzten Schritt, wenn nun auch lokale Gegebenheiten berücksichtigt werden, schlussendlich nicht optimale Materialien ausgewählt werden können. Dies wird vor allem bei **k**leinen und **m**ittelständischen **U**nternehmen (KMU) der Fall sein, deren fertigungstechnisches Know-how und Möglichkeiten limitiert sind. Sie können nun aber abschätzen, welches Potenzial nicht genutzt wird, und damit das Risiko abschätzen.

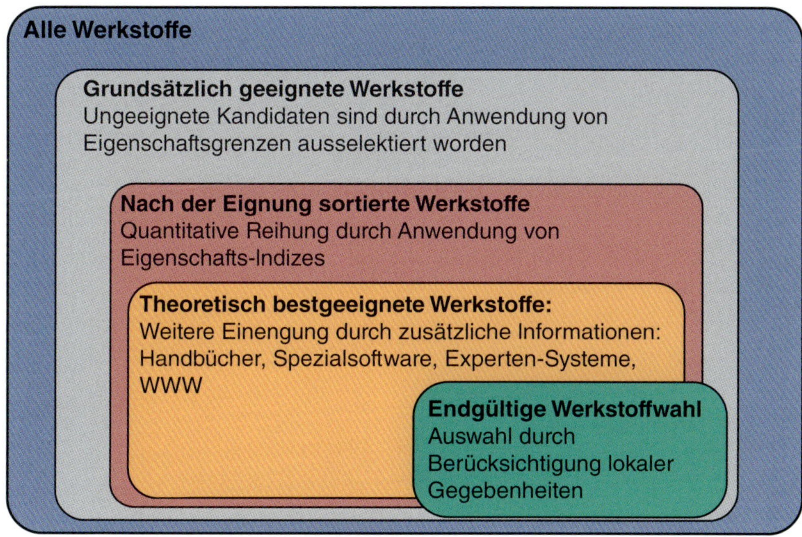

Bild 12.7 *Visualisierung der verschiedenen Phasen der Werkstoffauswahl, die jeweilige Werkstoffeingrenzung und die möglicherweise auch abweichende endgültige Werkstoffwahl* [nach 36, S. 170]

13 ELiSE-Verfahren

ELiSE (***E**volutionary* ***L**ight* ***S**tructure* ***E**ngineering*) ist eine Methode zur Entwicklung von optimierten Leichtbaustrukturen durch Kombination mehrerer aufeinander aufbauender Strukturoptimierungsdisziplinen. Analog zum Produktentwicklungsprozess der VDI 2221 [92] wird mit ELiSE ein Vorgehen mit Methoden und Tools zur Verfügung gestellt, um effiziente Leichtbaustrukturen entwickeln zu können. Das ELiSE-Verfahren selbst ist in der VDI-Richtlinie 6224 Blatt 3 [99] spezifiziert. Basis dieser Vorgehensweise sind die natürlich optimierten Strukturen der Planktonschalen, insbesondere der Diatomeen und Radiolarien, deren Schalen sich durch die Evolution zu sehr leichten und mechanisch stabilen Strukturen entwickelt haben.

In den meisten Fällen ist es nicht möglich, mit einem Programm quasi auf «Knopfdruck» effiziente Leichtbaustrukturen zu entwickeln. Selbst die in verschiedenen Varianten verfügbaren und inzwischen ausgereiften Programme zur Topologieoptimierung helfen zwar ausgezeichnet bei einfacheren Entwicklungen, stoßen jedoch bei komplexeren Aufgaben an ihre Grenzen. Ein weiteres Problem liegt in der Natur der meisten Optimierungsprozesse: In der Regel gibt es kein einzelnes, klares Optimum, das man durch kontinuierliches Verbessern einer Ausgangsstruktur zwangsläufig erreicht, sondern ein ganzes Optimierungsgebirge, d. h. viele, oft sehr unterschiedliche Lösungen für eine technische Aufgabe. Darüber hinaus müssen technische Leichtbaustrukturen in der Regel weitere Anforderungen wie Robustheit und bestimmtes Schwingungsverhalten erfüllen.

MERKSATZ

Für Strukturoptimierungen im Leichtbau existiert meist nicht eine einzelne, weit überlegene Lösung, sondern eine Vielzahl unterschiedlicher, ähnlich leistungsfähiger Designs (Optimierungsgebirge).

Daher ist es sinnvoll, biologische Leichtbaustrukturen zu nutzen, weil diese bereits viele Optimierungsvarianten für funktionsintegrierten Leichtbau durch die Evolution darstellen. Konkret unterscheiden sich natürliche Leichtbaulösungen in folgenden Punkten von technischen Strukturen:

- **Robustheit**: Im Gegensatz zu vielen technischen Bauteilen gibt es bei der Entwicklung von Leichtbaustrukturen in der Natur keine genormten Lastfälle. Daher sind die meisten Strukturen robust gebaut, d. h. wenig anfällig gegen ein großes Spektrum an Lastfällen.
- **Vielfalt**: Es existieren sehr viele unterschiedliche Lösungsansätze für ähnliche Aufgaben.
- **Funktionsintegration**: Verschiedene Funktionen wie Stabilität, Leichtbau, Robustheit, Permeabilität werden in der Biologie oft nicht durch getrennte Strukturen modular gelöst, sondern in eine Struktur integriert.

Diese Punkte sind relevant für das hier vorgestellte ELiSE-Verfahren, sie beziehen sich auf die Strukturoptimierung. Weitere, hier nicht weiter behandelte Besonderheiten der Diatomeen und Radiolarien sind völlig andere Fertigungsverfahren («Wachstum» bei niedrigen Drücken und Temperaturen), höhere Energieeffizienz bei der Produktion sowie leistungsfähige, aber umweltfreundliche Materialien.

13.1 Diatomeen und Radiolarien

Wird das Thema Funktionsintegration bei biologischen Strukturen im vorherigen Text noch als Vorteil beschrieben, ist es für eine Übertragung vorteilhaft, wenn das Funktionsspektrum durch Leichtbau bestimmt, gut definiert und nicht übermäßig komplex ist. So haben Strukturen komplexerer Organismen, wie z.B. ein Vogelflügel, neben der Gewichtsminimierung zahlreiche weitere Funktionen wie Aerodynamik und Wärmedämmung und das Zusammenspiel von Muskeln, Knochen und Sehnen, um die Bewegung zu realisieren. Im Gegensatz dazu sind die Schalen einzelliger Plankton-Organismen viel stärker auf den Leichtbau fokussiert und eignen sich daher besonders gut für eine Übertragung in den Leichtbau.

Die Schalen von Diatomeen (Kieselalgen) und Radiolarien (Strahlentierchen) werden durch mechanische Angriffe von Fressfeinden, wie Copepoden, Ruderfußkrebse, hoch belastet. Diese Schalen sind daher mechanisch äußerst robust [31]. Weil Diatomeen und Radiolarien als Planktonorganismen im Wasser schweben, müssen ihre aus schwerem Opal oder anderen Biomineralen bestehenden Schalen gleichzeitig sehr leicht gebaut sein, um ein Absinken in tieferliegende Meeresschichten zu vermeiden. Insbesondere die Diatomeen haben eine hohe morphologische und taxonomische Vielfalt, die Anzahl der Diatomeenarten wird auf ca. 100 000 geschätzt [70]. Dies erhöht die Wahrscheinlichkeit, geeignete Vorbilder für ein großes Spektrum an technischen Leichtbaustrukturen zu finden. Diatomeen und Radiolarien kombinieren in der Regel verschiedene Leichtbauprinzipien auf unterschiedlichen Größenskalen miteinander. So können in einer Schale z.B. eine zylindrische Gesamtgeometrie, eine gewellte Oberfläche, Rippen und Waben in jeweils unterschiedlichen Dimensionen auftreten.

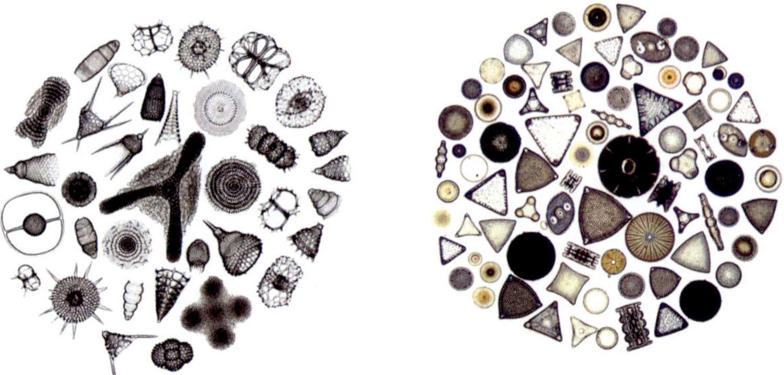

Bild 13.1 *Auswahl von Radiolarien (links) und Diatomeen (rechts): Oamaru Deposit* [Bild: AWI]

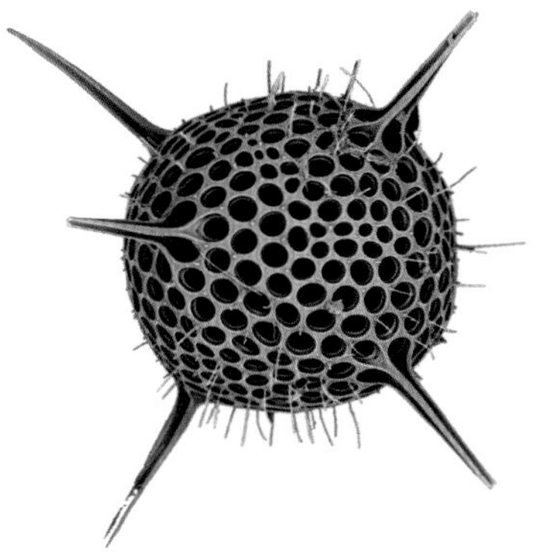
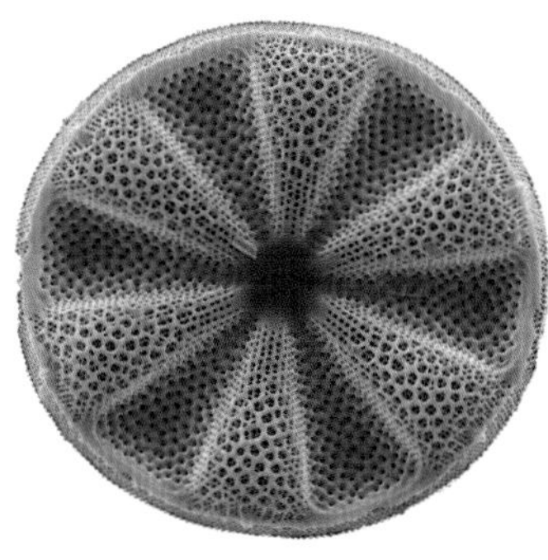

Bild 13.2 *Details einer Radiolarie (links) und einer Diatomee (rechts)*

13.2 ELiSE als Produktentstehungsprozess

Im ELiSE-Produktentstehungsprozess werden Methoden eingesetzt, die aus der ingenieurwissenschaftlichen Praxis bekannt sind, wie z.B. Computer-Aided Design (CAD), Finite-Elemente-Methode (FEM), Genetische Algorithmen und Topologieoptimierung. Weitere wurden speziell für den Prozess entwickelt:

- Ähnlichkeitssuche zwischen technischem Bauteil und natürlichen Schalen,
- automatische, objektive Abstraktion der komplexen natürlichen Strukturen hin zu optimier- und fertigungsfreundlichen Varianten,
- Algorithmen zur automatischen Erzeugung und Optimierung von Strukturen wie Waben und Gitter.

Nutzt man Strukturen der Radiolarien und Diatomeen als Ausgangspunkte für optimierte Bauteilkonstruktionen, können sowohl übergeordnete Strukturen, also ganze Schalen, als auch Detaillösungen wie Kanten- oder Flächenversteifung in technische Systeme übertragen werden. Um diese natürlichen Leichtbauprinzipien möglichst systematisch und effizient zu nutzen, besteht der ELiSE-Prozess aus fünf systematisch aufeinander aufbauenden Schritten:

1. Analyse des zu optimierenden Bauteils: Lastenhefterstellung
2. Screening und Abstraktion natürlicher Vorbildstrukturen
3. Konzeptentwicklung auf Basis identifizierter Konstruktionsprinzipien
4. Optimierung
5. Bewertung, Anpassung, Produkt

Die Schritte 2 bis 4 werden zunehmend automatisiert (siehe Ausblick). Der Gesamtprozess umfasst Methoden aus verschiedenen Wissenschaftsdisziplinen. Eine Übersicht über alle Methoden wird in Bild 13.3 dargestellt. Der Produktentstehungsprozess ELiSE orientiert sich an der Vorgehensweise des leichtbaugerechten Konstruierens nach Klein [44, S. 12] und erweitert sie vor allem durch die Nutzung natürlicher, voroptimierter Strukturen in Kombination mit einer Anpassung durch Optimierungsverfahren.

Schritt 1: Bauteilanalyse
Dieser Schritt des ELiSE-Leichtbauverfahrens ist Voraussetzung für ein belastbares Ergebnis. Hier werden die technischen Anforderungen an das zu optimierende Bauteil in einem Lastenheft zusammengetragen. Dazu gehören meist Gewichtsreduktion und Einhaltung von Stabilitäts- und Spannungskriterien bei bestimmten Lastfällen. Zusätzlich werden die vorgesehenen Materialien mit den mit eingesetzten Produktionsmethoden verbundenen geometrischen Restriktionen definiert. Wie bei allen Optimierungen werden die Ergebnisse unbrauchbar, sollten wesentliche Faktoren hier übersehen werden.

Schritt 2: Screening der Natur, Analyse und Abstraktion
Basierend auf den verfügbaren Informationen wie Projektzielen, Randbedingungen und Bauräumen beginnt im zweiten Verfahrensschritt die systematisierte Suche nach geeigneten Vorbildorganismen. Es existieren nach aktuellen Schätzungen etwa 100 000 Arten von Diatomeen und Radiolarien, die im Rahmen des ELiSE-Prozesses genutzt werden können. Die Form des Screenings ist nicht festgelegt, nützlich ist aber die Kooperation mit Biologen mit Expertenwissen und Zugang zu den Organismen. Diese Nutzung der Natur als Quelle für Designkonzepte unterscheidet das Verfahren erheblich von der klassischen Vorgehensweise des leichtbaugerechten Konstruierens nach Klein [44].

Schritt 3: Umsetzung in Designkonzepte
Die aus der Natur abgeleiteten Konstruktionsprinzipien werden in parametrische CAD-Modelle umgesetzt. Obwohl die biologischen Vorbildkonstruktionen als Leichtbaustrukturen gute Generalisten sind, ist das jeweilige Leistungspotenzial schwer vorauszusehen. Daher sollten mehrere Entwürfe parallel entwickelt werden. Ein Wettbewerb zwischen drei bis fünf Entwürfen hat sich allerdings als vorteilhaft erwiesen. Durch die Erzeugung parametrischer CAD-Modelle kann eine Optimierung mit Evolutionsstrategien (Schritt 4) gut durchgeführt werden.

Schritt 4: Optimierung der Designkonzepte
Für einen ersten Vergleich der Designentwürfe auf der Basis der Lastfälle wird die Finite-Elemente-Methode eingesetzt. Da die natürlichen Schalenkonstruktionen als Basis der Designentwürfe auf die (nur teilweise bekannten) in der Natur vorkommenden Lastfälle ausgelegt sind, unterscheiden sie sich in der Regel erheblich von den technischen Lastfällen und müssen entsprechend an diese angepasst werden. Dazu wird eine parametrische Optimierung mit genetischen Algorithmen, u.a. der Evolutionsstrategie, durchgeführt. Hierfür werden CAD-Modelle parametrisch ausgelegt, um die Geometrie der Modelle effektiv automatisch variieren zu können. Die Parameter werden in einem automatisierten Zusammenspiel von CAD-, FEM- und Optimierungstools zufällig variiert, weiterentwickelt und bewertet, bis keine wesentlichen Verbesserungen mehr stattfinden. Da ein einzelner Bauteilentwurf auf Basis der aus der natürlichen Vorbildstruktur abgeleiteten Konstruktionsweise in der Regel nicht zum optimalen Bauteil führt, ist es sinnvoll, mehrere Designentwürfe parallel zu optimieren. In der Praxis haben sich hier 3 bis 5 Designkonzepte als vorteilhaft herausgestellt. So können in Schritt 5 die gewünschten Eigenschaften der Bauteilentwürfe gegeneinander abgewogen werden, um den besten Kompromiss zu finden.

Schritt 5: Bewertung und Anpassung
Nach der Optimierung werden die Ergebnisse mit dem Stand der Technik und untereinander verglichen und bewertet. Im Idealfall erfüllen alle Bauteilentwürfe die geforderten Randbedingungen, die in Schritt 1 im Lastenheft definiert wurden. Dennoch unterscheiden sich die Bauweisen der Optimierungsergebnisse oft erheblich. Während der Optimierung (Schritt 4) sollten,

wenn möglich, bereits Aspekte wie Fertigungsrestriktionen oder Herstellungskosten berücksichtigt werden. Oft ist das wegen unzureichender Information oder zu hohem Berechnungsaufwand nicht möglich. Daher müssen die Optimierungsergebnisse in der Regel an weitere technische Vorgaben angepasst werden. Mit der parametrischen Konstruktion in Schritt 3 lassen sich iterativ neue Restriktionen berücksichtigen und Optimierungen erneut durchführen. Eine nachträgliche Festlegung auf Fertigungsverfahren erhöht die Freiheitsgrade bei der Erzeugung optimaler Bauteilentwürfe, so dass höhere Gewichtsersparnisse erzielt werden können. Gleichzeitig beeinflusst dieses aber auch den Aufwand des Prozesses und führt häufig zu höheren Herstellungskosten, die nur in Branchen zu rechtfertigen sind, die maximal optimierte Bauteile benötigen.

Im ELiSE-Verfahren wird also das Prinzip natürlicher Evolution auf verschiedenen Ebenen in den ELiSE-Produktentstehungsprozess integriert: Jeder der in Schritt 3 entwickelten Bauteilentwürfe basiert auf evolutiv optimierten Strukturen aus der Natur. Die Optimierung eines jeden Entwurfs in diesem Schritt kann als Evolution eines Bauteils angesehen werden. Die parallele Optimierung mehrerer Entwürfe und der als evolutiver Konkurrenzkampf untereinander anzusehende Vergleich zwischen Konzepten und der Referenz nutzen die Prinzipien der Evolution zudem auf einer übergeordneten Optimierungsebene.

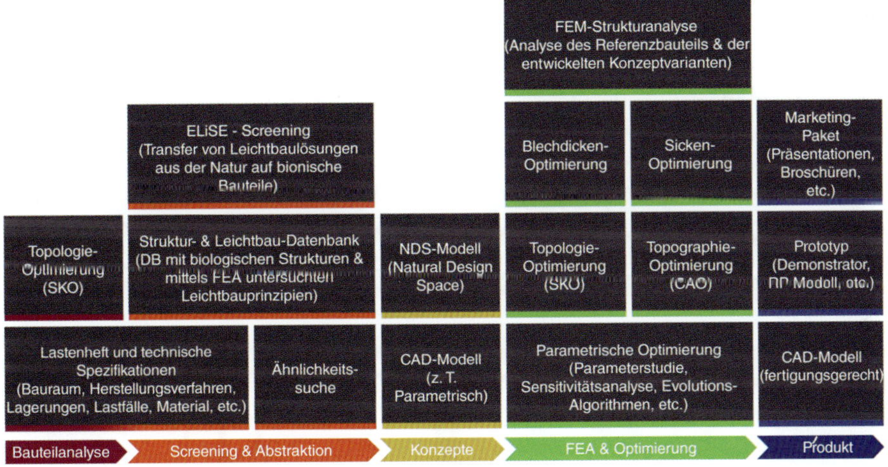

Bild 13.3 *Baukasten-Schema des ELiSE-Prozesses. Die einzelnen fünf Schritte enthalten unterschiedliche Methoden und Verfahren, die je nach Anwendungsfall für die Entwicklung von Leichtbaulösungen zum Einsatz kommen.*

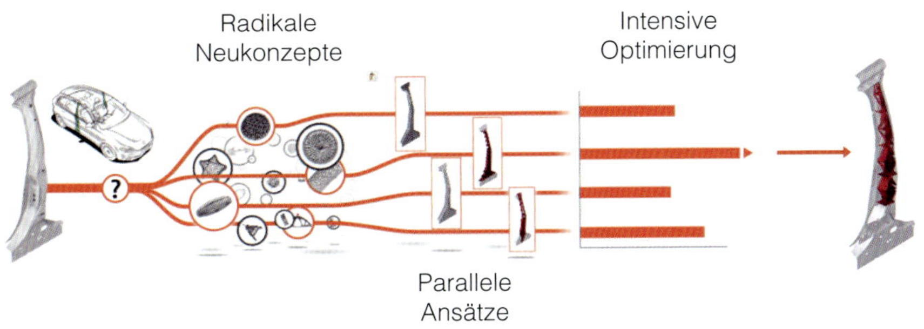

Bild 13.4 *Die 3 biologischen Prinzipien des ELiSE-Verfahrens: radikal neue Designkonzepte, Optimierung mit Hilfe genetischer Algorithmen, Verfolgung mehrerer paralleler Optimierungsansätze*

13.3 Anwendungsbeispiele

Die folgenden Beispiele zeigen, wie mit Hilfe des ELiSE-Prozesses Leichtbaustrukturen entwickelt wurden. Im ersten Anwendungsfall wurde eine 770 Tonnen schwere Gründungsstruktur so optimiert, dass das Gewicht fast halbiert wurde und dabei günstigere Halbzeuge (Pipeline-Rohre) eingesetzt wurden. Gerade der Verbesserung der Fertigbarkeit wurde ein hoher Stellenwert beigemessen. Im zweiten Anwendungsfall bei der B-Säule sollten verschiedene Konzepte entwickelt werden, die sowohl herkömmliche Blechbauweisen als auch hybride Werkstofflösungen enthielten.

13.3.1 Offshore-Gründungsstruktur

Im ersten Schritt wurde ein umfassendes Lastenheft erstellt, das Lager- und Lastbedingungen für die Gründungsstruktur sowie die Anforderungen aus Normen zusammenfasste. In diesem Anwendungsbeispiel wurden per se keine Einschränkungen an das Fertigungsverfahren und an das Material gestellt, wohl aber definiert, dass eine gute Herstellbarkeit und einfacher Bezug von Einzelteilen entscheidend sind. In Schritt 2 wurden geometrisch ähnliche (tetraedrische) Schalenstrukturen von Radiolarien identifiziert und untersucht. Mehrere Konzepte wurden anschließend zu Bauteilentwürfen abstrahiert und derart mittels parametrischer CAD-Konstruktion ausgelegt, dass sie im nachfolgenden Schritt 4 parametrisch optimiert werden konnten. Die Optimierung zeigte, dass Standard-Rohrelemente, die durch Schweißverbindungen an Gussknoten zusammengeführt werden, als Basis der Gesamtkonstruktion dienen können. So wurde innerhalb von Schritt 4 die Geometrie mit Hilfe der Evolutionsstrategie an diese Bauweise angepasst. Dabei wurden Rohre aus dem Lieferprogramm für Pipelines verwendet, die aufgrund großer Stückzahlen zu günstigen Preisen verfügbar waren. Die finale Konstruktion konnte allen Lastfällen gerecht werden, da diese in Form des umfassenden Lastenheftes Teil des Optimierungsprozesses waren. Die Gewichtsreduktion auf circa 400 Tonnen war dabei beträchtlich. Der Entwicklungsvorgang wird in Bild 13.5 dargestellt.

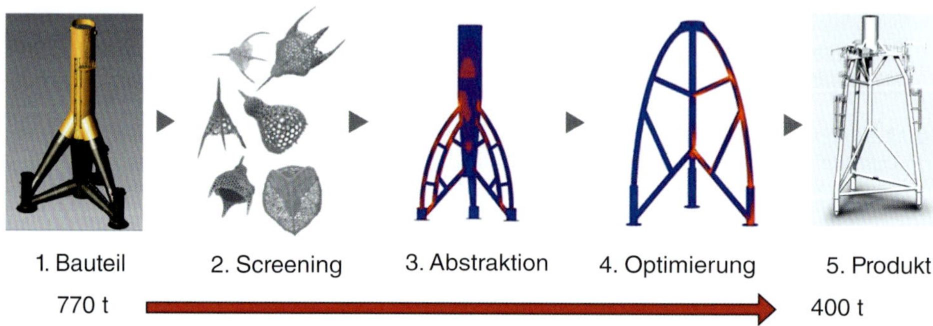

Bild 13.5 *Vorgehensweise bei der Nutzung von ELiSE am Beispiel einer Offshore-Gründungsstruktur. Hier wird ELiSE eingesetzt, um von einem als Referenz definierten Ursprungsbauteil über die Suche in der Natur und der Abstraktion zu Designentwürfen zu einer optimierten Gesamtkonstruktion zu gelangen.*

13.3.2 B-Säule im Automobilbau

Wie im ersten Beispiel wurde bei der B-Säule keine direkte Vorgabe gemacht, welches Herstellungsverfahren verwendet werden muss. Dennoch lag auch hier die Betonung auf einer kostengünstigen Umsetzbarkeit bei gleichzeitiger Gewährleistung von Gewichtseinsparungen. Aus diesem Grund bestand das Projektziel darin, mehrere Bauteilentwürfe zu erstellen, die durch unterschiedliche Materialwahl und Fertigbarkeit die erzielte Gewichtsersparnis in Relation zu den notwendigen Herstellungskosten setzen. Crashtests aus relevanten Normen und die Eigenschaften einer zur Verfügung gestellten Serien-B-Säule lieferten alle für das Lastenheft in Schritt 1 notwendigen Kennwerte und Parameter. Der Schritt 2 bestand aus der Identifikation geeigneter Versteifungsstrukturen in der Natur. Unterschiedliche Schalenstrukturen haben an dieser Stelle schon zu Konzepten geführt, die reine Blechumformung entsprechend der Serien-Domstrebe und verschiedene Hybridlösungen mit Innenstruktur innerhalb der B-Säule enthielten. In Schritt 3 wurden diese Konzepte in Bauteilentwürfe überführt. Dazu wurden Restriktionen der jeweils angedachten Herstellungsverfahren und entsprechende Materialkennwerte miteinbezogen. Im Anschluss wurden je nach Bauteilentwurf verschiedene Optimierungsmethoden wie die Blechdicken- und Sickenoptimierung bei reinen Blechkonzepten oder die parametrische Optimierung bei Konzepten mit dreidimensionalem Innenteil eingesetzt. Gleichzeitig wurde der Einsatz verschiedener Stahlsorten untersucht. Nach abgeschlossener Optimierung wurden die Bauteilentwürfe tabellarisch gegenübergestellt. Auf diese Weise war es möglich, die Auswirkungen verschiedener Geometrien, Stahlsorten, Herstellungsverfahren und Materialkombinationen auf das Gewicht und die Bauteilkosten miteinander zu vergleichen. So erzielte der Bauteilentwurf mit hochfestem, dünnwandigem Stahl und einer faserverstärkten Innenstruktur zur Sicherung der Querschnittsform im Crashfall die höchste Gewichtsersparnis. Der Entwicklungsvorgang wird in Bild 13.6 dargestellt.

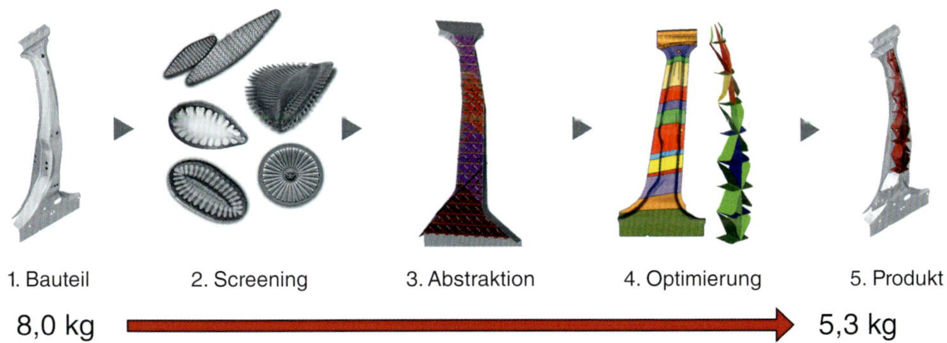

Bild 13.6 *Entwicklungsschritte von ELiSE am Beispiel einer B-Säule im Automobilbereich. ELiSE wird eingesetzt, um von einem als Referenz im Lastenheft definierten Ursprungsbauteil über die Suche in der Natur und der Abstraktion zu Designentwürfen zu einer optimierten Gesamtkonstruktion zu gelangen.*

13.4 Bewertung des ELiSE-Verfahrens und Einflüsse auf die Optimierungsgüte

Es ist nicht ganz einfach, bionische Optimierungsverfahren objektiv zu bewerten, weil deren Eignung sehr stark von den Besonderheiten der spezifischen Entwicklungsprojekte abhängt. Insgesamt ist das ELiSE-Verfahren bereits heute sehr leistungsfähig, hat aber dennoch großes Potenzial für eine weitere Steigerung des Funktionsumfangs. Gleichzeitig ist eine erhebliche Steigerung der Effizienz wichtig. Die dazu benötigten Maßnahmen liegen vor allem im Bereich der Softwareentwicklung.

Das ELiSE-Verfahren nutzt 3 Prinzipien aus der Natur:

1. Ausgangspunkt für die Produktentwicklung sind Leichtbaustrukturen, insbesondere Schalen einzelliger Organismen wie Diatomeen und Radiolarien, die über einen langen Zeitraum (>100 Millionen Jahre) durch die Evolution optimiert wurden. Auch natürliche Strukturen von Organismen bauen immer auf vorhandenen Prinzipen auf und optimieren diese durch Variation und Selektion.
2. Daher setzt man im ELiSE-Verfahren genetische Optimierungsverfahren ein, wie z.B. die Evolutionsstrategie, um Strukturen an neue Lastfälle anzupassen.
3. Wie bei der evolutiven Anpassung an neue Bedingungen in einem Ökosystem unterschiedliche Organismen sich auf der Grundlage ihrer ursprünglichen Eigenschaften weiterentwickeln, werden auch im ELiSE-Verfahren mehrere Lösungsansätze parallel ins Rennen geschickt.

Diese Kombination mehrerer bionischer Prinzipien ist ausgesprochen mächtig. Das hier beschriebene ELiSE-Verfahren führt zu sehr guten Ergebnissen, ist jedoch vergleichsweise zeit- und ressourcenaufwendig und daher auch für Kunden vergleichsweise teuer. Es kommt vor allem für die Optimierung komplexer, teurer Produkte oder Großserienbauteilen in Frage. Grund dafür ist vor allem die aufwendige Erzeugung der Designentwürfe, deren parametrischer Aufbau für die folgende, ebenfalls anspruchsvolle Optimierung notwendig ist.

MERKSATZ

Das ELiSE-Verfahren kombiniert folgende natürliche Phänomene:

1. bewährte, natürliche Leichtbaustrukturen als Vorbilder,
2. Optimierung mit genetischen Algorithmen (u.a. Evolutionsstrategie),
3. Parallele Optimierung verschiedener Designkonzepte.

Dabei steigt mit Zunahme an möglicher Komplexität die Wahrscheinlichkeit, eine erhebliche Gewichtsersparnis zu erzielen. Je stärker deshalb technische Randbedingungen wie Bauraum oder Komplexität eingeschränkt sind, desto schwieriger ist es, bei Neu- und Weiterentwicklungen Gewicht einzusparen. Mit der Wahl eines Fertigungsverfahrens ist auch die Materialwahl verbunden, die ebenfalls einen erheblichen Einfluss auf den Produktentstehungsprozess hat. Bei sehr strengen Fertigungsrestriktionen und technischen Randbedingungen verliert das ELiSE-Leichtbauverfahren durch die Notwendigkeit, biologische Strukturen sehr stark vereinfachen zu müssen, deutlich an Potenzial. Umgekehrt kommt die Weiterentwicklung der Fertigungsverfahren, die komplexe Bauteile mit sehr feinen Unterstrukturen, Hinterschneidungen und Hohlräumen zulassen, dem Potenzial des ELiSE-Verfahrens entgegen. Daher ist die Kombination des ELiSE-Produktentstehungsprozesses mit der Additiven Fertigung (AM) sehr attraktiv.

13.5 Ausblick: Weiterentwicklungen und Potenziale

Wie bei den meisten bionischen Methoden ist auch beim ELiSE-Verfahren das Potenzial für eine Weiterentwicklung hinsichtlich des Leistungsumfangs und der Effizienz noch sehr hoch. Letztere wird durch intelligente Software erheblich gesteigert werden. Insbesondere die Erforschung der natürlichen Strukturen wird das Leistungsspektrum der zu entwickelnden Bauteile erheblich erweitern. Die folgenden Punkte beschreiben dabei nur eine Auswahl der möglichen Weiterentwicklungen:

1. Erzeugung von Algorithmen zur automatischen Geometrieerzeugung, die den parametrischen Aufbau von Modellen effizienter machen
   Wie bereits beschrieben, ist das ELiSE-Verfahren aufwendig und daher größeren Entwicklungsprojekten vorbehalten. Für einen breiteren Einsatz ist es daher wichtig, die einzelnen Schritte zu vereinfachen und zu beschleunigen. Hierfür werden bereits einzelne Algorithmen eingesetzt, die verschiedene Designprinzipien wie unregelmäßige, variable Waben- und Gitterstrukturen sehr effizient einsetzen. Weil die Optimierung jedoch die Einarbeitung in verschiedene Softwaretools und eigenständiges Programmieren voraussetzt, ist auch dieser Ansatz noch wenigen Spezialisten vorbehalten. Mittelfristig wird daher eine kohärente Software entwickelt werden, die in der Lage ist, mit Hilfe des ELiSE-Verfahrens sehr schnell und effizient diverse leistungsfähige Varianten von Leichtbaustrukturen zu erzeugen.
2. Integration von Themen wie Ressourcen- und Kosteneffizienz in den Optimierungsprozess
   Bisher wird im Optimierungsschritt vorwiegend auf eine leistungsfähige Leichtbaustruktur geachtet. Allerdings sind in den meisten Entwicklungsprojekten weitere Aspekte ebenfalls sehr wichtig für den Erfolg eines Bauteils. In Branchen wie der Automobilindustrie ist der Kostendruck außerordentlich hoch. In vielen Unternehmen spielen auch Themen wie Nachhaltigkeit bzw. Ressourceneffizienz eine zunehmende Rolle. Daher werden diese Parameter bei zukünftigen Optimierungen zunehmend in den Entwicklungsprozess integriert werden.
3. Intensive Forschungen an den Zusatzfunktionen im Bereich Funktionelle Morphologie
   Während die durch die Struktur bedingten mechanischen Eigenschaften der Diatomeen gut nachvollziehbar sind, ist deren Einfluss auf weitere Eigenschaften noch wenig erforscht. Themen wie Permeabilität, Schwingungsverhalten, Robustheit und Kerbspannungsminimierung spielen offenbar ebenfalls eine große Rolle, weil die Organismen durch ihre Schalen effizient Nährstoffe aufnehmen müssen, die Mundwerkzeuge ihrer Fressfeinde schwingen, die Lastfälle variieren und aus bestimmten Gründen lange Kerben (Raphen) in die Schalen integriert sind. In vielen technischen Bereichen sind diese Aspekte ebenfalls sehr wichtig.
4. Forschung bezüglich der Materialeigenschaften von Radiolarien und Diatomeen
   Neben der optimierten Geometrien sind die auch Materialeigenschaften der Schalen hochinteressant, weil sie denselben Optimierungsmechanismen unterliegen. Die Variationsmöglichkeit für das Material ist groß, denn die Silikatschalen sind nicht homogen und amorph, sondern aus zahlreichen Nanostrukturen wie Kugeln, Schichten und Fasern aufgebaut. Nach neuesten Untersuchungen weist das Material eine sehr hohe Festigkeit auf. Noch interessanter ist aber das Potenzial, dass komplexe, wahrscheinlich anisotrope Materialien genau auf die ebenfalls sehr komplexen Geometrien der Schalen abgestimmt sind. Da die Fertigungsverfahren für Kompositwerkstoffe inzwischen auch komplexe Geometrien zulassen (selbst in Additive-Manufacturing-Verfahren können inzwischen komplexe Geometrien dargestellt werden), wird das Zusammenspiel zwischen Material- und Geometrieoptimierung in zukünftigen Produktentwicklungsprojekten berücksichtigt werden.
5. Integration von Leichtbau und Design
   Der Terminus «Form Follows Function» wurde in der Architektur von Louis Sullivan schon 1896 bekannt gemacht [83] und später von Bauhaus-Mitgliedern auch für das Design übernommen. Während Sullivan bereits natürliche Strukturen als positive Beispiele für dieses Prinzip erwähnte, konzentrierte sich Alfred Loos mit seinem Aufsatz «Ornament als Verbrechens» vor allem auf die Reduktion funktionsloser Komponenten. Tatsächlich werden die von der Evolution

optimierten Leichtbauschalen der Diatomeen und Radiolarien als außerordentlich ästhetisch empfunden. Grund hierfür sind leichte geometrische Unregelmäßigkeiten in Verbindung mit komplexen, oft fraktalen Geometrien. Obwohl der Zusammenhang zwischen (guter) Form und (effektiver) Funktion schon so lange bekannt und respektiert ist, werden Design und Technik in den meisten Produktentwicklungsprozessen immer noch getrennt behandelt. Durch die Erzeugung diverser, ästhetischer, aber hochfunktionaler Leichtbaustrukturen mit bionischen Verfahren zur Strukturoptimierung kann diese Trennung in Zukunft zumindest gemildert werden, weil den Designern eine Vielfalt an technisch ausgereiften Lösungsvarianten mit einer guten ästhetischen Qualität als gestalterischer Spielraum zur Verfügung stehen wird.

14 Strukturoptimierung im Produktentwicklungsprozess

Die fünf Disziplinen der Strukturoptimierung (Bauweise, Material, Topologie, Form und Dimensionierung) werden im **P**rodukt**e**ntwicklungs**p**rozess (PEP) meist in unterschiedlichen Arbeitsabschnitten angewendet. Hierbei können abhängig vom Bedarf entweder nur eine Disziplin, wie die Formoptimierung, oder auch mehrere Optimierungsdisziplinen eingesetzt werden. Der höchste Leichtbaugrad eines Bauteils kann erreicht werden, wenn alle Optimierungsdisziplinen aufeinander aufbauend angewendet werden.

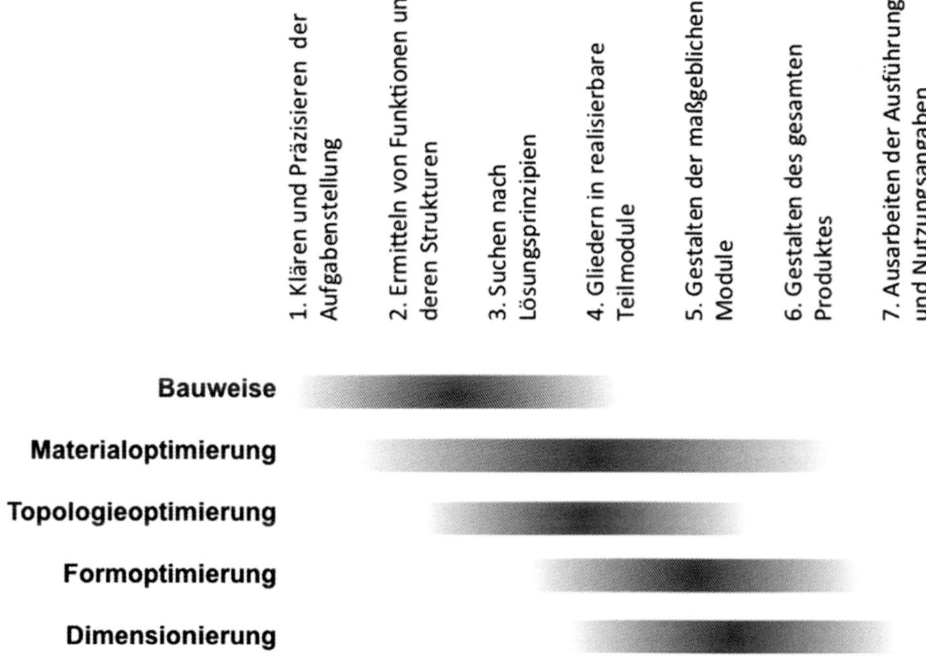

Bild 14.1 *Einsatz der fünf Strukturoptimierungsdisziplinen im Verlauf der sieben Arbeitsabschnitte des Produktentwicklungsprozesses*

Die Hauptnutzung der Optimierungsdisziplinen während einer Produktentwicklung zeigt Bild 14.1. Die Bauweise und die Materialwahl beeinflussen die zu entwickelnde Struktur sehr stark, weshalb sie am Anfang des PEP angesiedelt sind und meist auch mit dem Kunden abgeklärt werden. Sind jedoch in den Betrieben keine Fertigungstechnologien für verschiedene Materialklassen vorhanden, wie z.B. Metalle und FVK, wird die Materialwahl auch später festgelegt. Teilweise ist dies sogar einer der letzten Arbeitsabschnitte, wobei sich die Auswahl dann auch nur auf unterschiedliche Sorten, z.B. Baustähle S185, S235JR oder S355J2G2, beschränkt.

Die Topologieoptimierung wird eingesetzt, wenn die Bauweise und das Material festgelegt sind, um einen kraftflussgünstigen Entwurf des Bauteils zu ermitteln. Oder sie unterstützt den Konstruktionsprozess dadurch, dass die signifikanten Kraftflusspfade visualisiert werden.

Die Formoptimierung und die Dimensionierung verändern lokal die Struktur, weshalb sie ja auch als lokale Verfahren bezeichnet werden. Die beiden Optimierungsdisziplinen können deshalb erst eingesetzt werden, wenn die globale Struktur festgelegt ist. Bei der Formoptimierung wird eine Freiformkurve bzw. Freiformfläche ermittelt, die entweder direkt der CNC-Steuerung einer Fertigungsmaschine übergeben werden kann oder zuerst in geometrische Grundformen transferiert werden muss. Im letzteren Fall bietet sich deshalb noch eine nachgeschaltete Dimensionierungsoptimierung an.

Bei rechnergestützten Topologie- und Formoptimierungen wird die zu optimierende Struktur mit der FEM berechnet. Deshalb wird zuerst das CAD-Modell für eine FEM-Berechnung vorbereitet, was oft deutlich länger dauern kann als die eigentliche Strukturoptimierung. So müssen die CAD-Modelle von kleinsten Spalten und Bauteildurchdringungen bereinigt werden, die in der CAD-Umgebung nicht problematisch sind, aber in der FEM-Umgebung zu Fehlern und nicht gewünschten Effekten führen. Des Weiteren sollten alle strukturmechanisch nicht relevanten Bauteile und Strukturdetails gelöscht werden, wie optische Verkleidungen und Firmenlogos, um die Berechnungszeiten zu reduzieren und die Auswertung zu vereinfachen. Aus diesem Grund ist es sinnvoll, schon bei der Modellerstellung auf ein optimierungsfähiges CAD-Modell zu achten.

Je später die jeweiligen Optimierungen durchgeführt werden, desto mehr Randbedingungen sind vorgegeben. Für die Optimierung bedeutet dies mehr Restriktionen und dadurch eine geringere Chance, das globale Optimum zu erreichen. Auf der anderen Seite sinkt aber auch die Zahl der Unbekannten, so dass bei einer Dimensionierungsoptimierung oft nur noch ein unbekannter Wert vorhanden ist, wie beispielsweise die Bestimmung einer Rippenhöhe. Eine Optimierung mit wenigen Unbekannten hat die Vorteile, dass sie einfacher durchführbar ist, meist zu einer Verbesserung führt und die Ergebnisse fast immer direkt auf das zu konstruierende Bauteil übertragen werden können.

Natürlich können durch ein Hin-und-her-Springen zwischen den einzelnen PEP-Arbeitsabschnitten Vorgaben wieder geändert werden. Dies bedeutet jedoch immer einen zusätzlichen Arbeitsaufwand und benötigt mehr Zeit und Kosten.

14.1 Übertragung der Optimierungsergebnisse in den Konstruktionsprozess

Der Aufwand, um Ergebnisse einer Strukturoptimierung in den Konstruktionsprozess zu übertragen, ist sehr unterschiedlich. Ein mit der Sizing-Optimierung berechneter Parameter kann oft direkt in die Bauteilkonstruktion übernommen werden. Im Unterschied dazu müssen die Designvorschläge der Topologie- und Formoptimierung aufwendig in den Konstruktionsprozess übertragen werden. Diese FEM-basierten Verfahren ändern während der Optimierung die finiten Elemente, weshalb keine korrespondierende CAD-Geometrie mehr hinterlegt ist. Bei der Topologieoptimierung werden nicht benötigte Elemente aus dem Designraum gelöscht. So bleiben nur die belasteten Elemente übrig, die nun aber eine unebene und meist treppenförmige Oberflächenstruktur aufweisen. Bei der Formoptimierung wird die Form einzelner finiter Elemente verändert, wodurch sich das gesamte FEM-Netz deformiert. Zusätzlich können große Netzverformungen auch zu einer unebenen Oberflächenstruktur führen. Dem veränderten FEM-Netz liegt nun keine zuordenbare CAD-Geometrie mehr vor, weshalb die Designvorschläge der Strukturoptimierung auch nicht direkt in die Konstruktion übertragen werden können. Es gibt mehrere Möglichkeiten, die Designvorschläge in den Konstruktionsprozess einfließen zu lassen:

- eine manuelle 1:1-Nachkonstruktion der Struktur im CAD-System;
- die Designvorschläge unterschiedlicher Füllgrade visualisieren dem Konstrukteur die Kraftflusspfade, der auf dieser Basis eine Konstruktion erstellt;
- von den unebenen Oberflächen werden mittels Glättungsalgorithmen saubere Oberflächen erzeugt, die das neue Volumen festlegen und in die CAD-Welt übertragen werden können.

Die automatisierten Übertragungsmöglichkeiten werden in Zukunft wahrscheinlich immer leistungsfähiger werden, aber wie bei den manuellen Vorgehensweisen wird auch jede automatisierte Übertragung immer zu einer Strukturveränderung führen. Zusätzlich werden bei einer Optimierung in der Regel nicht alle Vorgaben und Fertigungsrestriktionen schon berücksichtigt und müssen so in der CAD-Konstruktion noch implementiert werden. Aus diesen Gründen unterscheidet sich die finale CAD-Geometrie häufig von dem Designvorschlag und kann dadurch auch andere Eigenschaften aufweisen. Deshalb sollte erst nach einer Verifikation die optimierte Struktur im Konstruktionsprozess weiterverwendet werden.

14.2 Dienstleister und Fördermöglichkeiten

Eine Strukturoptimierung kann auch extern bei spezialisierten Ingenieurbüros durchgeführt werden. Auf Basis der übermittelten CAD-Geometriedaten und der wirkenden Lasten wird die Struktur optimiert. Natürlich kann das Bauteil unter Einsatz mehrerer Disziplinen der Strukturoptimierung von einem Dienstleister auch komplett entwickelt und konstruiert werden.

Es gibt staatliche Förderprogramme, die solch eine Strukturoptimierung häufig bezuschussen. Dies ermöglicht auch kleinen und mittelständischen Unternehmen einen Einstieg in das Themenfeld Strukturoptimierung. Ansprechpartner sind die zuständigen regionalen Wirtschaftsförderungsgesellschaften, die über aktuelle Fördermaßnahmen informiert sind.

14.3 Fazit

Es gibt viele positive Gründe, eine Strukturoptimierung durchzuführen, und viele Methoden, von denen einige auch sehr einfach anzuwenden sind. Die Sizing-Optimierung wird in aller Regel schon von den meisten angewendet, wenn vielleicht auch nicht so bezeichnet. Die Topologie- und Formoptimierung sind mittlerweile anerkannte Verfahren und besonders für die Topologieoptimierung stehen inzwischen ausgereifte Programme zur Auswahl.

Der Fokus dieses Buches ist besonders auf die bionischen Optimierungsmethoden gerichtet. Dies sind meist einfache, ressourcenschonende Verfahren, die mit einer hohen «Nutzen zu Kosten»-Relation zu einer besseren Struktur führen. Aus diesem Grund sollte die Strukturoptimierung häufiger auch in der breiten Masse und nicht nur bei Hightech-Bauteilen ökonomisch angewendet werden.

Die Strukturoptimierung ist somit eine gute und einfache Möglichkeit, die Qualität der Produkte und ihre Rentabilität zu erhöhen. Wird diese Chance nicht genutzt, droht die Gefahr, Wettbewerbsvorteile zu verlieren. Die in diesem Buch behandelten Verfahren – in Verbindung mit praktischen Hilfestellungen – ermöglichen es, derartige Optimierungen teilweise bereits mit einfachen Mitteln durchzuführen.

Abkürzungen

App	Application
CAD	Computer Aided Design
CAO	Computer Aided Optimization
CAIO	Computer Aided Internal Optimization
CAX	Computer Aided X
ELiSE	Evolutionary Light Structure Engineering
E	E-Modul bzw. Elastizitätsmodul
EA	Evolutionäre Algorithmen
ES	Evolutionsstrategie
FEM	Finite Element Methode
FSD	Fully Stressed Design
FVW	Faserverbundwerkstoffe
FVK	Faserverbundkunststoffe
HNS	Hauptnormalspannung
KKM	Kraftkegelmethode
KMU	Klein- und mittelständische Unternehmen
MPa	Megapascal
MSR	mutative Schrittweitenregelung
NURBS	Non-uniform rational B-Spline
PEP	Produktentwicklungsprozess
Sigref	Referenzspannung
SKO	Soft Kill Option
TOTE	Trial Operate Test Exit
VDI	Verband Deutscher Ingenieure
ZDE	Zugdreieck

Quellenverzeichnis

[1] Aage, Niels; Nobel-Jørgensen, Morten; Andreasen, Casper Schousboe; Sigmund, Ole: Interactive topology optimization on hand-held devices. In: *Structural and Multidisciplinary Optimization, Volume 47*, 2013.

[2] Airbus: *Airbus presents the A380plus*. http://www.airbus.com/newsroom/press-releases/en/2017/06/airbus-presents-the-a380plus.html (abgerufen am 20.07.2017).

[3] Andreassen, Erik; Anders, Clausen; Schevenels, Mattias; Lazarov, Boyan S.; Sigmund, Ole: *Efficient topology optimization in MATLAB using 88 lines of code*. 2010.

[4] Ashby, Michael: *Materials Selection in Mechanical Design: Das Original mit Übersetzungshilfen*. Easy-Reading-Ausgabe. Elsevier, 2007.

[5] Baier, H.; Seeßelberg, C.; Specht, B.: *Optimierung in der Strukturmechanik. Wiesbaden*: Vieweg Verlag, 2012.

[6] Baud, R. V.: *Beiträge zur Kenntnis der Spannungsverteilung in prismatischen und keilförmigen Konstruktionselementen mit Querschnittsübergängen*. Bericht Nr. 83 der Eidg. Materialprüfungsanstalt, Zürich, 1934.

[7] Baumgartner, A.; Mattheck, C.: SKO: Soft kill option – an effective method to determine optimum structural topology. In: *Proc. II. Int. Symp. SFB 230 «Natural Structures, Principles, Strategies, and Models in Architecture and Nature», Vol. I, S. 111–113*. Stuttgart October 1–4, 1991.

[8] Baumgartner, A.: Ein Verfahren zur Strukturoptimierung mechanisch belasteter Bauteile auf der Basis des Axioms konstanter Spannung. *Fortschrittberichte VDI 145*: VDI-Verlag, 1994.

[9] Beitz, W.; Küttner, K. H.: *Dubbel – Taschenbuch für den Maschinenbau*. 20. Auflage. Berlin: Springer-Verlag, 2001.

[10] Bendsoe, M. P.; Sigmund, O.: *Topology Optimization*. Berlin: Springer Verlag, 2004.

[11] Biomimicry Institute: *AskNature – Innovation Inspired by Nature*, 2016. https://asknature.org/ (abgerufen am 06.07.2017).

[12] Bruder, Gernot: Finite-Elemente-Simulation und Festigkeitsanalysen von Wurzelverankerungen. *Wissenschaftliche Berichte, FZKA 6206*, 1998.

[13] Bundesministerium für Bildung und Forschung und Bundesministerium für Ernährung und Landwirtschaft: *Bioökonomie in Deutschland*. http://www.bmbf.de:8001/pub/Biooekonomie_in_Deutschland.pdf (abgerufen am 29.05.2017)

[14] Cheong, H., et al.: *Translating Terms of the Functional Basis into Biologically Meaningful Keywords*. ASME 2008 International Design Engineering Technical Conferences and Computers and Information in Engineering Conference Brooklyn, New York, USA, 3-6 August 2008.

[15] Christensen, P.: *An Introduction to Structural Optimization* (Solid Mechanics and Its Applications). Springer Netherlands, 2010.

[16] Culmann, Carl: *Graphische Statik*. Zürich: Meyer & Zeller, 1866.

[17] Degischer, Hans P.; Lüftl, Sigrid: *Leichtbau – Prinzipien, Werkstoffauswahl und Fertigungsvarianten*. Weinheim: Wiley-VCH, 2009.

[18] Statistisches Bundesamt: *Produzierendes Gewerbe – Kostenstruktur der Unternehmen des Verarbeitenden Gewerbes sowie des Bergbaus und der Gewinnung von Steinen und Erden*. Fachserie 4 Reihe 4.2.1-2013.

[19] DIN ISO 18 458 ICS 07.080: *Bionik – Terminologie, Konzepte und Methodik (ISO 18 458:2015)*. Berlin: Beuth-Verlag, August 2016.

[20] DIN ISO 18 459: *Bionik – Bionische Strukturoptimierung* (ISO 18459:2015). Berlin: Beuth-Verlag, August 2016.

[21] Ehrlenspiel, K.: *Integrierte Produktentwicklung*. Denkabläufe, Methodeneinsatz, Zusammenarbeit. 3. Auflage. München: Hanser Verlag, 2007.

[22] Eschenauer, H.; Schnell, W.: *Elastizitätstheorie: Grundlagen, Flächentragwerke, Strukturoptimierung*. Mannheim : BI-Wissenschaftlicher Verlag, 1993.

[23] Fayemi, P.-E., et al.: Biomimetics. Process, tools and practice. *Bioinspiration & Biomimetics, Band 12 (2017)* Heft 1, S. 1–20.

[24] Fraunhofer-Gesellschaft zur Förderung der angewandten Forschung e.V., 80686 München, DE, 2009. *Fluidverteilungselement für eine fluidführende Vorrichtung*. Erfinder: B. Sicre; T. Oltersdorf; M. Hermann. 28.05.2009. Anmeldung: 27.11.2007. Deutschland, DE 10 2007 056 995 A1.

[25] Fraunhofer IAO: *BIOPS/nature4innovation*. http://www.nature4innovation.com/ (abgerufen am 06.07.2017).

[26] Friedrich, Horst: *Leichtbau in der Fahrzeugtechnik*. Berlin: Springer Vieweg Verlag, 2017.

[27] Gordon, J. E.: *Structures – or why things don't fall down*. DaCapo Press, 2003.

[28] Götz, K.; Kappel, R; Tesari, I.; Weber, K; Mattheck, C.: Technisches Holz nach dem Vorbild der Natur. *Wissenschaftlicher Bericht FZKA 6717*.

[29] Gramann, J.: *Problemmodelle und Bionik als Methode*. Dissertation Technische Universität München, München, 2004.

[30] Haller, Sascha: Gestaltfindung: *Untersuchungen zur Kraftkegelmethode*. Karlsruhe: KIT Scientific Publishing, 2013.

[31] Hamm, C. E.; Merkel, R.; Springer, O.; Jurkojc, P.; Maier, C.; Prechtel, K.; Smetacek, V: Architecture and material properties of diatom shells provide effective mechanical protection. *Nature 421*, pp. 841–843, 2003.

[32] Harzheim, L.: *Strukturoptimierung: Grundlagen und Anwendungen*. Haan: Europa-Lehrmittel Verlag, 2. Auflage, 2014.

[33] Haversath, M.; Catelas, I.; Li, X.; Tassemeier T.; Jäger, M.: PGE_2 and BMP-2 in bone and cartilage metabolism: 2 intertwining pathways. *Can J Physiol Pharmacol, 90(11)*: 1434–1445, 2012.

[34] Helfmann Cohen, Y.; Reich, Y.; Greenberg, S.: Biomimetics: Structure-Function Patterns Approach. *Journal of Mechanical Design (2014) Heft 136*, S. 1–11.

[35] Helms, M.; Goel, A.K.: The Four-Box Method. Problem Formulation and Analogy Evaluation in Biologically Inspired Design. *Journal of Mechanical Design*, *Band 136 (2014), Heft 11*, S. 111106.

[36] Henning, F.; Moeller, E.: *Handbuch Leichtbau – Methoden, Werkstoffe, Fertigung*. München: Hanser-Verlag, 2011 .

[37] Herdy, Michael: *Beiträge zur Theorie und Anwendung der Evolutionsstrategie*. Berlin: Mensch und Buch Verlag, 1999.

[38] Hill, B.: *Erfinden mit der Natur*. Funktionen und Strukturen biologsicher Konstruktionen als Innovationspotentiale für die Technik. Aachen: Shaker Verlag, 1998.

[39] Hollermann, M.: *Enabling Biomimetics*. Development and Evaluation of a Biomimetic Methodology for Supporting Creativity in Product Innovation. Masterarbeit Universität, Bremen, 2012.

[40] *IBID – Interactive Biologically Inspired Design*. http://dilab-0.cc.gatech.edu/NLPForBID/index.php (abgerufen am 04.08.2017).

[41] Ikeda, K.; Takeshita, S.: The role of osteoclast differentiation and function in skeletal homeostasis. *J Biochem., 159(1)*: 1–8. 2016.

[42] Klahn, Ch.; Meboldt, M. (Hrsg.): *Entwicklung und Konstruktion für die Additive Fertigung*. Würzburg: Vogel Business Media, 2018.

[43] Klein, B.: *Leichtbau-Konstruktion – Berechnungsgrundlagen und Gestaltung*. 3. Auflage, Vieweg Verlag, 1997.

[44] Klein, B.: *Leichtbau-Konstruktion – Berechnungsgrundlagen und Gestaltung*. 10. Auflage. Berlin: Springer Vieweg Verlag, 2013.

[45] Knothe, K.; Wessels, H.: *Finite Elemente*. Berlin: Springer-Verlag, 2017.

[46] Kozaki, K.; Mizoguchi, R.: *An Ontology Explorer for Biomimetics Database*. *CEUR-WS.org (Hg.)* Proceedings of the 2014 International Conference on Posters & Demonstrations Track. Riva del Garda. Italy. 2014

[47] Küppers, U.; Tributsch, H.: *Verpacktes Leben – Verpackte Technik.* Bionik der Verpackung. Weinheim: Wiley-VCH, 2002.

[48] Mattheck, C.; Huber-Betzer, H.: Die Baudkurve – ein allgemeines Designprinzip für biologische Kraftträger. In: *Allgemeine Forst- und Jagdzeitung, 9/10*, S. 194–200, 1989.

[49] Mattheck, C.: *Design in der Natur – Der Baum als Lehrmeister.* 4. Auflage. Freiburg: Rombach Verlag, 2006.

[50] Mattheck, C.: *Stupsi erklärt den Baum.* 3. Auflage. Forschungszentrum Karlsruhe in der Helmholtz-Gemeinschaft, 1999.

[51] Mattheck, C.: *Mechanik am Baum – erläutert mit einfühlsamen Worten von Pauli dem Bären.* Forschungszentrum Karlsruhe in der Helmholtz-Gemeinschaft, 2002.

[52] Mattheck, C.: *Warum alles kaputt geht – Form und Versagen in Natur und Technik.* Forschungszentrum Karlsruhe in der Helmholtz-Gemeinschaft, 2003.

[53] Mattheck, C.: *Verborgene Gestaltgesetze der Natur – Optimalformen ohne Computer.* Forschungszentrum Karlsruhe in der Helmholtz-Gemeinschaft, 2006.

[54] Mattheck, C.; Bethge, K.; Sauer, A.; Sörensen, J.; Wissner, C.; Kraft, O.; About cracks, dunce caps and new way to stop cracks. *Fatigue and Fracture Engineering Materials and Structures, 32 (2009),* S. 484–92; 2009.

[55] Mattheck, C.: *Denkwerkzeuge nach der Natur.* Karlsruhe, 2010.

[56] Mattheck, C.; Tesari, I.: Wir haben verglichen – Die Methode der Zugdreiecke im Vergleich mit anderen Kerbformen. *Konstruktionspraxis, 4, 2008.*

[57] Mattheck, C.: *Die Körpersprache der Bauteile – Enzyklopädie der Formfindung nach der Natur.* 2017.

[58] Maute, K.: *Topologie- und Formoptimierung von dünnwandigen Tragwerken.* Bericht 25, 1998.

[59] Moldenhauer, H.: *Die Visualisierung des Kraftflusses.* In Stahlbaukonstruktionen, Volume 81, Issue 1, Pages 32–40, 2012.

[60] Müller, G.; Groth, C.: *FEM für Praktiker – Band 1: Grundlagen.* 8. Auflage. Renningen: expert verlag, 2007.

[61] Nachtigall, W.: *Bionik. Grundlagen und Beispiele für Ingenieure und Naturwissenschaftler.* Berlin, Heidelberg: Springer Verlag, 2002.

[62] Nachtigall, W.: *Biologisches Design. Systematischer Katalog für bionisches Gestalten.* Berlin: Springer, 2005.

[63] Nagel, J. K.; Stone, R. B.; McAdams, D. A.: *An Engineering-to-Biology Thesaurus for Engineering Design.* ASME 2010 International Design Engineering Technical Conferences and Computers and Information in Engineering Conference Montreal, Quebec, Canada, 15–18 August 2010.

[64] Nultsch, W.: *Allgemeine Botanik.* 12. Auflage. Stuttgart: Georg Thieme Verlag, 2012.

[65] Pilkey, W.; Pilkey D.: *Peterson's Stress Concentration Factors.* 3. Auflage. New-York: John Wiley & Sons, 2008.

[66] Rothwell, A.: *Optimization Methods in Structural Design* (Solid Mechanics and Its Applications). Springer 2017.

[67] Rechenberg, I.: *Evolutionsstrategie.* Stuttgart: Frommann-Holzboog, 1994.

[68] Reuschel, D.; Mattheck, C.; Tesari, I.: Prediction of Cancellous Bone Arrangement in a Human Femur with CAIO (Computer Aided Internal Optimization). In: *Journal of Biomechanics, 34,* S. 33–34, 2001.

[69] Reuter, M.: *Methodik der Werkstoffauswahl.* München: Hanser Verlag, 2. Auflage, 2014.

[70] Round, F. E.; Crawford, R. M.; Mann, D. G. (1990): *The Diatoms: Biology & Morphology of the Genera.* Cambridge University Press, 1990.

[71] Sattler, M.: *bionicinspiration.* http://bionicinspiration.org/ (abgerufen am 24.07.2017).

[72] Sauer, A.: *Untersuchungen zur Vereinfachung biomechanisch inspirierter Strukturoptimierung.* FZKA 7406, 2008.

[73] SAUER, S.; HERDY, M.; SPECK, T.; SPECK, O.: Evolutionsstrategie: Optimieren nach dem Vorbild der Natur – Interdisziplinäre Arbeitsweise der Biomechanik und Bionik. In: *Praxis der Naturwissenschaften – Biologie, 6/59*: 34–41. 2010.

[74] SCHERRER, M.: *Kerbspannung und Kerbformoptimierung*. FZKA-7021, Karlsruhe: FZK-Verlag, 2004, Dissertation Universität Karlsruhe (TH), 2004.

[75] SCHARNOWSKI, E.: *Gestalt & Deformation: Elementare Tragwerke und Rechengrößen aus Natur, Technik und Design*. 2. Auflage, Frauenhofer-Inst. für Werkstoffmechanik IWM, 2011.

[76] SCHMIT, L. A.: Structural Optimization – Some Key Ideas and Insights. In: *New Directions in optimum structural design*, ed. by E. ATREK. Tucson: John Wiley, 1984.

[77] SCHUMACHER, A.: *Optimierung mechanischer Strukturen: Grundlagen und industrielle Anwendungen*. Berlin: Springer Vieweg, 2. Auflage, 2013.

[78] SCHWABER, K.: *Scrum im Unternehmen*. Unterschleißheim: Microsoft Press, 2008.

[79] SCHWEFEL, H.-P.: *Evolution and Optimum Seeking*. New York: Wiley & Sons 1995.

[80] SEDLMEIER G; SLEEMAN J.: Extracellular regulation of BMP signaling: welcome to the matrix. *Biochem Soc Trans. 2017;45(1)*: 173–181. 2017.

[81] SIGMUND, O.: A 99 line topology optimization code written in Matlab. *Struct Multidisc Optim 21*, 120–127. Berlin: Springer-Verlag, 2001 .

[82] SÖRENSEN, J.: *Untersuchungen zur Vereinfachung der Kerbformoptimierung*. Dissertation an der Fakultät für Maschinenbau der Universität Karlsruhe (TH), Forschungszentrum Karlsruhe FZKA-7397, 2008 .

[83] SULLIVAN, L. H.: The tall office building artistically considered. *Lippincott's monthly magazine 339*, 403–409, 1896.

[84] D'ARCY WENTWORTH THOMPSON: *On Growth and Form*. Cambridge University Press, 1917.

[85] D'ARCY WENTWORTH THOMPSON: *Über Wachstum und Form*. Frankfurt: Eichborn Verlag, 1. Auflage, 2006.

[86] https://tiedemann-betz.de/fileadmin/Downloads/deutsche_medien/Prospekt_Tiedemann_Spannungsoptik_2013.pdf.

[87] TROLL, W.: *Allgemeine Botanik*. Stuttgart: Ferdinand Enke Verlag, 1973.

[88] VATTAM, S.; GOEL, A. K.: *Foraging for Inspiration: Understanding and Supporting the Online Information Seeking Practices of Biologically Inspired Design*. IDETC/CIE 2011 Washington, DC, USA, 28–31 August 2011.

[89] VATTAM, S., et al.: *DANE: Fostering creativity in and through biologically inspired design*. First International Conference on Design Creativity Kobe, Japan, November 2010.

[90] VAUGHAN T. J.; MULLEN, C. A.; VERBRUGGEN, S. W; MCNAMARA, L. M.: Bone cell mechanosensation of fluid flow stimulation: a fluid-structure interaction model characterising the role integrin attachments and primary cilia. *Biomech Model Mechanobiol. 2015;14(4)*: 703–18. 2015.

[91] VDI 2206: *Entwicklungsmethodik für mechatronische Systeme*. Berlin: Beuth-Verlag, Juni 2004.

[92] VDI 2221: *Methodik zum Entwickeln und Konstruieren technischer Systeme und Produkte*. Berlin: Beuth-Verlag, Mai 1993.

[93] VDI 2222 Blatt 1: *Konstruktionsmethodik – Methodisches Entwickeln von Lösungsprinzipien*. Berlin: Beuth-Verlag, Juni 1997.

[94] VDI 6220 Blatt 1: *Bionik. Konzeption und Strategie – Abgrenzung zwischen bionischen und konventionellen Verfahren / Produkten*. Berlin: Beuth-Verlag, Dezember 2012.

[95] VDI 6221 Blatt 1: *Bionik Bionische Oberflächen*. Berlin: Beuth-Verlag, September 2013.

[96] VDI 6222: *Bionik Bionische Roboter*. Berlin: Beuth-Verlag, November 2013.

[97] VDI 6223: *Bionik Bionische Materialien, Strukturen und Bauteile*. Berlin: Beuth-Verlag, August 2011.

[98] VDI 6224 Blatt 1: *Bionische Optimierung Evolutionäre Algorithmen in der Anwendung*. Berlin: Beuth-Verlag, Juni 2012.

[99] VDI 6224 Blatt 3: *Bionik – Bionische Strukturoptimierung im Rahmen eines ganzheitlichen Produktentstehungsprozesses*. Berlin: Beuth-Verlag, September 2017.

[100] VDI 6225 Blatt 1: *Bionik – Bionische Informationsverarbeitung*. Berlin: Beuth-Verlag, September 2012.

[101] VDI 6226 Blatt 1: *Bionik Architektur, Ingenieurbau, Industriedesign Grundlagen*. Berlin: Beuth-Verlag, Februar 2015.

[102] Vincent, J. F., et al.: Biomimetics. Its practice and theory. *Journal of the Royal Society, Interface, Band 3 (2006) Heft 9*, S. 471–482.

[103] Vincent, J. F.: An Ontology of Biomimetics. In: Goel, A. K.; McAdams, D. A.; Stone, R. B. (Hrsg.): *Biologically inspired design. Computational methods and tools*. London: Imprint Springer Verlag, 2014, S. 269–285.

[104] Vogel, S.: *Von Grashalmen und Hochhäusern – Mechanische Schöpfungen in Natur und Technik*. Weinheim: Wiley-VCH, 2000 .

[105] Wanieck, K., et al.: Biomimetics and its tools. *Bioinspired, Biomimetic and Nanobiomaterials (2017)*, S. 1–14.

[106] Wehner, R.; Gehring, W.: *Zoologie*. 24. Auflage (2007). Stuttgart: Georg Thieme Verlag, 2007.

[107] Wiedemann, J.: *Leichtbau: Elemente und Konstruktion*. Berlin: Springer, 3. Auflage, 2006.

[108] Wilson, J.; Rosen, D.: *Systematic Reverse Engineering of Biological Systems*. Las Vegas, Nevada, USA, September 4–7.

[109] Wingender, B.; Bradley, P.; Saxena, N.; Ruberti, J. W; Gower, L.: Biomimetic organization of collagen matrices to template bone-like microstructures. *Matrix Biol. 2016;52–54:* 384–96. 2016.

[110] Wissner, C.: *Beiträge zum Fail Safe Design*. Karlsruhe: KIT Scientific Publishing, 2010.

[111] Zerbst, E. W.: *Bionik. Biologische Funktionsprinzipien und ihre technischen Anwendungen*. Stuttgart: Teubner Verlag, 1987.

Quellenverzeichns der Bilder

Bild 2.1: Foto VW Golf I bis VIII: Volkswagen Media Service

Bild 2.3: Daten Statistisches Bundesamt: Produzierendes Gewerbe

Bild 2.7: CAD-Zeichnung: B.Eng. Frank Büning

Bild 2.8: CAD-Zeichnung: B.Eng. Frank Büning

Bild 3.1: Zeichnung: Johannes Sauer

Bild 3.2: Zeichnung: Johannes Sauer

Bild 3.3: Zeichnung: Johannes Sauer

Bild 3.4: Zeichnung Pflanze: Johannes Sauer; Schnittbild: B.Sc. Luisa Borgmann; Schnittzeichnung Prof. Dr. Heike Beismann

Bild 3.6 links: Prof. Dr. Heike Beismann

Bild 3.6 rechts: Grunewald GmbH & Co. KG

Bild 4.1: CAD-Zeichnung: B.Eng. Frank Büning

Bild 4.2: CAD-Zeichnung: B.Eng. Frank Büning

Bild 4.9: Zeichnung: Prof. Dr. Claus Mattheck

Bild 4.12: Zeichnung: Johannes Sauer

Bild 5.2: Topographische Graphik: Dr. Sascha Haller

Bild 5.8: Zeichnung: Johannes Sauer

Bild 5.9: Zeichnung B): Johannes Sauer

Bild 8.1: Foto links oben: Prof. Dr. Claus Mattheck; Foto links unten: AWI – Bionischer Leichtbau und Funktionelle Morphologie

Bild 8.6: CAE-Bilder: Altran/ B.Sc. Max Seißler

Bild 8.16: CAE-Bilder: B.Sc. Jan Hauke Harmening

Bild 10.2: Fotos a) und b): NN Bionik-Studierende; Foto c): Prof. Dr. Claus Mattheck

Bild 10.7: Foto Dr. K.H. Weber

Bild 10.11: FEM-Abbildungen: Dr. Jörg Sörensen

Bild 10.14: CAD-Zeichnung: B.Eng. Frank Büning

Bild 11.2: Zeichnung: Johannes Sauer

Bild 11.3: Zeichnung: Johannes Sauer

Bild 12.5: Diagramme: CES EduPack 2017, Granta Design Ltd.

Bild 13.1: AWI

Die Körpersprache der Bauteile – Enzyklopädie der Formfindung nach der Natur

Prof. Claus Mattheck hat freundlicherweise der Nutzung zugestimmt, seine Abbildungen in diesem Werk zu verwenden. Die Abbildungen Bild 9.4, Bild 9.6, Bild 9.9, Bild 9.10, Bild 9.11, Bild 9.12, Bild 10.9 und Bild 10.10 stammen aus seinem Buch «Die Körpersprache der Bauteile – Enzyklopädie der Formfindung nach der Natur».

Stichwortverzeichnis